Hangmuren

Michael Moser · Maik Hamberger · Heinrich Schoger · Joachim Rohn

Hangmuren

Auslösende Ursachen, mittelbare Faktoren, Klassifikationssysteme zur Rutschungserkennung

Springer Spektrum

Michael Moser
Institut für Angewandte Geowissenschaften
Universität Erlangen-Nürnberg
Erlangen, Bayern, Deutschland

Maik Hamberger
Trumer Schutzbauten GmbH
Fürth, Bayern, Deutschland

Heinrich Schoger
Gibs geologen + ingenieure GmbH & Co. KG
Nürnberg, Bayern, Deutschland

Joachim Rohn
Institut für Angewandte Geowissenschaften,
Universität Erlangen-Nürnberg
Erlangen, Bayern, Deutschland

ISBN 978-3-662-70284-0 ISBN 978-3-662-70285-7 (eBook)
https://doi.org/10.1007/978-3-662-70285-7

Die Deutsche Nationalbibliothek verzeichnet diese Publikation in der Deutschen Nationalbibliografie; detaillierte bibliografische Daten sind im Internet über https://portal.dnb.de abrufbar.

Planung/Lektorat: Simon Shah-Rohlfs
Springer Spektrum ist ein Imprint der eingetragenen Gesellschaft Springer-Verlag GmbH, DE und ist ein Teil von Springer Nature.
Die Anschrift der Gesellschaft ist: Heidelberger Platz 3, 14197 Berlin, Germany

Vorwort

Ausgangspunkt für die detaillierten Untersuchungen waren die Niederschlagsereignisse 1965/1966 im Lesachtal/Kärnten und März/April 1975 im Bereich Liesertal, Drautal und Millstättersee Gebiet/Kärnten mit der Entstehung hunderter Hangmuren. Besonders das Ereignis 1966 hatte enorme Schäden an Siedlungen, Straßen und Infrastruktur hinterlassen. So war die Lesachtaler Bundesstraße für ca. zwei Wochen von Kötschach-Mauten bis Obertilliach (Osttirol) gesperrt und konnte nur behelfsmäßig nach zwei Wochen freigegeben werden. Bei den Ereignissen 1965 und 1966 in Kärnten sind zwei Drittel der zu beklagenden Todesopfer durch Hangmuren getötet worden. Auch die Ereignisse besonders in der Schweiz 1997, 2002, 2005 und in Italien z. B. in Piemont 1994, im Veltlin 1983, 1987 und 2000 und in Ligurien 2000 haben gezeigt, dass die Schäden ausgehend von Hangmuren enorm sind und oft viele Todesopfer fordern. Besonders das Jahr 2024 hat mit katastrophalen Überschwemmungen aber auch mit Hangmuren in den Monaten Juni und Juli in Tirol, im Wallis und in NW-Italien die Problematik von Starkniederschlägen wiederum sehr deutlich aufgezeigt.

Anhand von Starkniederschlagsereignissen mit der Entstehung von hunderten Hangbewegungen wird den auslösenden Ursachen und den mittelbaren Faktoren nachgegangen. Bei letztgenannten liegt der Schwerpunkt bei den geotechnischen Eigenschaften der Lockergesteine, der Hangneigung, der Morphologie und der Vegetation. Ebenso wird eine Darstellung der komplexen Zusammenhänge in thematischen Karten präsentiert. Abschließend wird am Beispiel des Niederschlagsereignisses 1997 in Sachseln/Schweiz gezeigt, wie mit Klassifikationssystemen flachgründige Rutschungen bei Starkniederschlägen erkannt werden können.

Die detaillierten und interdisziplinären Untersuchungen erforderten die Unterstützung vieler Wissenschaftler und Institutionen. Besonders bedanken möchten wir uns:

- für die Zusammenarbeit bei dem Projekt „Rutschungserkennung mit Klassifikationssystemen“ beim Lehrstuhl für Mustererkennung (E. Nöth, A. Batliner, M. Levit und R. Deventer).
- für die Zusammenarbeit bei dem Projekt „Bodenmechanische Analyse von Geländebrüchen bei Murenbildung in kristallinen Verwitterungsböden.“ beim Institut Bodenmechanik, Felsmechanik u. Grundbau in Innsbruck (F. Hohensinn, W. Schober).

- für die Überlassung von Unterlagen und Daten im Bereich Kärnten, Osttirol und Nordtirol bei der Landesgeologie Kärnten und den Hydrographischen Diensten von Kärnten und Tirol.
- bei der Erhebung von Daten im Gelände im Kanton Obwalden für die Bereitstellung eines umfangreichen Datenmaterials von der Eidgenössischen Forschungsanstalt für Wald, Schnee und Landschaft (WSL, Chr. Rickli).
- für die Ausstattung von Karten und speziellen Untersuchungen beim Amt für Wald- und Raumentwicklung des Kantons Obwalden in Sarnen/Schweiz (J. Hess).
- bei der Forstinspektion in Hall/Tirol und Innsbruck für die Bereitstellung für Kartenmaterial bei dem Projekt Voldertal-Inntal/Tirol.
- bei der Deutschen Forschungsgemeinschaft für die finanzielle Unterstützung des Projektes „Rutschungserkennung mit Klassifikationssystemen".
- für die Hilfe bei der Fertigstellung des Manuskriptes und der finalen Form des Layouts möchten wir uns bei Frau Sarah Hägele und Herrn Christopher Jellen bedanken.

Michael Moser
Maik Hamberger
Heinrich Schoger
Joachim Rohn

Inhaltsverzeichnis

1 Einleitung

Im Alpenraum hat sich in den letzten 50 Jahren, bedingt durch den technischen und wirtschaftlichen Fortschritt, ein tiefgreifender sozioökonomischer Wandel vollzogen. Dieser Strukturwandel in der Gesamtwirtschaft und dem sozialen Gefüge ist einerseits auf die Bildung neuer Intensivzonen, andererseits auf die Entleerung bzw. die periodisch übermäßig starke Frequentierung einiger Regionen zurückzuführen. Die Intensivzonen ergeben sich im Wesentlichen durch industrielle Ballungsgebiete und durch Fremdenverkehrszentren. Insbesondere der Fremdenverkehr und die damit verbundene rasche Zunahme der Bevölkerung hat eine Ausweitung der Siedlungsgebiete in potentielle Gefahrengebiete stark vorangetrieben.

Wie stark der Siedlungsdruck in manchen alpinen Gebieten ist, geht aus der Tatsache hervor, dass z. B. die Bevölkerungsdichte schon in den 70er Jahren in Tirol, bezogen auf den ungefährdeten Teil der Intensivfläche, ca. 500 Einwohner je km^2 betrug; sie liegt damit über den Durchschnittswerten des dicht besiedelten Nordwestens von Europa. So sind z. B. weite Teile des Siedlungsgebietes in Tirol – ca. 700 Wohnobjekte, darunter etliche Hotels – durch Muren, Wildbäche und Lawinen unmittelbar bedroht. Diese Zusammenhänge spiegelt z. B. auch eindrücklich die Karte von „Netto-Tirol“ wider, die die eigentliche besiedlungsfähige Fläche, abzüglich der durch Lawinen, Wildbäche, Muren, Hochwässer und Vernässungszonen nicht infrage kommenden Gebiete darstellt. Schon in den 70er Jahren wurde aus diesen Gegebenheiten gefolgert, dass die Gesamtfläche von ca. 12.650 km^2 auf ca. 1000 km^2 reduziert wird (AULITZKY, 1968, 1975). Besonders hart werden die Innenbereiche der Täler getroffen, da hier der Siedlungsraum, der ohne irgendeine Gefährdung genutzt werden kann, ohnehin sehr knapp ist (z. B. weite Bereiche des Pitztales).

Wenn man über die Definition von Naturgefahren und deren potentielle Auswirkungen nachdenkt, kann man aber erkennen, dass Naturgefahren schon immer eine Bedrohung für die Menschheit darstellten. Es existieren bereits Beschreibungen von Naturkatastrophen, welche sich vor mehreren Jahrhunderten

M. Moser et al., *Hangmuren,* https://doi.org/10.1007/978-3-662-70285-7_1

ereignet haben. So wurde beispielsweise der Ort Zell im Pinzgau/Österreich bei einer Murkatastrophe 1737 fast vollkommen zerstört (Abb. 1.1). Bei derartigen Naturereignissen entstanden meist nicht nur erhebliche Sachschäden an menschlichen Gütern, sondern die Katastrophen forderten auch häufig zahlreiche Menschenleben. PFISTER (2003) erwähnt bei seinen Untersuchungen der Extremereignisse der letzten 500 Jahre, dass der Nachweis von Naturkatastrophen der letzten Jahrhunderte nur anhand von Berichten in historischen Dokumenten möglich ist. Ein Ereignis wurde sehr viel mehr und ausführlicher dokumentiert, je extremer und außergewöhnlicher dessen Charakter war.

RAETZO & LATELTIN (2003) geben an, dass schätzungsweise 7 % der Gesamtfläche der Schweiz von Hanginstabilitäten betroffen ist.

Im speziellen weisen RICKLI et al. (2016) auf die Gefährdung von Siedlungen und Infrastruktur durch flachgründige Lockergesteinsrutschungen. In der Zeit von 1972 bis 2007 ergaben sich durch diese Art der Hangbewegungen 32 Tote und geschätzte Schäden in Höhe von 520 Mio. EUR. Auch einzelne Jahre, wie das Jahr 2005, brachten in der Schweiz enorme Schäden an Siedlungen und Infrastruktur durch den Abgang von ca. 5000 flachgründigen Lockergesteinsrutschungen vorwiegen in Form von Hangmuren.

Weitere Beispiele für die enorme Gefährdung von Siedlungen durch derartige Hangbewegungen sind gewisse Gebiete in Italien, wobei besonders das Veltlin, das Piemont, die Lombardei und die ligurische Küste hervorzuheben sind. Die Beeinträchtigungen sind einerseits durch Starkniederschläge geringer Dauer und großer

Abb. 1.1 Murkatastrophe in Zell im Pinzgau/Österreich am 3. Juli 1737, FINK (1986)

Intensität andererseits durch langandauernde Landregen gegeben. Im Einzelnen seien hier einige Ereignisse seit 1983 bis 2000 im Detail herausgegriffen, die zu umfangreichen Schäden und auch zu Toten führten (CROSTA & FRATTINI, 2001).

1983: Veltlin
Vorrangegangene Regenperiode: 104–289 mm/30d, 193–453 mm/10–15d, Ereignis: 78–248 mm/3d (14–16.5.), 53–205 mm/3d (21–23.5.) → 18 Tote
1987: Veltlin
Ereignis: 84–511 mm/3d (17–19.7.), Intensitäten maximal 170 mm/7 h
1992: Olona (Piemont)
vorrangegangene Periode: 119 mm/30d, Ereignis: 140 mm/6 h
1993: Olona (Piemont)
Ereignis: 160–280 mm/7d → 1 Toter
1994: Valsesia (Piemont)
Ereignis: 263 mm/3d → 14 Tote
1997: Valsassina (Lombardei)
Ereignis: 168 mm/1d → 1 Toter
2000: Veltlin
vorrangegangene Periode: 700 mm/35d, Ereignis: 296 mm/4d (14–17.11.)
2000: Ligurien
Ereignis: 240 mm/1d (23.11.) → 3 Tote

Bei den Niederschlagskatastrophen 1965 und 1966 im Südalpenraum wurden zwei Drittel der zu beklagenden Todesopfer infolge der katastrophalen Auswirkungen der intensiven Hangmurenereignisse getötet.

Allein die Zahlen der oben angeführten Naturkatastrophen der letzten Jahrzehnte zeigen uns auf, wie wichtig der Schutz der Bevölkerung vor Naturgefahren ist. In alpinen Regionen, wie z. B. den Alpen, werden immer neue Siedlungsräume erschlossen, die noch vor wenigen Jahrzehnten als Forst- oder Weidegebiete genutzt wurden, währenddessen sich früher die Bevölkerung in Räumen ansiedelte, die nicht oder nur gering von Naturgefahren bedroht wurden. Dieser Siedlungsdruck hatte zur Folge, dass auch potenziell gefährdete Regionen besiedelt wurden. Bereits 1972 wurde in der Schweiz ein Bundesbeschluss gefasst, welcher die Kantone verpflichtet, gefährdete Gebiete auszuweisen, die nicht oder nur mit erheblichen Auflagen für die Besiedlung und Überbauung freigegeben werden (FURGLER, 1973). Mitte der 70er Jahre veröffentlichte KIENHOLZ (1977) einen Leitfaden für die Aufnahme von Naturgefahren und deren Darstellung in geomorphologischen Karten. Seit 1976 beschäftigt sich die österreichische Raumordnungskonferenz (ÖROK) mit Fragen der Gefahrenzonenplanung. 1981 wurde ein umfangreiches Arbeitsprogramm gestartet, das Bund, Länder und Gemeinden dazu veranlassen soll, Gefahrenzonenpläne bei der Raumordnung zu berücksichtigen (FINK, 1986). Im Rahmen des Projektes „Georisk" werden in Deutschland seit 1988 Naturgefahren flächendeckend evaluiert und ausgewertet (Bayerisches Geologisches Landesamt, 2004).

Obwohl zurzeit Verordnungen zur Erhebung von Naturgefahren existieren, gibt es auch noch zurzeit einige Areale im Alpenraum, in denen noch keine Gefahrenzonenausscheidung vorgenommen worden ist. Dazu zählen auch Gebiete, die eine dichte Besiedlung aufweisen. Das Problem der flächendeckenden Gefahrenbeurteilung liegt im damit verbundenen hohen Zeitaufwand und der Komplexität verschiedener Naturgefahren, die durch unterschiedliche Faktoren ausgelöst werden können. Ein weiteres Problem sind Veränderungen an alpinen Hängen im Laufe der Zeit. Diese erfordern es, Gefahrenkarten nach einigen Jahren neu zu überarbeiten und zu verifizieren. Auch dieser Schritt ist mit einem hohen Zeitaufwand verbunden.

Im speziellen wird in diesem Werk dem geologisch-geotechnischen Gesamtkomplex von flachgründigen Rutschungen in Lockergesteinskomplexen nachgegangen, wie sie bei den immer wiederkehrenden Niederschlagskatastrophen in hohem Maße in alpinen Hangbereichen auftreten und Todesopfer fordern.

Diese Art von Hangbewegungen wurde erstmals in der englischen Literatur von RICE et al. (1969) als „soil slips" bezeichnet. Der Begriff wurde häufig bis in die 90er Jahre für solche flachgründigen in der Lockerüberlagerung entstehenden Hangbewegungen gewählt (z. B. ALEOTTI et al. 1996). In den folgenden Jahren wird für diesen Typ der Hangbewegung vorrangig die Begriffe „shallow landslide" und „hillslope debris flow" verwendet, die im Deutschen am besten mit den Begriffen flachgründige Hangbewegungen und Hangmuren beschrieben werden.

Aussagekräftige Beispiele für solche Hangbewegungen in Form von flachgründigen Hangbewegungen anlässlich von Niederschlagskatastrophen zeigen die Abb. 1.2, 1.3 und 1.4.

Da der eigentliche Vorgang bei derartigen spontanen Lockergesteinsrutschungen (vornehmlich Entstehung bei Starkniederschlägen) meistens nicht studiert werden kann, wird auf Einteilungsmöglichkeiten z. B. nach der Art der Materialien, nach dem Tiefgang der Hangbewegung und der Anbruchsform zurückgegriffen. Aus der morphologischen Analyse der Anbruchsform lassen sich zumeist weitere Möglichkeiten der Klassifikation hinsichtlich des Vorganges ableiten. Folgende Begriffe sind für Hangbewegungen in Lockergesteinen seit den Arbeiten von STINY 1931 in Hangbereichen gewählt worden (eventuell entsprechende englische Begriffe in Klammern):

- Ganz allgemein ohne nähere Spezifizierung: Hanganbruch (slope failure)
- Nach den Materialeigenschaften: Lockergesteinsrutschung (soil slip)
- Nach dem Tiefgang der Hangbewegung: flachgründige Lockergesteinsrutschung, oberflächliche Rutschung (shallow landslide)
- Nach der Form: Muschelanbruch (spoon shaped failure), Blattanbruch (sheet slide)
- Nach dem Vorgang: Aufgrund der Analyse der Form des Anbruches werden zum Vorgang und zur Mechanik der Hangbewegung folgende Begriffe gewählt: Rotationsrutschung, Rotationserdrutsch (landslide along cylindrical slide surfaces, rotational slide), Translationsrutschung (translational slide)

Abb. 1.2 Flachgründige Hangbewegungen ausgelöst durch die Starkniederschläge vom 15. August 1997 in den Sachsler Bergen, HAMBERGER (2007)

Abb. 1.3 Landslides following storms in 2005 in St. Antönien (the Grisons), WSL (2022)

Wie sich aber gezeigt hat, dürfte der Rotationscharakter in den meisten Fällen bei flachgründigen Hangbewegungen nur für Teilbereiche der Hangbewegung infrage kommen.

Abb. 1.4 Hangrutschung am 06.08.2023 im Ortszentrum von St. Johann im Saggautal im Bezirk Leibnitz/ Steiermark, focus.de (2023)

Charakteristisch scheinen sich Rotationsrutschungen mit kreisförmigen oder kreiszylindrischen Gleitflächen nur in einheitlich aufgebauten, pelitischen Lockergesteinen (Ton- oder Schiefer-Ton-Schichten) zu ereignen. Hier kann die Scherfestigkeit in allen Richtungen in etwa als gleich groß angenommen werden. Im alpinen Raum sind homogene, pelitische Lockergesteine selten anzutreffen. Der Verwitterungs- und Hangschutt vieler Festgesteine weisen durch chemische und physikalische Prozesse und durch Umlagerungen Inhomogenitäten auf, die nur abschnittsweise eine mehr oder weniger gekrümmte, rotationsförmige Gleitfläche zulassen. Die Form, der im Augenblick des Bruchs entstehenden Gleitfläche wird demnach sehr stark durch die Heterogenitätszonen in der Lockergesteinsdecke beeinflusst und weist unregelmäßig gekrümmte Gleitflächen auf. Hinzu kommt, dass die Art der Gleitflächen sehr stark von der Mächtigkeit der Lockerüberlagerung abhängt. Auf steil geneigten Hängen (>35–40°) entwickeln sich nur geringe Mächtigkeiten in Hangschuttdecken, sodass die Form – wenn auch das Anstehende nicht zu Tage tritt – weitgehend den Verlauf der Unterlage nachzeichnet. Außerdem bilden sich in den schwach bindigen Verwitterungs- und Hangschuttdecken Schwächezonen in Form von Rissen und Spalten aus, die den Verlauf der Bruchfläche bestimmen. Weiterhin sollte nicht übersehen werden, dass das plötzliche Freiwerden von Hangwässern zu Hangexplosionen führt, die aufgrund der Auslösemechanik keine regelmäßig gekrümmten Gleitflächen zeigen.

Die sich vielfach hangparallel entwickelnden Heterogenitätszonen stellen vorgezeichnete Gleitbahnen dar, die einen translationsförmigen Charakter bedingen. Je nach Tiefe der Hangbewegung werden folgende Begriffe gewählt:

Grasnarbenrutschung, Translationsbodenrutschung (flachgründige Ausbildung), Translationserdrutsch, Translationsrutschung in Lockergesteinen (debris slide) für tiefer in das Lockergestein eingreifende Hangbewegungen.

Besonders typisch für flachgründige Hangbewegungen anlässlich von Starkniederschlägen anschließend an den engeren Anbruchsbereich sind Sekundärmassenbewegungen, die sehr häufig unter dem Begriff Hangmure (hillslope debris flow) zusammengefasst werden.

Im Einzelnen werden unterschieden:

- Schuttgang (debris slide): Herrührend aus sehr häufig explosionsartig verlaufenden Lockergesteinsrutschungen. Das abgerutschte Material fließt breiartig wie eine Mure, jedoch nicht in Furchen, sondern am freien Hang.
- Murgang (debris flow): Schnell fließendes Gemisch von Wasser und Feststoffen mit einem hohen Festanteil von ca. 30 % bis 60 %, sehr häufig in Gerinnen und Muldenzonen. Typisch sind große Dichten, hohe Fließgeschwindigkeiten mit hoher Transportkapazität.
- Rinnenanbruch (gully erosion): Bei einer starken Konzentration der Hangwässer können Massenschurferscheinungen mit der Bildung von Rinnenanbrüchen beobachtet werden.

Die Abgrenzung der einzelnen Ausbildungen von Sekundärmassenbewegung ist häufig in der Natur fließend.

In den vorliegenden Untersuchungen werden für diese flachgründigen Hanginstabilitäten weiterhin die Begriffe „Hangbewegungen“, „Hanganbrüche“ oder kurz „Anbrüche“ und „Lockergesteinsrutschungen“ gewählt.

2 Untersuchungsgebiete

Um potentielle, das heißt in Zukunft wirksame Gefahrengebiete in Hangbereichen abgrenzen zu können, müssen Größe, Form, Vorgang und Ursache vorangegangener Hangbewegungen bekannt sein.

Im Hinblick auf diese Zielsetzung wurden folgende Gebiete für eine detaillierte und statistische Untersuchung ausgewählt.

- Lesachtal, Kärnten (Ereignis 1966)
- Oberkärnten (Ereignis 1975)
- Voldertal-Inntal/Tirol (Ereignis 1985)
- Sachseln/Kanton Obwalden (Ereignis 1997)
- Schwarzwald/Südwestdeutschland (Ereignisse 1994–2001)
- Schweizer Alpen (Ereignisse 2002–2005)

Zusätzlich wurden folgende Ereignisse mit Auswertungen einbezogen:

- Schweizer Alpen, 1987
- Veltlin/Italien, 1987, 2002
- Piemont/Italien, 1994
- Sellraintal/Tirol, 2015

2.1 Lesachtal, Kärnten 1966

Das Untersuchungsgebiet betrifft drei linksufrige Seitenzubringer (Podlaniggraben, Schmiedbachgraben, Mattlinggraben) des mittleren Lesachtales und den Bereich Eggen an der Grenze zu Osttirol (Abb. 2.1).

Das Gailtal und das Lesachtal werden von kristallinen Schiefern aufgebaut, die den Sockel der Permo-Triasserie bilden. Vorwiegend sind es epizonale Granat-Glimmer-Schiefer mit wechselndem Quarzgehalt, die durchwegs rückläufige

M. Moser et al., *Hangmuren*, https://doi.org/10.1007/978-3-662-70285-7_2

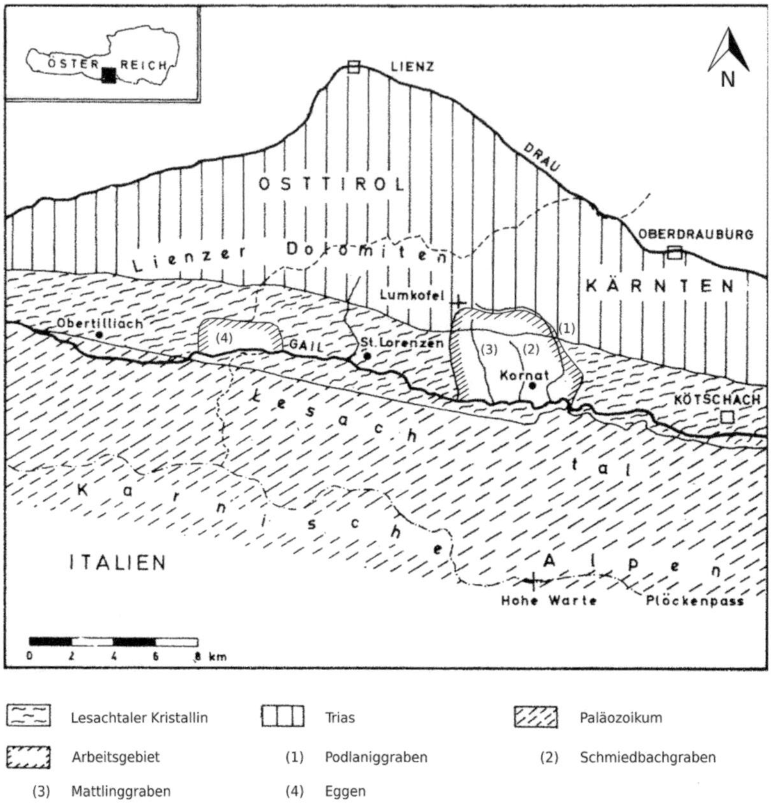

Abb. 2.1 Untersuchungen im Bereich des Lesachtales (1) Podlaniggraben, (2) Schmiedbachgraben, (3) Mattlinggraben und (4) Eggen

Umwandlungen erfahren haben. Neben den kristallinen Schiefern sind in den Talbereichen mächtige glaziale und fluvioglaziale Lockersedimente vorhanden, welche besonders die Hänge, die an die Gail anschließen, aufbauen.

2.2 Oberkärnten 1975

Die untersuchten Gebiete (Abb. 2.2) liegen im Wesentlichen im Bereich des oberen Drautales, des Liesertales und des Millstättersee-Gebietes. Die Lage der Hanganbrüche konzentriert sich auf die landwirtschaftlich genutzten Hänge in einer Höhenlage zwischen 700–1100 m. Regionalgeologisch gesehen liegt das untersuchte Gebiet vorwiegend in den Granatglimmerschiefern, Schiefergneisen und Quarziten des oberostalpinen Altkristallins an der Südostecke des Tauernfensters. Im Bereich von Lendorf streicht die unterostalpine Quarzphyllitzone aus dem

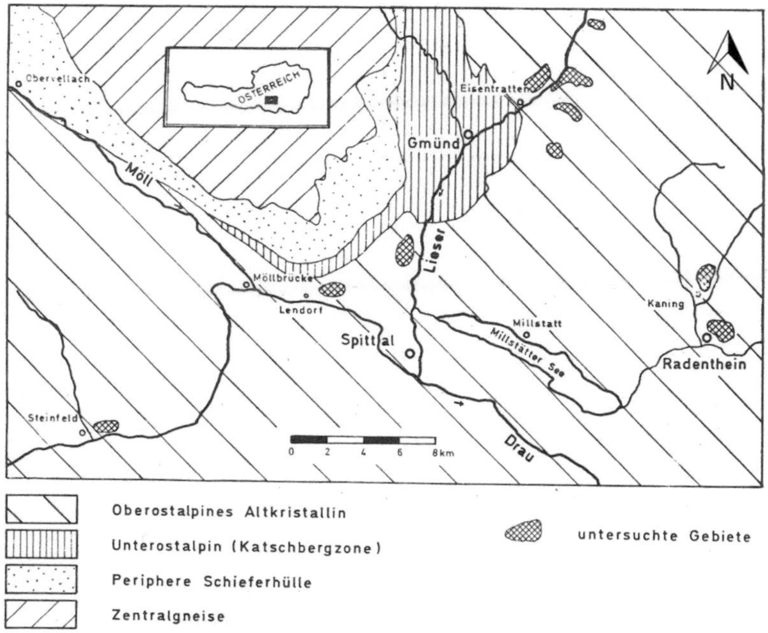

Abb. 2.2 Lage der untersuchten Gebiete in Oberkärnten anlässlich der Ereignisse im Jahre 1975, MOSER (1980)

Lieser- ins Drautal, die hier kontinuierliche Übergänge von Quarzphyllit über diaphtoritischen Granat-Glimmer-Schiefer zu frischem Granat-Glimmer-Schiefer zeigt.

Westlich und nordwestlich des oberostalpinen Altkristallins schließt die unterostalpine Quarzphyllitzone an. Sie wird im Untersuchungsgebiet nördlich von Lendorf angetroffen.

Die von den kristallinen Schiefern aufgebauten Hänge tragen eine ca. 1–2 m maximal bis 4 m mächtige Verwitterungs- und Hangschuttdecke. Diese Lockermassen waren – wie schon 1966 – Ausgangspunkt zahlreicher Hanganbrüche. Untergeordnet waren Hangbewegungen im Raume des Liesertales an fluvioglaziale Sedimente geknüpft, die sich auf ehemaligen Talböden in z. T. mächtiger Ausbildung erhalten haben.

2.3 Voldertal-Inntal/Tirol 1985

Regionalgeologisch gesehen gehört das Untersuchungsgebiet der Innsbrucker Quarzphyllitzone an (Abb. 2.3).

Der Quarzphyllit weist generell eine lagige Textur auf, wobei die Hauptschieferungsfläche durch die Hellglimmer nachgezeichnet wird. Aufgrund der

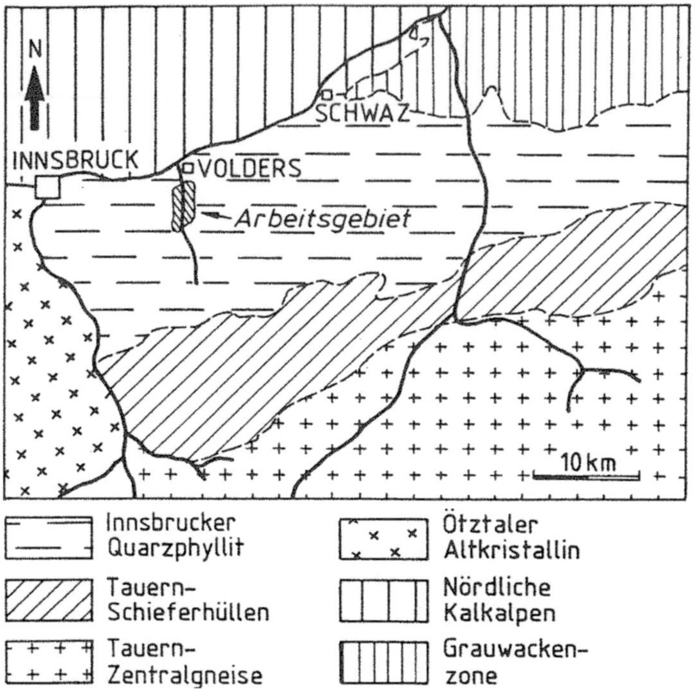

Abb. 2.3 Lage des Untersuchungsgebietes Voldertal-Inntal/Tirol, MOSER & SCHOGER (1989)

häufig dachziegelartig gestalteten Oberfläche und dem hohen Glimmeranteil kann das Gestein besonders bei hangparallelem Einfallen als nur gering durchlässig gelten.

2.4 Sachseln/Kanton Obwalden 1997

Das untersuchte Gebiet umfasst eine Fläche von ca. 25 km^2. Der Sarner See bildet mit 469 m ü. NN den niedrigsten Punkt; der höchste Punkt mit 1987 m ü. NN wird am nördlichen Ende des Arnigrat, an der Südgrenze des Untersuchungsgebietes erreicht. Die Sachsler Berge – die Talflanken oberhalb von Sachseln – sind in etwa NW-exponiert und bilden den westlichen Teil des Gebietes. Sie werden über den Dorfbach, den Totenbüelbach, den Edisriedbach, den Spisbach und den Sigetsbach in den Sarner See entwässert. Im östlichen Teil des untersuchten Gebietes befinden sich die Talflanken beiderseits des Ortes Melchtal (890 m ü. NN) und der Melchaa, die ebenfalls in den Sarner See mündet. Die östliche Grenze des Arbeitsgebietes reicht von Flue (1115 m ü. NN) oberhalb der Kapelle von St. Niklausen

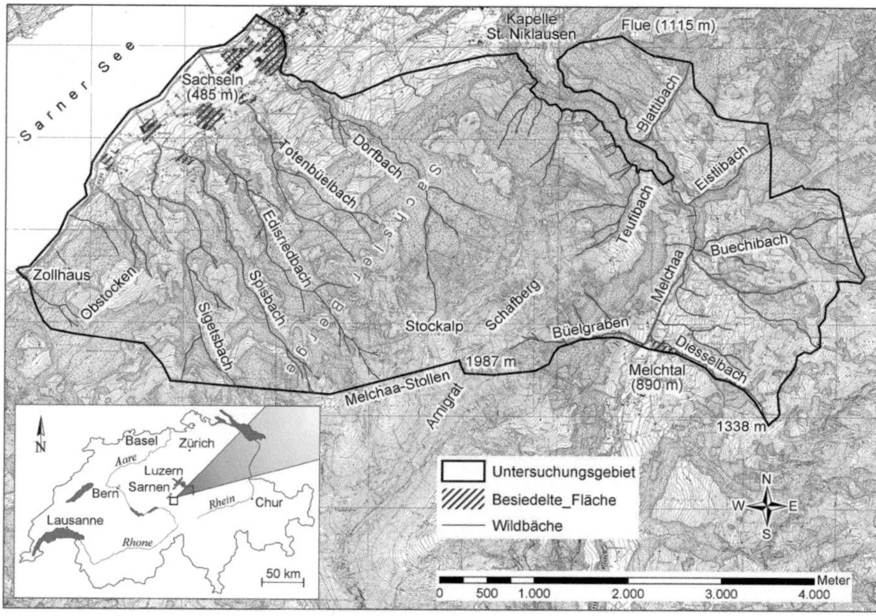

Abb. 2.4 Lage des Untersuchungsgebietes (Kartengrundlage: Topographische Karte, Blatt Melchtal (1190), 1:25.000), HAMBERGER (2007)

bis zur Bergstation der Seilbahn (1338 m ü. NN) oberhalb der Ortschaft Melchtal. Die Hauptabflussgerinne in diesem Teil des Gebietes, die in die Melchaa münden, sind der Blattibach, der Eistlibach, der Buechibach und der Diesselbach an den Westhängen des Melchtales, der Büelgraben und der Teufibach auf der orographisch linken Seite der Melchaa (Abb. 2.4).

Das Untersuchungsgebiet liegt im Bereich der helvetischen Decken. Die stratigraphischen Horizonte wurden zwischen dem Malm und dem Eozän im südhelvetischen Faziesbereich abgelagert. Ultrahelvetische Serien aus dem Obereozän der Obwaldner Flyschmasse treten z. T. in den Mittelläufen der Sachsler Wildbäche auf.

2.5 Schwarzwald/Südwestdeutschland 1994–2001

Hangbewegungen wurden vor allem im Hangschutt von Paragneisen, Orthogneisen, Graniten des Variskischen Grundgebirges und vereinzelt auch von triassischen Sandsteinen im Mittleren und Nördlichen Schwarzwald beobachtet (Abb. 2.5).

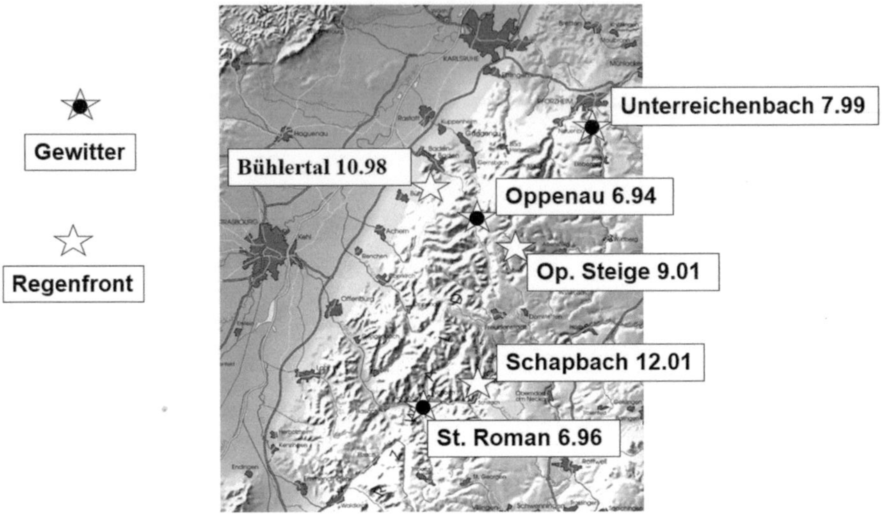

Abb. 2.5 Übersichtsskizze zur Lage der untersuchten Hangbewegungen (Kartengrundlage: Klimaatlas Oberrhein Mitte-Süd), ROHN & RUFF (2005)

2.6 Schweiz 2002–2005

Auch nach der Niederschlagskatastrophe 1997 in Sachseln/Obwalden wurde die Schweiz Anfang der 2000er Jahre immer wieder von Starkniederschlägen heimgesucht, die zu zahlreichen flachgründigen Hangbewegungen führten. Die betroffenen Gebiete liegen in den Voralpen, den Zentralalpen und der Ostschweiz (Abb. 2.6). Untersucht wurden 522 Hangbewegungen, wobei sich 240 in Waldgebieten und 282 auf Freilandböden ereigneten (RICKLI & GRAF, 2009). Die betroffenen Gesteine sind vorwiegend Hang- und Verwitterungsschuttdecken von Sandsteinen, Mergeln und Kalken.

In der Arbeit von RICKLI & GRAF (2009) wurde auch noch einmal besonders auf den Einfluss der Vegetation auf die Art der Hangbewegungen in Sachseln/Kanton Obwalden hingewiesen.

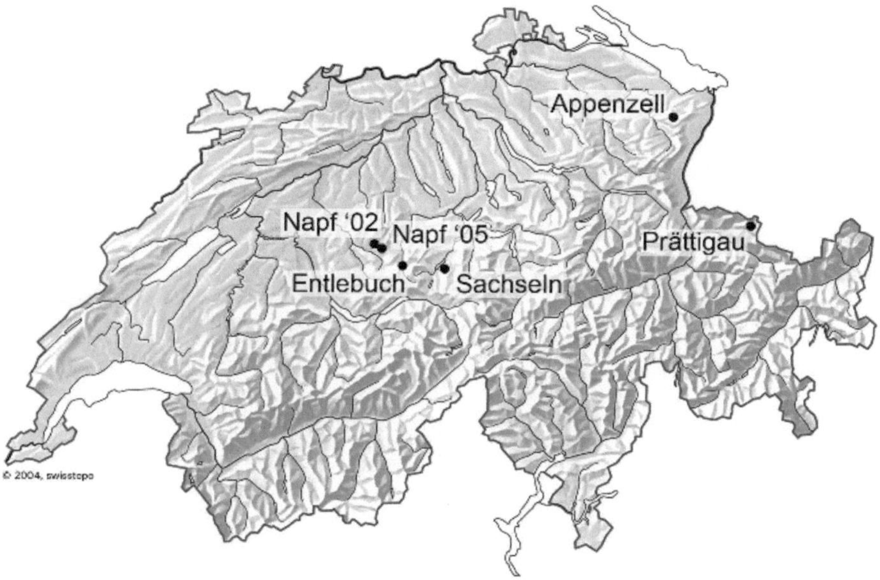

Abb. 2.6 Study areas (dark circles) in the Pre-Alps and Alps of central and eastern Switzerland, RICKLI & GRAF (2009)

Auslösende Ursachen

3

Die zahlreichen Untersuchungen der letzten 50 Jahre legen die Vermutung nahe, dass fast alle flachgründigen Hangbewegungen durch eine signifikante Kombination von Faktoren in der Lockergesteinsdecke ausgelöst werden. Weiterhin zeigt die Analyse, dass ein Hauptfaktor vorhanden sein muss, der zu einer plötzlichen Abnahme der Stabilität und zum Auslösen einer Hangbewegung führt. Dies bezeugen die Hänge, die für Jahrzehnte, ja sogar für Jahrhunderte in Ruhe waren und an denen plötzlich ein Versagen eintritt. Dies stellte BAKER schon 1953 (zit. in SHENG, 1966) klar heraus, wenn er betonte: „Almost all landslides result from a combination of causes with one factor being finally dominant." Dieser dominante Faktor kann als auslösende Ursache angesehen werden.

Aus den Untersuchungen der letzten 50 Jahre (z. B. ENGELEN 1967, CROZIER 1969, CAMPBELL 1975, MOSER 1980, ELLEN 1988, SCHOGER 1988, POLLONI et al. 1992, CERIANI et al. 1992, ALEOTTI et al. 1996, CROSTA & FRATTINI 2001, D'AMATO AVANZI et al. 2004, ALEOTTI 2004, ROHN & RUFF 2005, GODT et al. 2006, GUZZETTI et al. 2007, HAMBERGER 2007, RICKLI & GRAF 2009, FRATTINI et al., 2009, CROZIER 2010, BRUNETTI et al. 2010, MELCHIORRE & FRATTINI 2012, PERUCCACI et al. 2012) kann entnommen werden, dass Art, Dauer und Intensität der Niederschläge als auslösende Ursachen anzusehen sind und einen wesentlichen Einfluss auf Form, Vorgang und Ausmaß der möglichen Hanginstabilität in Form von flachgründigen Hangbewegungen haben.

3.1 Niederschlagsereignis 1966 im Lesachtal/Kärnten

Starke Landregen mit z. T. katastrophalen Auswirkungen auf Hangbereiche sind in den Südalpen mit Tiefdruckentwicklungen im Süden der Alpen und VB-Lagen verknüpft. Von VB-Lagen wird gesprochen, wenn ein Tief von der Adria über Ungarn nach Polen abwandert. Hinzu kommt, dass die Luftmassen in den

M. Moser et al., *Hangmuren,* https://doi.org/10.1007/978-3-662-70285-7_3

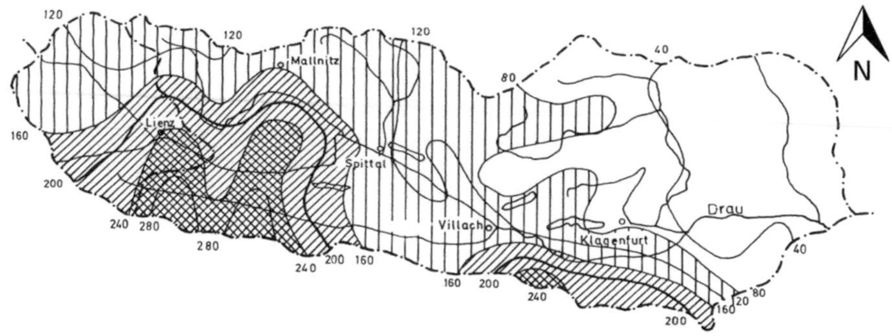

Abb. 3.1 Niederschlagsmessungen [mm] in Kärnten und Osttirol (03.–05.11.1966), TROSCHL (1971)

Wirkungsbereich einer in großer Höhe vorhandenen Luftströmung geraten, die mit bis zu 200 km/h auf die Südalpen zuströmt.

Als Beispiel für solche Tiefdruckentwicklungen im S der Alpen seien die Hochwasserlagen 1965 und 1966 im Südalpenbereich angeführt, die zu den umfangreichsten Hangbewegungen in den Südalpen seit 80 Jahren führten. Für das genauer untersuchte Gebiet des oberen Gailtales hatten besonders die Anfang November 1966 gefallenen Niederschläge katastrophale Auswirkungen auf die Hangstabilität in Lockergesteinen.

Anlässlich des Novemberereignisses wurden feuchte Luftmassen aus dem Mittelmeerraum herangeführt, die im Zusammenwirken mit einer Luftströmung mit Geschwindigkeiten von bis zu 230 km/h zur Auslösung exzessiver Niederschläge führten.

Hierbei traten zwei Hauptfelder in Erscheinung: einer über der Karnischen Hauptkette mit einer nordwestlichen zungenförmigen niederschlagsreichen Zone bis in das untere Iseltal und eines, das nordöstlich ins Mölltal reichte. In den Kerngebieten wurden Niederschlagssummen von fast 300 mm mit Tagessummen von teilweise über 160 mm gemessen (Abb. 3.1).

3.2 Niederschlagsereignis 1975 in Oberkärnten

Als Beispiel sei hier das Katastrophenereignis in Oberkärnten März/April 1975 herausgegriffen, das zum großen Teil den Ausgangspunkt für die vorgelegten systematischen Untersuchungen darstellt.

Niederschlagscharakteristik der Schadensgebiete:
Die Niederschlagssummen von Januar bis Mitte März waren äußerst gering (Greifenburg 86 mm, Sachsenburg 60 mm, Malta 85 mm und Radenthein 79 mm). Die maximale Schneehöhen betrugen 20 cm in Malta, 9 cm in Radenthein, 6 cm in Greifenburg und 2 cm in Sachsenburg. Ab 20. Februar waren alle Gebiete schneefrei (Sachsenburg und Greifenburg schon ab 1. Februar). Am 29. bis 31. März setzte ein rund 60-stündiger Schneefall ein, der in den Tallagen Oberkärntens (Tab. 3.1)

Tab. 3.1 Charakteristische Niederschlagswerte vom 15. März bis 10. April 1975 in Oberkärnten

Vorbemerkung
1 = Tag
2 = Niederschlag in den letzten 24 h [mm]
3 = Schneehöhe vom Boden bis zur Schneeoberfläche [cm]
4 = Höhe des in den letzten 24 h gefallenen Neuschnees [cm]

	Greifenburg (645 m ü. A.)			Sachsenburg (552 m ü. A.)			Malta (830 m ü. A.)			Radenthein (746 m ü. A.)		
1	2	3	4	2	3	4	2	3	4	2	3	4
15.3	–	–	–	0,8	–	–	–	–	–	–	–	–
16.3	26,2	–	21	17,0	–	3	5,3	–	3	8,0	–	2
17.3	19,0	21	13	7,2	3	4	14,2	3	16	12,1	2	6
18.3	67,3	27	39	44,6	4	6	15,3	17	16	15,4	8	4
19.3	41,7	36	–	22,8	7	4	9,4	33	5	29,2	8	–
20.3	2,0	31	2	–	7	–	0,8	20	–	6,8	8	4
21.3	–	25	–	0,5	5	–	–	12	–	3,2	8	4
22.3	–	21	–	–	–	–	–	8	–	–	–	–
23.3	–	18	–	–	–	–	0,5	–	–	–	–	–
24.3	–	16	–	–	–	–	0,5	1	1	–	–	–
25.3	–	14	–	–	–	–	–	–	–	0,1	–	–
26.3	–	13	–	–	–	–	–	–	–	–	–	–
27.3	2,0	11	–	1,1	–	–	3,2	–	–	2,2	–	–
28.3	31,6	10	19	5,2	1	6	5,3	–	7	20,6	–	7
29.3	25,1	25	25	22,5	6	25	30,2	7	35	18,9	7	24
30.3	88,3	50	90	95,0	30	80	80,1	40	65	60,5	27	55
31.3	4,0	120	–	3,2	110	3	15,2	100	6	12,2	82	55
1.4	0,5	95	–	–	80	–	–	75	–	–	57	7
2.4	–	65	–	–	60	–	–	58	–	–	43	–
3.4	3,5	46	–	1,5	40	–	1,0	45	–	1,8	35	–
4.4	43,7	30	–	42,8	30	–	28,8	33	–	15,7	24	–
5.4	43,6	22	–	37,8	20	–	35,0	26	–	33,2	18	–
6.4	78,0	20	–	60,5	10	–	64,5	22	–	63,2	15	–
7.4	7,0	15	–	11,0	5	–	8,3	18	3	18,2	15	–
8.4	1,4	10	–	0,9	–	–	–	19	–	1,0	12	–
9.4	20,0	10	–	24,1	–	–	18,6	14	5	12,3	5	–
10.4	5,7	10	–	–	–	–	1,5	15	–	0,8	–	–

Schneehöhen bis maximal 120 cm, in den höheren Bereichen des Liesertales 150 cm Neuschnee erbrachte. In den darauffolgenden Tagen setzte durch Temperaturanstieg eine plötzliche Schneeschmelze ein, sodass in nur 5 Tagen die Neuschneedecke auf 20–30 cm, in süd- bis südostexponierten Hanglagen bis auf einige Flecken völlig reduziert wurde. Die hieraus zur Verfügung stehende Schmelzwasserhöhe (Wasseräquivalent) errechnet sich bei einem Reduktionsfaktor von 0,1 bis 0,2 zwischen 120 mm und 240 mm. Diese Werte können als Minimalwerte angesehen werden, da die Werte für frisch gefallenen Schnee durchaus 0,6 erreichen können.

Die im Zusammenhang mit der kräftigen Schneeschmelze aufgetretenen starken Regenfälle, die in nur drei Tagen (4. bis 6. April) Summen bis zu 170 mm erbrachten (Greifenburg 165 mm, Sachsenburg 141 mm, Malta 128 mm, Radenthein 112 mm) verursachten zahlreiche flachgründige Hangbewegungen mit z. T. starken Verwüstungen in den Siedlungsgebieten. Insgesamt dürften in der Zeit vom 2. bis 6. April minimal 300–400 mm mögliche Niederschlagsmengen in den untersuchten Höhenlagen zur Verfügung gestanden haben. STOFFEL et al. (2014) betonen auch für die Niederschlagsereignisse 2008/2009 im Piemont/Italien das Zusammenwirken einer schnellen Schneeschmelze mit Regenfällen für das Entstehen zahlreicher flachgründiger Hangbewegungen.

Zur Einordnung des Niederschlagsereignisses hinsichtlich Niederschlagsdauer und Niederschlagsintensität s. Abb. 4.1.

3.3 Niederschlagsereignis 1985 im Voldertal-Inntal/Tirol

Das Niederschlagsgeschehen im Voldertal im Sommer 1985 ist der Abb. 3.2 zu entnehmen. Die Auslösung der Hangbewegungen hängt mit den Niederschlägen des 5. und 6. Augusts (44,0 mm und 80,9 mm) zusammen. Die ersten Hangbewegungen traten am 6. August zwischen 9 und 10 Uhr auf, sodass bis zu diesem Zeitpunkt für das Niederschlagsereignis ca. 80 bis 100 mm Niederschlagsmenge anzunehmen sind, da der heftigste Regenfall in der Nacht zu verzeichnen war. Dies weist auf eine durchschnittliche Niederschlagsintensität von ca. 8 bis 10 mm/h hin. Bei Zugrundelegen des Zeitraumes vom 3. bis 6. August berechnet sich eine Niederschlagsintensität von 1,46 mm/h. Da aber schon seit dem 20. Juli starke Niederschläge gefallen waren (in 18 Tagen bis zum 6. August 310,2 mm), kann angenommen werden, dass die Hangschuttdecke einen hohen Wassergehalt schon vor dem 6. August aufzuweisen hatte. Der maximal zu verkraftende Wassergehalt (Strömungsdruck, Porenwasserdruck) wurde erst in den Morgenstunden des 6. Augusts übertroffen. Zur Einordnung des Ereignisses hinsichtlich Dauer und Intensität der Niederschläge s. Abb. 4.1.

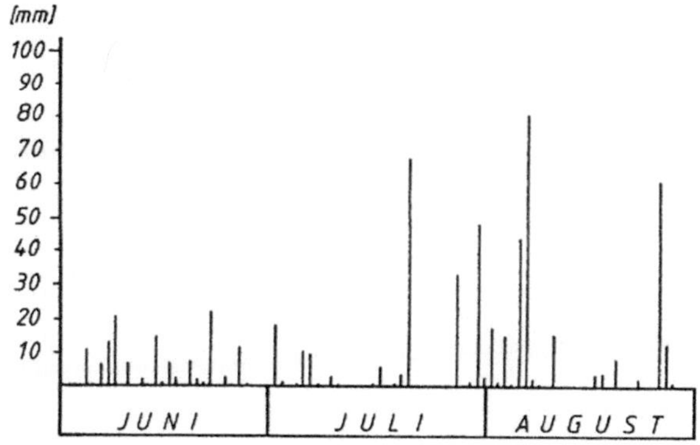

Abb. 3.2 Niederschlagsmengen für Kleinvolderberg im Sommer 1985 (nach Angaben des Hydrographischen Dienstes der Tiroler Landesregierung), MOSER & SCHOGER (1989)

3.4 Niederschlagsereignis 1997 in Sachseln/Kanton Obwalden

Die Ermittlung der Niederschläge erfolgte für das untersuchte Gebiet an drei Messstationen der MeteoSchweiz in Sarnen (ca. 2,5 km N' von Sachseln), Giswil (ca. 2 km SW' von Zollhaus) und Stöckalp (ca. 3,5 km S' von Melchtal). Für die Untersuchungen des Ereignisniederschlags wurden die Daten des Niederschlagsradars der MeteoSchweiz verwendet, welches alle 10 min für jede Rasterzelle (2 × 2 m) des Untersuchungsgebietes den maximalen Intensitätswert übermittelt hat.

In den Monaten Juni, Juli 1997 lagen die an den drei Messstationen gemessenen Niederschlagsmengen ca. 150 % über dem langjährigen Durchschnitt. Die erste Hälfte des Augusts war, nach Untersuchungen des BWW (Bundesamt für Wasserwirtschaft, 1998), weitestgehend trocken.

Mittels der Auswertung der Radardaten vom 15. August 1997 lässt sich das Unwetterereignis folgendermaßen charakterisieren BWW (1998):

- Die ersten Niederschläge mit Intensitäten von bis zu 90 mm/h traten bereits in den oberen Einzugsgebieten der Sachsler Wildbäche zwischen 17 und 18 Uhr auf. In den Tallagen dagegen lag zu diesem Zeitpunkt die Intensität bei maximal 30 mm/h.
- Zwischen 18:00 und 19:20 Uhr gab es nur geringe Niederschlagsmengen.
- Zwischen 19:20 und 21:20 fielen die intensivsten Niederschläge im ganzen Gebiet mit Spitzenintensitäten von bis zu 90 mm/h. Die durchschnittliche Intensität lag bei 70 mm/h. Während in den oberen Einzugsgebieten die sehr hohen Intensitäten über nahezu den gesamten Zeitraum anhielten, wurden in den unteren Bereichen Maximalintensitäten nur über kürzere Zeitspannen gemessen.

- Die Gesamtniederschlagsmengen lagen bei knapp 150 mm in den oberen Einzugsgebieten des Dorfbaches, Totenbüel- und Edisriedbaches. In den unteren Einzugsgebieten des Spis- und Sigetsbaches wurden maximal 120 mm gemessen, in Sachseln in etwa 50 mm (Abb. 3.3).
- In Sarnen und in der Ortschaft Melchtal fielen wesentlich weniger Niederschläge.

Die Auswertungen zeigen, dass es sich bei dem Unwetterereignis vom 15. August 1997 in Sachseln um die Entladung einer lokal begrenzten und extrem stationären Gewitterzelle handelte. Die Abb. 3.3 zeigt das Ergebnis einer Interpolation der gesamten Niederschlagsmengen, die zwischen 19:20 und 21:20 Uhr im Raum Sachseln gefallen sind. Mit Hilfe eines Kriging-Algorithmus wurden die Daten der MeteoSchweiz, basierend auf einer Rasterzellengröße von 2 × 2 m, berechnet. Man kann sowohl die Lage und Ausmaße der Gewitterzelle als auch deren Zentrum gut erkennen. Die Ergebnisse der Untersuchungen des BWW (Bundesamt für Wasserwirtschaft, 1998) weisen darauf hin, dass weniger die Spitzenintensität, sondern vielmehr die Dauer der Intensivniederschläge dem Niederschlagsereignis von Sachseln einen außergewöhnlichen Charakter verliehen. Die Schätzungen der Wiederkehrperiode für eine solche Konstellation liegen bei größer 500 Jahre. Zur Einordnung des Ereignisses hinsichtlich Dauer und Intensität s. Abb. 4.1.

Fußend auf der Abb. 3.3 konnte RICKLI (2001) zeigen, dass in Gebieten mit der stärksten Beregnung eine deutliche Häufung von Hangbewegungen erfolgt. Aus der Abb. 3.4 ist zu ersehen, dass erst in Gebieten mit einer Niederschlagsmenge von mehr als 100 mm eine deutliche Rutschaktivität einsetzte.

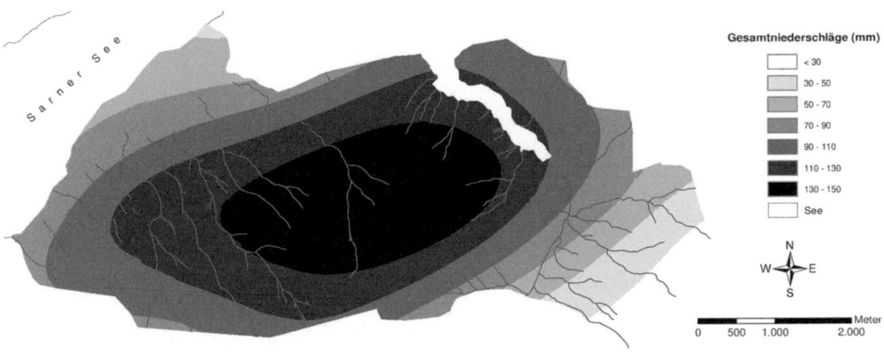

Abb. 3.3 Modell der Verteilung der Gesamtniederschlagsmengen des Unwetters am 15.08.1997 ohne Vorregenereignis von 17 Uhr. (Die Modellbildung erfolgte in ArcGIS mit einem Kriging-Verfahren basierend auf den Daten der MeteoSchweiz mit einer Rasterzellengröße von 2 × 2 m)

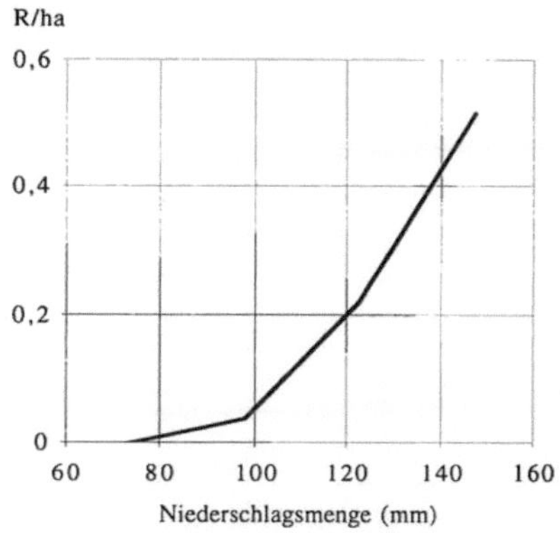

Niederschlags-klasse (mm)	Klassenmitte (mm)	Fläche (ha)	Anzahl Rutschungen
60-85	72,5	36	0
85-110	97,5	113	4
110-135	122,5	245	53
135-160	147,5	428	223
Total	-	822	280

Abb. 3.4 Einfluss der Niederschlagsmenge auf die Rutschaktivität (R/ha). Grundlage: Auswertung von Radarbildern (BWW 1998), RICKLI (2001)

3.5 Niederschlagsereignisse 1994–2001 im Schwarzwald/ Südwestdeutschland

Hangbewegungen wurden nach zwei unterschiedlichen Wettersituationen ausgelöst: Zum Ersten während kurzen, aber sehr intensiven konvektiven Starkniederschlägen bei Gewittern, vorwiegend in den Monaten Juni bis August, besonders dann, wenn die Gewitterzellen mehr oder weniger stationär über demselben Ort geblieben sind (Abb. 3.5). Zum anderen während oder nach dem Durchzug von langandauernden aber weniger intensiven stratiformen Niederschlagsfronten, die besonders häufig im Winterhalbjahr auftreten.

Insgesamt konnten 7 Niederschlagsereignisse im Zeitraum von 1994 bis 2001 untersucht werden (Tab. 3.2). Drei Ereignisse bei Oppenau (Abb. 3.5), St. Roman (Wolfach) und Unterreichenbach wurden durch Gewitter ausgelöst. Die Massenbewegungen bei Baden-Baden/Bühlertal, Oppenauer Steige und Neuweier ereigneten sich während des Durchzugs von Niederschlagsfronten. Zur Einordnung einiger Niederschlagsereignisse in Abhängigkeit der Intensität und Dauer s. Abb. 4.1.

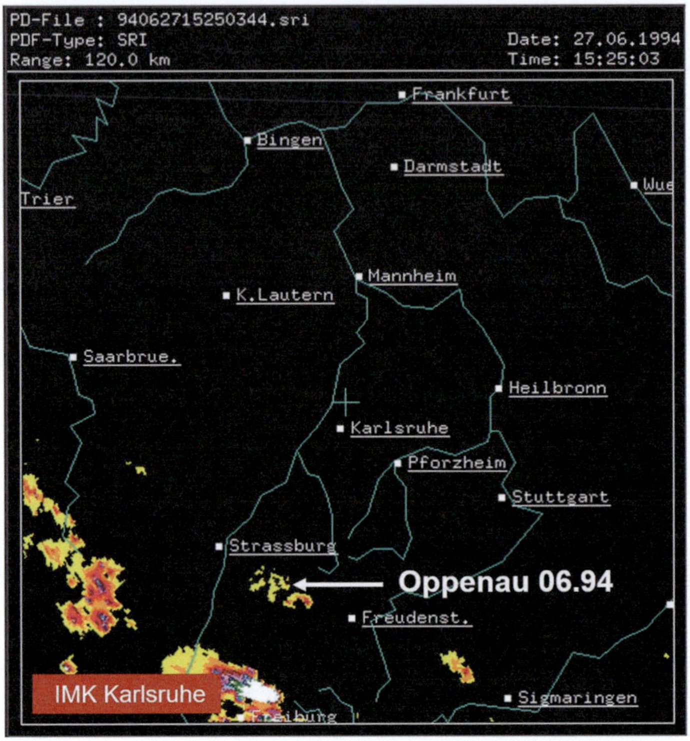

Abb. 3.5 Wetter-Radar-Sequenz vom 27.06.1994 (Meteorologisches Institut, Universität Karlsruhe). Eine Gewitterzelle blieb relativ stabil über der Gegend von Oppenau (östlich Straßburg) und verursachte 177 mm Niederschlag in 1,5 h. Die Gewitterzelle war sehr klein, nur 3 km westlich von Oppenau wurden nur noch 120 mm Niederschlag gemessen, ROHN & RUFF (2005)

Tab. 3.2 Niederschlagsereignisse bei denen eine Auslösung von Massenbewegungen beobachtet wurde, ROHN & RUFF (2005)

Datum	Ort	Niederschlag (mm)	Dauer (Std.)
27.06.1994	Oppenau	177	1,5
07.06.1996	St. Roman	>79	1,5
19.07.1999	Unterreichenbach	200	3
28/29.10.1998	Bühlertal	131	24
08.09.2001	Opp. Steige	91	12
29/30.12.2001	Neuweier	108	56
29/30.12.2001	Schapbach	>100	48

3.6 Niederschlagsereignisse 2002–2005 in der Schweiz

Besonders RICKLI & GRAF (2009) haben sich nach der Unwetterkatastrophe von Sachseln 1997 sehr intensiv mit der Entstehung flachgründiger Hangbewegungen anlässlich von Starkniederschlägen befasst. Folgende Niederschlagsereignisse wurden näher betrachtet:

- Napf Juni 2002, Dauer 3 St, Summe 60 mm
- Napf August 2005, Dauer 4 Tage, Summe 236 mm
- Entlebuch August 2005, Dauer 4 Tage, Summe 236 mm
- Prättigau August 2005, Dauer 3 Tage, Summer 145 mm
- Appenzell September 2002, Dauer 12 St, Summe 150 mm

Zur Einordnung einiger Ereignisse hinsichtlich Dauer und Intensität der Niederschläge s. Abb. 4.1.

Für gewisse spezielle Untersuchungen hinsichtlich der Vegetation und Geometrie der Hangbewegungen wurde in der Arbeit von RICKLI & GRAF (2009) auch Sachseln 1997 integriert.

3.7 Niederschlagsereignis 2015 im Sellraintal/Tirol

Die Ausführungen beziehen sich auf LAGGER (2015).

Von Niederschlagsereignissen, die in letzter Zeit eine große Zahl von Hanganbrüchen, Hangmuren und starke Vermurung der Talsohle mit Uferanbrüchen verursachten, sei das Sellraintal/Tirol im Juni 2015 erwähnt (Abb. 3.6).

Besonders erfolgte die Vermurung in der Talsohle durch den Eintrag von Murstößen des Seigesbaches westlich der Ortschaft Sellrain. Betroffen war im Sellrain vornehmlich der Talabschnitt zwischen Fotscherbach im Norden und Seigesbach im Süden. Die auslösende Ursache war das Aufeinandertreffen von Starkniederschlägen und der Schneeschmelze in den Hochlagen der Seitenbäche der Mellach. Infolge einer nur sehr schwach ausgebildeten Höhenströmung blieb der extreme Gewitterregen über viele Stunden ortsfest und erbrachte im mittleren Sellraintal 130 bis 150 mm in 12 h (Abb. 3.7 und 3.8).

Diese Wettersituation führte besonders im Bereich des Seigesbaches zu umfangreichen Murstößen.

Abb. 3.6 Einmündung Seigesbach in die Mellach auf Höhe Ortsteil „Bodenhöfe" nach dem Hochwasser (Quelle: Orthofoto aus Basis Befliegung im Auftrag der ATLR, Juni 2015), LAGGER (2015). Die Vermurung der Talsohle durch den Murgang im Seigesbach und die Hangmuren an den angrenzenden Hangbereichen sind deutlich zu sehen

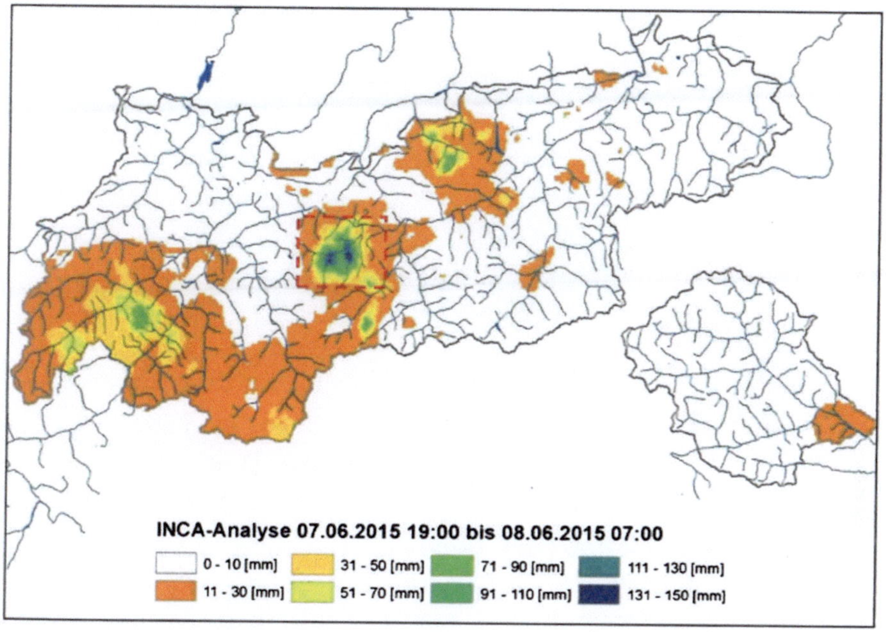

Abb. 3.7 Niederschlagskarte Tirol auf Basis INCA der ZAMG, Visualisierung durch Hydrografischen Dienst (aus: Hydrologische Übersicht – Juni 2015; Abteilung Wasserwirtschaft – Sachgebiet Hydrographie und Hydrologie), LAGGER (2015)

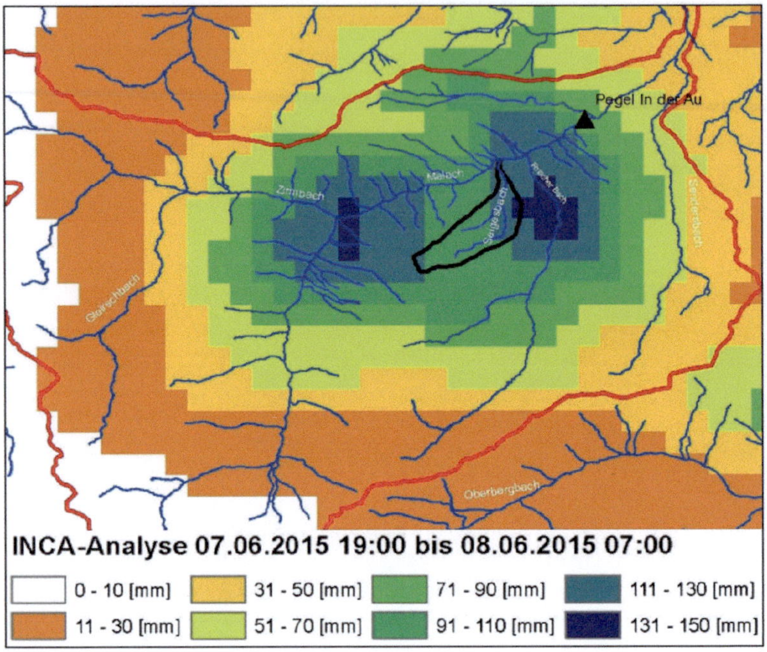

Abb. 3.8 Niederschlagskarte Sellraintal auf Basis INCA der ZAMG, Visualisierung durch Hydrografischen Dienst (aus: Hydrologische Übersicht – Juni 2015; Abteilung Wasserwirtschaft – Sachgebiet Hydrographie und Hydrologie), LAGGER (2015)

4 Einordnung rutschungsrelevanter Niederschlagsereignisse

Um Starkniederschlagsereignisse einzuordnen, werden meist die Intensität sowie die Dauer der Niederschläge verglichen. MOSER & HOHENSINN (1983) unterscheiden anhand der Auswertung einer Vielzahl von Starkregenereignissen drei Felder, die zu einer großen Anzahl von Massenbewegungen führen. Die drei Bereiche besitzen folgende Eigenschaften (Abb. 4.1):

Feld 1: Hangbewegungen infolge von Starkniederschlägen hoher Intensität, kurzer Dauer und kleinflächiger Verteilung

- Murgänge und Rinnenanbrüche in vorgezeichneten Gerinnen, manchmal nur Überflutungen

Feld 2: Hangbewegungen infolge mehrstündiger Niederschläge und mittleren Intensitäten

- Neben den Hanginstabilitäten von Feld 1: Hanganbrüche

Feld 3: Hangbewegungen infolge ein- bis mehrtägiger Niederschläge und niedrigen Intensitäten (mind. 2 mm/h), oft in Kombination mit einer extremen Schneeschmelze

- Verstärkte Bildung von Hangmuren

Beim Vergleich der Niederschlagscharakteristik unterschiedlicher Starkregenereignisse muss jedoch beachtet werden, dass auch immer die gleichen Werte miteinander verglichen werden. Bei kurzen und sehr intensiven Niederschlägen – Feld 1 nach MOSER & HOHENSINN (1983) – ist die Dauer der Niederschläge der Zeitraum vom Beginn bis zum Ende der Niederschläge, während die Dauer bei länger anhaltenden Niederschlägen die Zeitspanne vom Beginn des Regens bis zu dem Zeitpunkt wiedergibt, an dem die meisten Hangbewegungen aktiviert wurden.

M. Moser et al., *Hangmuren,* https://doi.org/10.1007/978-3-662-70285-7_4

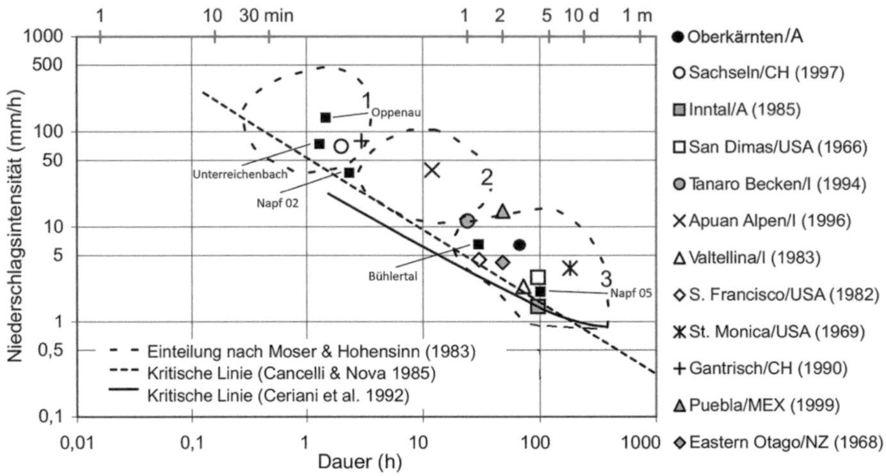

Abb. 4.1 Einordnung von rutschungsrelevanten Unwetterereignissen in Abhängigkeit der Intensität und Dauer der Niederschläge. (Mod. n. MOSER & HOHENSINN, 1983)

Vorregenereignisse fließen in die Dauer nicht mit ein. Die Intensität der Niederschläge berechnet sich meist aus dem Quotienten der gemessenen Gesamtniederschlagsmenge und der Dauer des Unwetterereignisses. Das Problem besteht in den meisten Fällen darin, dass es in kleinen Untersuchungsgebieten meist nur sehr wenige Niederschlagsmessungen gibt, die auch außerhalb des Untersuchungsgebietes liegen können. Allein die bereits oben beschriebene Auswertung der Niederschläge der Unwetterkatastrophe von Sachseln/Kanton Obwalden zeigt, dass nicht nur die gemessenen Gesamtniederschlagsmengen in dem nur 25 km^2 großen Gebiet stark variieren (Abb. 3.3), sondern auch die damit verbundenen Intensitäten. Die Evaluierung und Gegenüberstellung unterschiedlicher Niederschlagsereignisse stellt zwar die Grundlage für die Berechnung der Wiederkehrperiode dar, sollte aber nur als Trend angesehen werden. In der Abb. 4.1 werden die Niederschlagswerte einiger vergleichbarer Ereignisse wiedergegeben, bei denen sich z. T. sehr viele flachgründige Rutschungen in Form von Hangmuren entwickelten.

Die Abb. 4.1 führt außerdem zu folgender Fragestellung:

- Können Grenzwerte hinsichtlich Dauer und Intensität von Niederschlägen angegeben werden bei deren Überschreitung Hangbewegungen zu erwarten sind (s. z. B. kritische Linien von CANCELLI & NOVA (1985) und CERIANI et al. (1992))?

Für das Auftreten von flachgründigen Hangbewegungen anlässlich von Starkniederschlägen sind für die Bestimmung von Grenzwerten hinsichtlich von Intensität und Dauer in der Literatur zwei Methoden vorgeschlagen worden. Die erste basiert auf prozessorientierten Modellen (z. B. IVERSON 2000, CROSTA & FRATTINI 2003). Die zweite bezieht sich auf empirische Grenzwerte (z. B. CAINE 1980, ALEOTTI 2004, GUZZETTI et al. 2007, 2008).

Besonders durch die Starkregenereignisse im Veltlin 1983, 1987 und 2000 und im Piemont 1994, 1996 und 2000 konnten aufgrund von detaillierter Niederschlagsmessungen Angaben zur Intensität und Dauer der Niederschlagsereignisse dargelegt werden, die zu vornehmlich flachgründigen Hangbewegungen führten (CROSTA & FRATTINI 2001, ALEOTTI 2004, Abb. 4.2). Fußend auf den Ergebnissen konnten besonders regionale Grenzwertkurven für italienische Regionen entwickelt werden (s. Abb. 4.5). Aus der Abbildung ist zu entnehmen, dass die Niederschlagsereignisse, die zu vornehmlich flachgründigen Hangbewegungen führten, hinsichtlich Dauer und Niederschlagssumme stark variieren – von nur geringer Dauer (<10 min, vorwiegend lokal begrenzter Gewitterregen) bis zu mehrtägigen Landregen mit dem Auftreten von hunderten solcher Hangbewegungen.

Die Entwicklung von Grenzwertkurven mithilfe von Intensität und Dauer der Niederschläge

CAINE (1980) war wohl einer der Ersten, der Grenzwertkurven mithilfe von Intensität und Dauer der Niederschläge entwickelt hat. Die resultierende Grenzwertkurve (Abb. 4.3) beruht auf der Auswertung der Intensität und Dauer von 73 Niederschlagsereignissen mit einer Dauer von 10 min bis 10 Tagen. Die Werte stammen vornehmlich aus verschiedenen Gebirgsregionen. In dieser Veröffentlichung wird schon richtungsweisend auf die Schwierigkeiten der Erstellung solcher Grenzwertkurven hingewiesen. Unsicherheiten beinhalten verschiedene

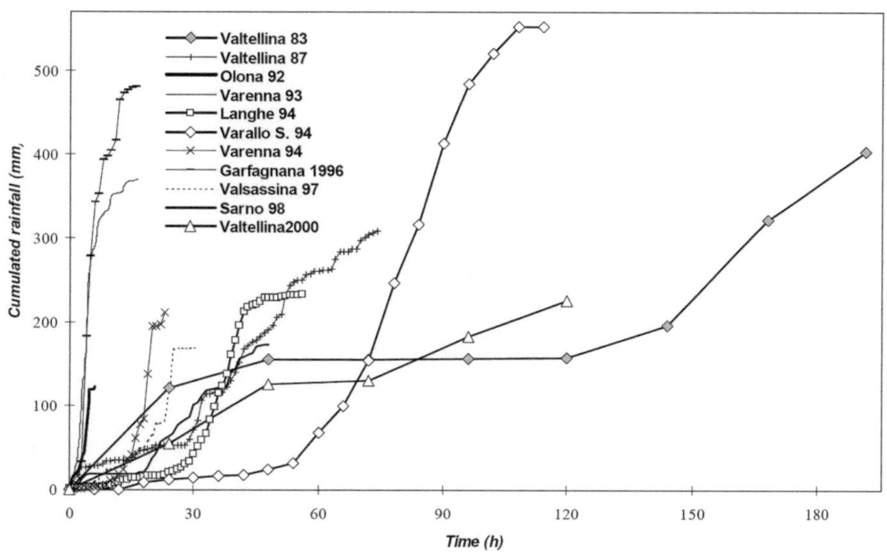

Abb. 4.2 Cumulative rainfall vs time plot for some soil slip/debris flow events in Italy. Two different types of event are represented: single and multiple burst events, CROSTA & FRATTINI (2001)

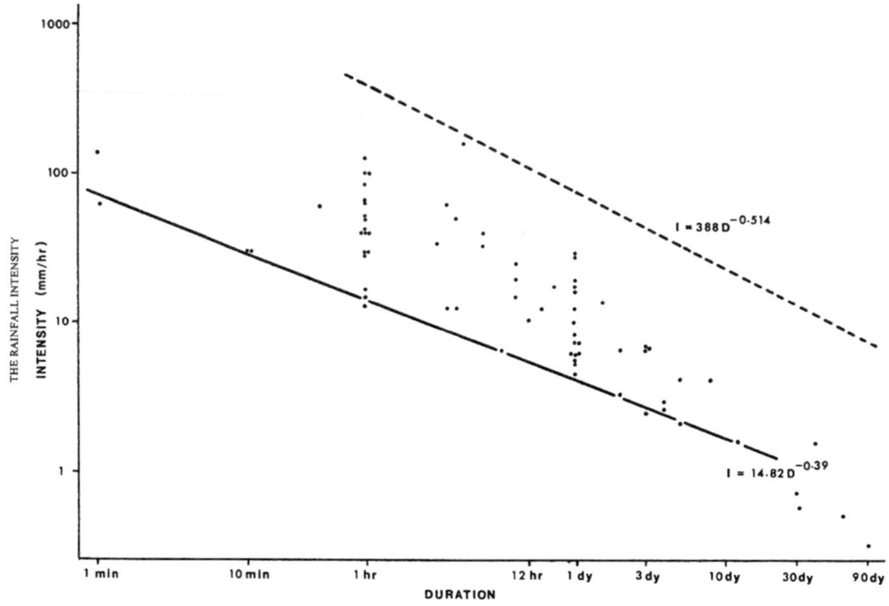

Abb. 4.3 The rainfall intensity, CAINE (1980)

geotechnische Eigenschaften der Lockergesteine, die vorhergehende Niederschlagssituation, die verschiedene Lage zu den Niederschlagsmessstationen und die verschiedenen Typen der Messgeräte.

Weitere Angaben zu Grenzwertkurven sind besonders mit den Autoren CERIANI et al. (1994), CROSTA & FRATTINI (2001) und ALEOTTI (2004) verknüpft. Sie beruhen besonders auf Starkniederschlagsereignisse in Italien in den 90er Jahren (s. Abb. 4.4).

Auffällig ist besonders die Übereinstimmung der „Aleotti Kurve" mit der Kurve „CAINE 1980", da hier wohl die geotechnischen Eigenschaften der Lockergesteine aber auch weitere Gegebenheiten stark streuen.

Auch in der Folge haben sich wiederum besonders italienische Veröffentlichungen dieser Fragestellung gewidmet, da gewisse Regionen in Italien immer wieder Starkniederschlägen aufweisen, die zu zahlreichen Hangbewegungen führen. Eine zusammenfassende Arbeit ist 2010 von BRUNETTI et al. mit der Einarbeitung von Grenzwertkurven hinsichtlich Dauer und Intensität erschienen. Analysiert wurden 10 globale Grenzwerte (7–16), 3 nationale (17–19), 3 regionale (20–22) und 13 lokale (23–35, Abb. 4.5).

Insgesamt ist in der Abb. 4.5 ein breites Band zu ersehen, das neben der Niederschlagscharakteristik (z. B. vorangegangene Niederschläge) weitere Gegebenheiten der Grenzwertkurven bestimmt. Sie betreffen vor allem die geologischen und geotechnischen Eigenschaften der Lockergesteine und die morphologischen Gegebenheiten. Auffällig ist aber, dass Grenzwertkurven aus weltweiten Angaben (s. z. B.

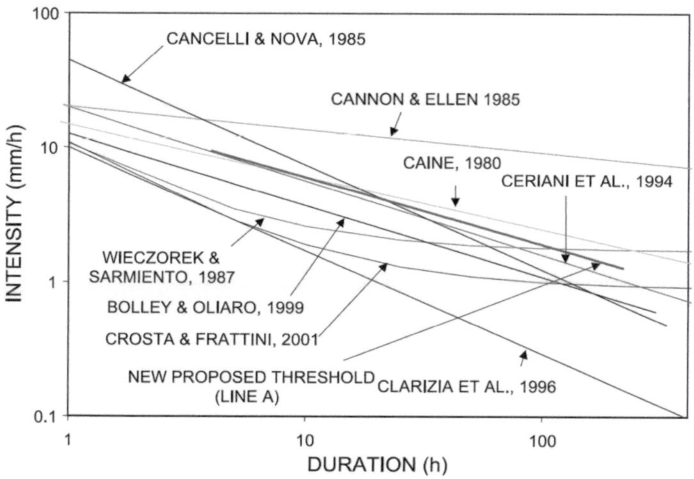

Abb. 4.4 Comparison of the triggering threshold in graph I – D with those reported in the literature. The thresholds proposed by Caine (1980) and Crosta and Frattini (2001) are prepared by using all the data available at the date for the world; the thresholds by Cancelli and Nova (1985), Ceriani et al. (1994) and Clarizia et al. (1996) are referred to wide areas with different soil, morphologic and rainfall characteristics. Threshold proposed by Bolley and Oliaro (1999) is calculated for the upper Susa Valley (Dora river, see Fig. 1) within the studied area of this paper, ALEOTTI (2004)

Kurve von CAINE (1980) Nr. 7) durchaus mit regionalen Ergebnissen übereinstimmen (s. z. B. ALEOTTI (2004) Nr. 22, CERIANI et al. (1994) Nr. 20, Abb. 4.5).

Besonders bei Betrachtung der Grenzwertkurven im Diagramm Abb. 4.5b fallen die tiefen Grenzwerte für die Abruzzen Region (Nr. 4–6) auf, die sich deutlich von den regionalen Grenzwertkurven für das Piemont (Nr. 22) von ALEOTTI (2004) und für die Lombardei (Nr. 20) von CERIANI et al. (1994) abheben. Die Kurven für die Abruzzen wurden mithilfe von Niederschlagsdaten aber mit statistischen Methoden gewonnen. Es wurde hervorgehoben, dass durchaus Hangbewegungen mit weitaus schwächeren Niederschlagsereignissen erwartet werden können. Diese Ergebnisse müssen weiterhin als sehr wichtig für die Vorhersage für das Auftreten von Hangbewegungen in der Zukunft angesehen werden. Letztgenannte Aussage konnte durch eine neuerliche statistische Bearbeitung von 442 Niederschlagsereignissen in Mittelitalien für die Periode 2002–2010 weiter untermauert werden (PERUCCACCI et al. 2012).

Die Bedeutung vorrangegangener Niederschläge auf das auslösende Ereignis und ihre Bedeutung für die Entwicklung von Grenzkurven

Die Untersuchung der vorausgehenden Niederschlägen, die den Wassergehalt im Boden und den Grundwasserspiegel beeinflussen, können benutzt werden, um das Auftreten von Lockergesteinsrutschungen vorauszusagen (GUZZETTI et al.

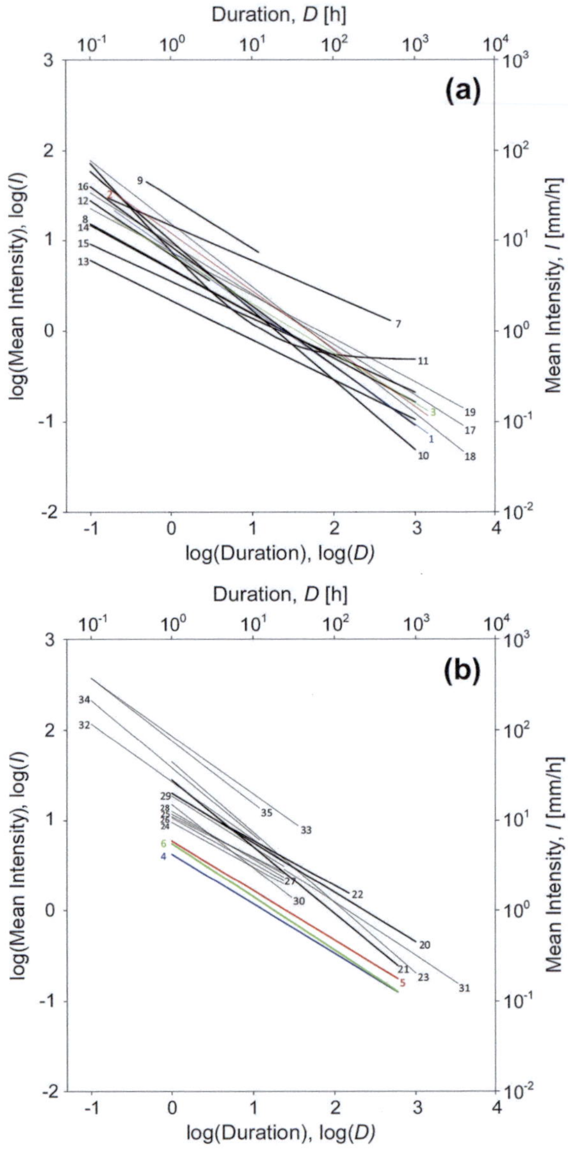

Abb. 4.5 Comparison of rainfall thresholds for possible landslide occurrence in Italy. New national (**a**) and regional (**b**) thresholds are in colour: green, T_B Bayesian threshold; light blue, T_1 1 % Frequentist threshold; red, T_5 5 % Frequentist threshold. **a** Global (thick line) and national (thin line) thresholds for Italy; source: 1–3, this work; 7, Caine (1980); 8, Innes (1983); 9, Jibson (1989); 10, Clarizia et al. (1996); 11, Crosta and Frattini (2001); 12, Cannon and Gartner (2005); 13–16, Guzzetti et al. (2008); 17–19, Guzzetti et al. (2007). **b** Regional (thick line) and local (thin line) thresholds, and new thresholds for the Abruzzo Region (coloured). Source 4–6, this work; 20, Ceriani et al. (1994) in Bacchini and Zannoni (2003); 21, Calcaterra et al. (2000); 22, Aleotti (2004); 23, Cancelli and Nova (1985); 24–29, Bolley and Olliaro (1999); 30, Marchi et al. (2002); 31, Floris et al. (2004); 32–35, Giannecchini (2005). Numbers refer to # in Table 1, BRUNETTI et al. (2010)

2007). Zu dieser Thematik wurden ab den 80er Jahren je nach Morphologie, geologischen Gegebenheiten und regionalen Verhältnissen verschiedene Vorschläge erarbeitet. Für die Region Piemont z. B. wird ein Minimum von 140 mm innerhalb 60 Tagen und ein Gesamtniederschlag (vorrangegangener und auslösender Niederschlag) von wenigstens 300 mm für die Entstehung von Hanganbrüchen gesehen (GOVI et al. 1985).

PASUTO & SILVANO (1998) setzen bei der Bearbeitung von Hangbewegungen in den Dolomiten den 15-tägigen vorangegangenen Niederschlag und den 2-tägigen Ereignisniederschlag in Beziehung.

- Vorrangegangene Niederschlagssumme in 15 Tagen > 200 mm und das zweitägige auslösende Ereignis > 200 mm → Hanganbrüche immer
- Zweitägiger auslösender Niederschlag 100–150 mm → Hanganbrüche ca. 60 %
- Zweitägiger Niederschlag < 70 mm → Hanganbrüche selten

Auch bei der Entwicklung von Grenzwertkurven wurde besonders im Hinblick auf die Entstehung von Hangmuren immer wieder auf die Bedeutung der Niederschlagsverhältnisse einer Region vor dem eigentlichen Ereignis hingewiesen (z. B. CROSTA 1998, CROSTA & FRATTINI 2001, GUZZETTI 2004). Es wird aber vermerkt, dass aufgrund weiterer bestimmender Eigenschaften wie z. B. Morphologie, bodenmechanischer und hydraulischer Eigenschaften, Vegetation und Exposition die genauen Einflüsse vorangegangener Niederschläge immer noch zur Diskussion stehen (CROSTA & FRATTINI 2001). Zudem wird auf den abnehmenden Einfluss der vorangegangenen Niederschläge bei zunehmender Entfernung vor dem eigentlichen Ereignis mit zahlreichen Hangbewegung hingewiesen (CROZIER & GLADE 1999, GLADE et al. 2000).

Besonders GODT et al. (2005) konnten in der Region Seattle, Washington USA dem Einfluss vorrangegangener Niederschläge auf die Grenzwertkurven (Regenintensität (mm/h) zu Dauer) nachgehen. Im Speziellen wurde folgendes Vorgehen gewählt:

- Schwellenwerte aufgrund von Regenintensität und Dauer von Starkniederschlägen, die besonders flachgründige Lockergesteinsrutschungen produziert haben (Abb. 4.6).
- Feuchtigkeitsbilanzierung der Lockergesteine kalibriert mit Feldmessungen, um Perioden zu identifizieren, in denen das Lockermaterial wahrscheinlich nass ist.

Die Studien belegen, dass bei vorhergehenden steigenden Feuchtigkeitsgehalten der Lockerüberlagerung Niederschläge von geringerer Intensität und Dauer ausreichend sind, um flachgründige Hangbewegungen auszulösen.

Aus der Abb. 4.7 ist deutlich zu erkennen, dass die Grenzwerte von Seattle (Strich Punkt Punkt) deutlich z. B. unter der Grenzkurve von CAINE (1980) (durchgezogene Linie) liegen. Diese Überlegungen fanden auch Eingang in ein praktisches Gefahrenmanagement, in dem die gefährlichsten jährlichen Perioden bestimmt werden konnten, bei denen es zu weit verbreiteten Hangbewegungen kommen kann.

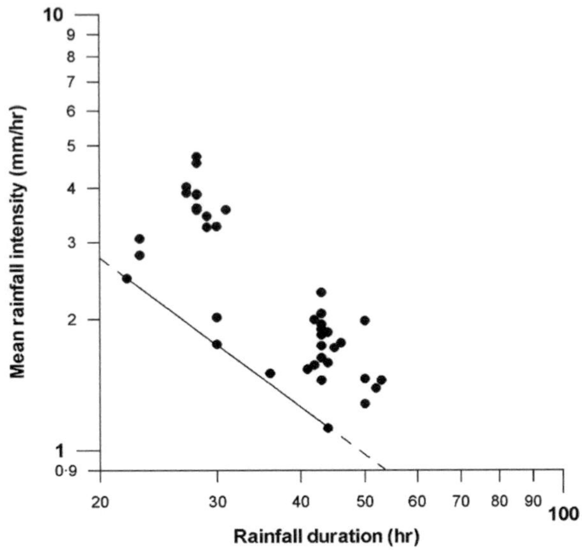

Abb. 4.6 Mean rainfall intensity, I_{mean} (mm/h), versus duration, D (h), for storms that triggered two or more shallow landslides in different geographic locations of the City of Seattle during the period 1978 to 1997, GODT et al. (2005)

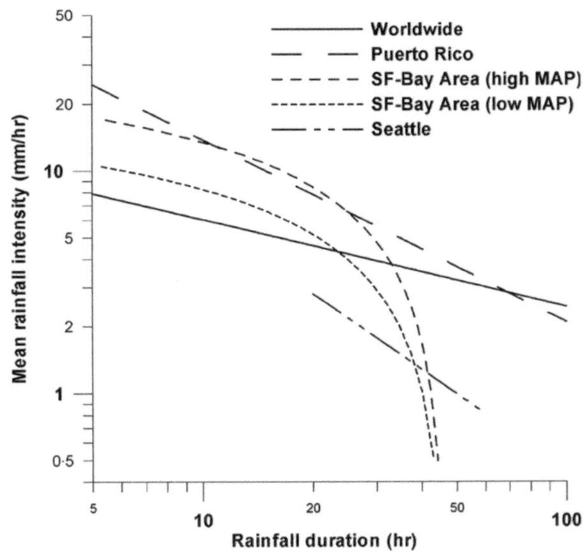

Abb. 4.7 Rainfall intensity-duration thresholds for Seattle, Puerto Rico (Larsen and Simon, 1993), San Francisco Bay region (Cannon, 1988), and worldwide data sets (Caine, 1980). The two threshold curves shown for the San Francisco Bay region were plotted using a mean-annual precipitation (MAP) of 584 mm and 954 mm for the low and high MAP areas, respectively, GODT et al. (2005)

Grenzkurven und ihre Anwendung auf Warnsysteme

Die Anwendung von Grenzwertkurven auf Warnsystemen aufgrund von Starkniederschlägen wurden schon in den 80er Jahren vom USGS (z. B. KEEFER et al. 1984) vorgeschlagen. Der Vorschlag beruhte auf der Vorhersage der Niederschlagssummen für die nächsten 6 h, weiter auf der Grundlage der Auswertung von 40 kontinuierlich messenden Niederschlagsmessstationen. Wenn direkte

Niederschlagsmessung und vorhergesagte Werte die Grenzkurve erreichen, wurde eine Warnung herausgegeben. In Hongkong wurde Ende der 90er Jahre, das automatisierte „Landslip Warning System“ eingerichtet. Es wurde angewendet, wenn ein 24-h Regenfall von mehr als 175 mm erwartet wird oder ein 60-minutiger Niederschlag den Wert von 70 mm in einem Großteil des Stadtgebietes überschreitet.

Nach einer intensiven Untersuchung der Niederschlagskatastrophen in den 80er und 90er Jahren in Italien mit Hunderten von Hangbewegungen und der Integration weiterer Ergebnisse aus der Literatur kommt ALEOTTI (2004) zu dem Schluss, dass empirisch erstellte Grenzwertkurven ein fundamentales Element für ein „real-time“ Warnsystem darstellen. Es wird aber hervorgehoben, dass Grenzwerte nur vereinfacht die Beziehung zwischen Niederschlag und dem Auftreten von Hangbewegungen beschreiben. Der Niederschlag ist nicht die direkte Ursache des Hanganbruches, sondern der Aufbau eines hohen Porenwasserdruckes. Die hohen auslösenden Porenwasserdrücke sind aber mit den geotechnischen Eigenschaften der Lockergesteine und anderen Faktoren wie Vegetation, Hangneigung und klimatischen Gegebenheiten zu sehen. Sehr wichtig ist weiterhin den Beginn des kritischen Niederschlags sowie die Zeit des Auslösens der Hangbewegung zu bestimmen und jede Hangbewegung zu einer möglichst nahegelegenen Messstation zuzuordnen.

5 Geometrische Daten der Hangbewegungen

Zur Auswertung der geometrischen Daten und der mittelbaren Faktoren (Abschn. 7) wurde ein Erhebungsbogen entworfen, der in etwas abgewandelter Form für jedes Ereignis angewendet wurde. Zusätzlich erfolgte ein geologisch-geotechnischer Längsschnitt über die Hangbewegung. Er diente auch dazu, die verschiedenen mittelbaren Faktoren statistisch auszuwerten. Ein Beispiel für einen Erhebungsbogen wird in Abb. 5.1 gezeigt.

Für das Niederschlagsereignis 1997 in Sachseln/Kanton Obwalden wurde von der Eidgenössischen Forschungsanstalt (WSL) und dem Bundesamt für Umwelt und Landschaft (BUWAL) ein detailliertes und umfassendes Aufnahmeformular mit der Erhebung von 280 Rutschungen durchgeführt (RICKLI, 2001). Sie beinhaltet unter anderem Grunddaten und Messungen, Angaben zum Rutschhang und zur Rutschfläche, ein Längsprofil, Beurteilung des Waldzustandes und bodenkundliche und geotechnische Ansprache der Lockergesteine. Besonders konnte durch das „Formular Wald" der potenzielle Einfluss des aktuellen Waldzustandes auf die Rutschaktivität abgeschätzt werden.

Schon in den 60er und 70er Jahren hat man im Hinblick auf die Kennzeichnung des Vorganges einer Hangbewegung in Lockergesteinen der Geometrie des Anbruches eine besondere Bedeutung zugemessen (z. B. DAVIDSON 1965, CROZIER 1973).

M. Moser et al., *Hangmuren,* https://doi.org/10.1007/978-3-662-70285-7_5

Erhebungsbogen des Anbruches im Lockergestein

1. ALLGEMEINES					
1.1 Laufende Nr.:	**27**	1.2 Einzugsgebiet:	**Melchtal**		
1.3 Bezirk:	**Obwalden**	1.4 Gemeinde:	**Kerns**		
1.5 Name u. Nr. d. topogr. Karte 1:25.000:	**Melchtal**				
1.6 Name u. Nr. d. geol. Karte 1:50.000:	**Geologische Karte des Kantons Obwalden (1980)**				
1.7 Luftbilder: Flugstreifen Nr. / Datum:		1.8 Anbruchsdatum:	**15.08.97**		
1.9 Beobachter:	**M. Hamberger**	1.10 Aufnahmedatum:	**29.04.98**		
2. GEOGRAPHISCHER, GEOLOGISCHER UND HYDROLOGISCHER RAHMEN					
2.1 Absolute Höhenlage (in müNN):	**1540**	2.2 Geologische Einheit:	**Helvetische Decke**		
2.3 Stratigraphische Einheit:	**Drusberg**				
2.4 Hydrologische Kennziffern: größter Eintagesniederschlag: **149 mm**, Jahresniederschlag:	**mm**				
2.5 Auslösende Ursache: Niederschlagsereignis:	**Starkregen 70 - 90 mm/h**				
2.6. Anthropogene Beeinflussung:	**keine**				
3. ANBRUCHS- BZW. RUTSCHGEBIET i.e.S.					
3.1 Höhenlage ü. lokaler Erosionsbasis (in m):	**25**				
3.2 Anstehendes (Felsunterlage, bei nicht aufgeschlossen weiter mit 3.5):	**aufgeschlossen**				
3.3 petrogr. u. litholog. Kennzeichnung:	**grauer Kalk mit Mergelzwischenlagen**				
3.3 Vorhandene Trennflächen:	**Schichtflächen**	Lage d. Trennflächen:	**nicht gemessen**		
3.4 Abstand d. Trennflächen (in cm):	**1 - 5, 15 - 30**				
3.5 Art d. Lockergesteine:	**Verwitterungs- und Hangschutt von Kalk u. Mergel**				
3.6 Nähere Kennzeichnung d. Lockergesteine:	**sandig-schluffig + steinig-blockig**				
3.7 Mächtigkeit (in m):	**0,6**				
3.8 Kornverteilung:	**nicht gemessen**				
3.9 Natürlicher Wassergehalt:	**nicht gemessen**	3.10 Casagrande-Diagramm:	**nicht gemessen**		
3.11 Hangneigung:	**35°**	3.12 Exposition:	**129°**		
3.13 Morphologie:	**Hangmulde**	3.14 Vegetation:	**Wiese**		
3.15 Wasserführung z.Zt. d. Aufnahme:	**Sickerwasser**	3.16 Unterirdische Erosion:	**n.V.**		
3.17 Wasserführung z.Zt. d. Ereignisses:	**Hangwasserabfluß ohne Rinnenbildung**				
3.18 Geometrie des Anbruches: Breite (in m):	**24,0**	Länge (in m):	**11,0**	B/L-Verhältnis:	**2,182**
max. Tiefe (in m):	**0,6**	durchs. Tiefe (in m):	**0,4**	T/L-Verhältnis:	**0,055**
Fläche (in m²):	**220**	Volumen (in m³):	**88**		
3.19 Form des Anbruches:	**Blattanbruch**				
3.20 Vorgang d. Massenbewegung:	**Gleiten, Gleitkörper z.T. erhalten, z.T. murenförmig abtransportiert**				
Größe d. vermurten Fläche (in m²):	**450**				
Beziehung zu Bachgerinnen:	**keine (Hanganbruch)**				
Möglichkeiten d. Weiterentwicklung:	**nein**				
3.21 Schäden:	**Anbruch selbst, geringe Übersarung d. Wiese**				
3.22 Vorgeschlagene Sanierung:	**keine**				

Profil des Anbruch Nr. 27

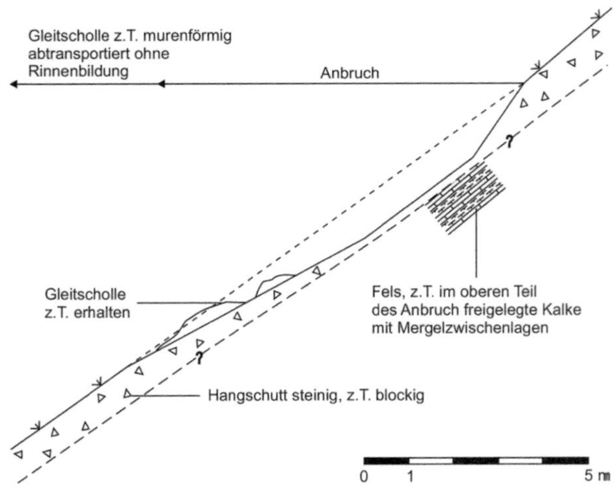

Abb. 5.1 Aufnahmebogen für flachgründige Hangbewegungen am Beispiel Sachseln/Kanton Obwalden (1997), HAMBERGER (2007)

5.1 Niederschlagsereignisse 1966 und 1975 in Kärnten

Für die Bestimmung der Geometrie der Anbrüche wurde

- die Maximal-Breite der Rutschung
- die Maximal-Länge der Rutschung
- die Maximal-Tiefe der Rutschung
- die daraus abgeleiteten T/L- und B/L-Verhältnisse geprüft

Breite B
Aus Abb. 5.2a können die für die einzelnen Rutschungen aufgetretenen maximalen Breiten entnommen werden. Sowohl im Jahre 1966 als auch im Jahre 1975 liegt die größte Häufigkeit zwischen zehn und fünfzehn Metern. Hangbewegungen in der Überlagerung mit Breiten von mehr als 45 m konnten bei beiden Ereignissen

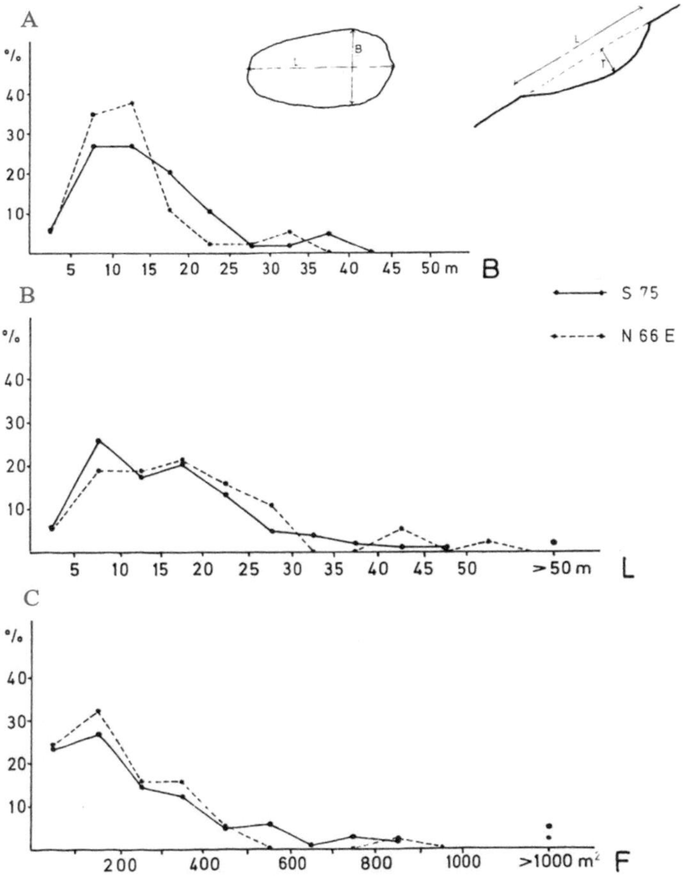

Abb. 5.2 Häufigkeitsverteilung der aufgetretenen Breiten (**a**), der Längen (**b**) und der Flächen (**c**) von Hangbewegungen in der Überlagerung; Niederschlagsereignisse: November 1966 (N 66 E), April 1975 (S 75)

nicht beobachtet werden. Der Mittelwert für die im Jahre 1975 untersuchten Maximal-Breiten liegt bei 15,8 m mit einer Standardabweichung von 8,45 m. Der Mittelwert, der im Jahre 1966 untersuchten Massenbewegungen, unterscheidet sich nur unerheblich und liegt bei 12,4 m mit einer Standardabweichung von 7,2 m.

Länge L
Unter der Länge des Anbruchs bzw. der Hangbewegung wird die Länge der entstandenen Hohlform, oder, sofern die Gleitscholle erhalten ist, der Wert von der Abrisskante bis zum Schnittpunkt der Gleitfläche mit der ursprünglichen Geländeoberfläche verstanden. Die wiedergegebenen Werte beziehen sich also nur auf den primären Anbruch und nicht auf die Folgeerscheinungen, die durch den Massentransport der bereitgestellten Lockermassen hervorgerufen werden.

Aus Abb. 5.2b kann entnommen werden, dass sich zum Unterschied zu den Breitenwerten bei den Längen ein weit gespanntes und zweigipfliges Maximum ergibt. Hier deutet sich die Tatsache an, dass sich mehrere Verteilungen, herrührend von verschiedenen Vorgängen überlagern. Die größte Häufigkeit liegt bei beiden Ereignissen in den Klassen 5 bis 10 m und 15 bis 20 m. Der Mittelwert aller im Jahre 1975 untersuchten Hangbewegungen liegt bei 19,0 m mit einer Standardabweichung von 13,5 m. Für die im Jahre 1966 untersuchten Hanganbrüche ergibt sich ein Mittelwert von 18,8 m mit einer Standardabweichung von 11,0 m.

Beziehungen zwischen Länge und Breite
Um zu prüfen, ob aus der Länge eines Hanganbruches auf die Breite geschlossen werden kann und damit auf die Fläche, wurde ein Korrelationskoeffizient bestimmt. Für das Niederschlagsereignis im Jahre 1975 ($n = 106$) ergibt sich ein Korrelationskoeffizient von 0,5 (Gleichung der Regressionsgeraden $B = 10{,}01 + 0{,}31\ L$). Auch für das Niederschlagsereignis im Jahre 1966 ($n = 36$) errechnet sich im Bereich des Eggenbaches/Lesachtal ein ähnlicher Korrelationskoeffizient von 0,6 (Gleichung der Regressionsgeraden $B = 5{,}76 + 0{,}35\ L$). Der Korrelationskoeffizient von 0,5 bzw. 0,6 ist bis eine Fallzahl von 106 bzw. von 36 signifikant und liegt über den Werten für 0,1 % Irrtumswahrscheinlichkeit. Der nicht allzu straffe Zusammenhang geht auf die Zusammenfassung verschiedener Arten von Hangbewegungen und der Entstehung an morphologisch verschiedenen Hangelementen zurück.

Fläche F
Aus dem Häufigkeitsdiagramm (Abb. 5.2c) geht hervor, dass Anbruchsflächen zwischen 100 bis 200 m^2 die stärkste Gruppe bilden (über 25 % 1975, ca. 35 % 1966). Anbruchsflächen über 1000 m^2 sind in der Lockerüberlagerung selten zu finden (bei beiden Ereignissen < 5 %). Der Mittelwert aller 1975 untersuchten Anbruchsflächen beträgt 345 m^2 bei einer Standardabweichung von 283 m^2. Die im Jahre 1966 entstandenen und aufgenommenen Anbrüche zeigen ähnliche Verhältnisse mit einem Mittelwert von 319 m^2 und einer Standardabweichung von 313 m^2.

Tiefe T
Wie schon angedeutet, kommt der Tiefe bzw. dem T/L-Verhältnis bei der Deutung des Vorganges der Hangbewegung eine besondere Bedeutung zu. Die größte

Rutschungshäufigkeit (>40 %) bei beiden Ereignissen wurde in der Klasse 1 bis 2 m beobachtet. Rutschungen tiefer als 4 m weisen bei beiden Ereignissen Häufigkeiten unter 5 % auf. Der Mittelwert für die Hangbewegungen von 1975 liegt bei 1,55 m mit einer Standardabweichung von 0,75 m. Im Jahr 1966 sind die entsprechenden Werte 1,40 m bzw. 0,9 m (Abb. 5.3a).

T/L-Verhältnis

Bei beiden analysierten Ereignissen ergibt sich beim T/L-Verhältnis ein deutliches Maximum in der Klasse 0,05 bis 0,1. Hangbewegungen mit einem T/L-Verhältnis > 0,2 konnten beim Ereignis 1975 nur zu knapp 15 %, im Jahre 1966 im Untersuchungsbereich dagegen keine beobachtet werden. Der Mittelwert beträgt 0,11 bei einer Standardabweichung von 0,08 (Abb. 5.3b). Das T/L-Verhältnis spricht für seichtschalige, nicht allzu tief in den Lockergesteinskörper eingreifende

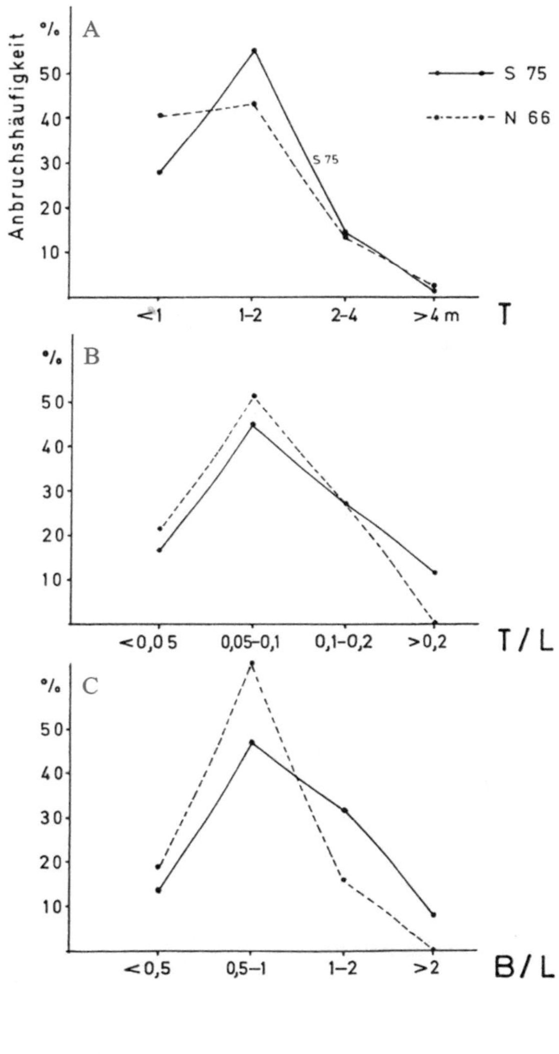

Abb. 5.3 Häufigkeitsverteilung der Tiefen (**a**), des T/L- (**b**) und des B/L-Verhältnisses (**c**) von Hangbewegungen in der Überlagerung; Niederschlagsereignisse: November 1966, April 1975

Hangbewegungen. Die geringen T/L-Verhältnisse müssen weiterhin mit der geringen Mächtigkeit der Überlagerung an steilen Hängen in Zusammenhang gebracht werden. Zur Deutung des Vorganges der Hangbewegung mithilfe des T/L-Verhältnisses s. Abschn. 6.1.

B/L-Verhältnis
Das B/L-Verhältnis zeigt, dass in der Längsachse schwach elongierte Formen vorherrschen. Die größte Häufigkeit (knapp 60 % bzw. knapp 45 %) wird in der Klasse 0,5 bis 1 erreicht. Werte < 0,5 bzw. > 2 treten bei beiden Ereignissen nur untergeordnet auf (Abb. 5.3c).

5.2 Niederschlagsereignisse 1966 in Südtirol, 1987 im Veltlin und 1994 im Piemont

Niederschlagsereignis 1966 in Südtirol
ENGELEN (1967) beschrieb die anlässlich des Niederschlagsereignisses im November 1966 im Bereich des Pustertales/Südtirol, entstandenen spontanen Massenbewegungen. Wie auch bei den Untersuchungen in Kärnten waren hier vor allem auch Hang- und Verwitterungsschuttdecken von Phylliten und kristallinen Schiefern betroffen. Er gibt keine Mittelwerte an, sondern nur Häufigkeitsbereiche innerhalb einzelner Rutschungstypen.

Folgende Werte wurden ermittelt:

Fläche F: 75 m^2 bis 500 m^2, Tiefe T: 0,2 m bis 3,0 m, Volumen V: wenige m^3 bis einige 100 m^3

Für die betroffenen Hangbereiche werden Hangneigungen von 30–45° mitgeteilt.

Niederschlagsereignis 1987 im Veltlin/Italien
Anlässlich eines Starkregenereignisses im Juli 1987 entstanden über 500 Hangbewegungen in Form von flachgründigen Hangbewegungen im Veltlin in der Region Tartano, Madrasco und Presio. Betroffen waren vor allem Hangschuttdecken auf Gneisen und Glimmerschiefern.

Für die am 17. bis 19. Juli 1987 im Veltlin/Italien entstandenen Hangbewegungen teilen CROSTA et al. (1990) folgende Werte mit:

Breite B: 2 m bis 30 m, Länge L: 2 m bis 25 m, B/L-Verhältnis: <1, Tiefe T: wenige Zentimeter bis 2 m, im Mittel 0,5 m

Niederschlagsereignis 1994 im Piemont/Italien
Anlässlich eines drei Tage langen dauernden Landregens Anfang November 1994 entstanden in der Region Piemont speziell in dem Abschnitt südlich von Alba ca. 3000 Hangbewegungen in Form von flachgründige Hangbewegungen und untergeordnet Felsbewegungen, die 70 Todesopfer forderten. Betroffen waren vor allem Lockergesteinskomplexe von Sandsteinen und Mergeln (ALEOTTI et al. 1996, POLLONI et al. 1996).

Folgende Werte wurden veröffentlicht:

Breite (B) und Länge (L) gewöhnlich kleiner als 20 m (77 %), B/L-Verhältnis vorwiegend von 0,1 bis 0,5, B/L-Verhältnis < 0,1 selten (12 %)

5.3 Niederschlagsereignis 1997 in Sachseln/Kanton Obwalden

Breite B

Die Breiten liegen zwischen 2,5 m und 60 m, wobei ein Durchschnittswert von 12,8 m ermittelt wurde. Bei 70 % der Hangbewegungen wurden Breiten unter 14 m bestimmt (Abb. 5.4b).

Länge L

Vertreten sind Rutschungen mit einer Länge zwischen 3,5 m und 105 m, der Durchschnittswert liegt bei ca. 18 m. Knapp 70 % hatten eine Länge von weniger als 20 m (Abb. 5.4a).

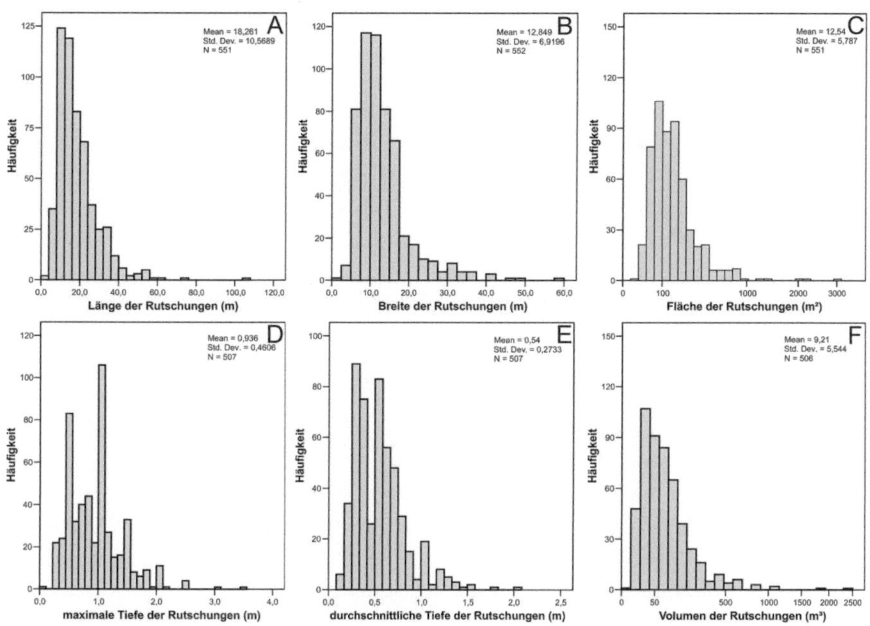

Abb. 5.4 Häufigkeitsdiagramme der evaluierten geometrischen Daten der Rutschungen. Bei der Länge (**a**), Breite (**b**) und maximalen Tiefe (**d**) wurden jeweils die Maximalwerte bestimmt; die durchschnittliche Tiefe (**e**), Fläche (**c**) sowie das Volumen (**f**) der Anbruchsnarben wurde bei der Erhebung abgeschätzt, mod. n. HAMBERGER (2007).

Fläche F
Die Abb. 5.4c gibt die Flächenanalysen der Hangbewegungen wieder. Die meisten Anbruchsflächen weisen Flächen < 500 m^2 auf.

Tiefe T
Bei der Erhebung der Tiefe der Rutschungen wurden neben der maximal entstandenen Tiefe (t_{max}) der Rutschungen auch ein Durchschnittswert der Tiefe (t_{mean}), der die durchschnittliche Tiefe bei der Betrachtung der gesamten Hohlform repräsentiert, im Gelände abgeschätzt. Dadurch war es möglich, bereits vor Ort das Volumen der entstandenen Anbruchsnarbe abzuschätzen. Neben sehr flachgründigen Rutschungen mit einer maximalen Tiefe von 10 cm gab es selten mitteltiefe Rutschungen mit t_{max}-Werten von bis zu 3,5 m (Abb. 5.4d).

Volumina V
Die Abschätzung der Rutschungsvolumina (v) ist das Produkt der zwei geschätzten Werte der Fläche und der Durchschnittstiefe, womit ein großes Unsicherheitspotenzial verbunden ist. CRUDEN & VARNES (1996) bieten folgende Berechnungsmöglichkeit an, das Volumen einer rotationsförmigen, ellipsoiden Anbruchsnarbe aus den Werten l, b, und t_{max} abzuleiten, sofern die Rutschungszunge nicht von transportiertem Material überlagert wird:

$$v_{rot(cru)} = \frac{1}{6}\pi t_{max} \cdot b \cdot l$$

Diese Gleichung kann nur bei den rotationsförmigen Rutschungen (n = 101) herangezogen werden. Bei einem Vergleich der im Gelände abgeschätzten Werte v_{rot} mit den berechneten Werten $v_{rot(cru)}$ kommt man zu dem Ergebnis, dass die Formel zur Volumenabschätzung von CRUDEN & VARNES (1996) in nahezu allen Fällen (98 %) zu hohe Volumina berechnet. Insgesamt liegen die Ergebnisse von $v_{rot(cru)}$ rund 40 % über denen von v_{rot}. Für die Abschätzung der Rutschungsvolumina von kombinierten Rutschungen entwickelte SCHOGER (1988) folgende Gleichung:

$$v_{komb(scho)} = \frac{t_{max} \cdot b \cdot l}{2}$$

Die für die kombinierten Rutschungen berechneten Volumina liegen in etwa 26 % über den im Feld abgeschätzten Werten.

Es wird angenommen, dass die im Gelände evaluierten Rutschungsvolumina exaktere Werte darstellen als die durch die Formel von CRUDEN & VARNES (1996) und SCHOGER (1988) berechneten Werte. Die Ursachen für die Differenzen könnten in den geringen Tiefen der Rutschungen und der damit verbundenen weniger eindeutigen Zuordnung des Gleitungstyps begründet sein.

Die Häufigkeiten aller erhobenen Rutschungsvolumina kommen in der Abb. 5.4f zur Darstellung. Es ist zu sehen, dass bei einer großen Anzahl von Rutschungen Volumina von weniger als 200 m^3 in Bewegung geraten sind. Auch der Durchschnittswert mit 115 m^3 zeigt an, dass es sich vorwiegend um flachgründige Hangbewegungen handelt. Insgesamt wurden allein durch die Rutschungen ca. 58.000 m^3 Material umgelagert.

5.4 Niederschlagsereignisse 2002–2005 in der Schweiz

Anlässlich der Starkregenereignisse 2002 und 2005 in der Schweiz (inklusive Sachseln/Kanton Obwalden 1997) konnten RICKLI & GRAF (2009) durch genaue Analyse von 522 flachgründigen Hangbewegungen geometrische Daten zu den Dimensionen der Rutschungen liefern. Die Erhebungen erfolgten getrennt für Waldgebiete und Freilandböden für 6 Gebiete (zur Lage s. Abb. 2.6).

Aus der Tab. 5.1 und der Abb. 5.5 kann für die Dimensionen der Lockergesteinsrutschungen (vorwiegend Hangmuren) folgende Medianwerte entnommen werden:

Tab. 5.1 Study areas and landslide parameters. * Geology (predominant): LFM = lower freshwater molasse (conglomerates, sandstones and marl); PF = Praettigau-Flysch (limestones, sandstones and marl); UFM = upper freshwater molasse (conglomerates, sandstones and marl); HN = helvetic nappes (limestones, marl and sandstones). ** RSR: surface area of steep slopes (i.e. with inclinations of 20 to 50°) within the study area; *** Slope inclinations: min. = observed minimum of slope inclinations, > 90 % = 90 % of all landslides were triggered off on slopes steeper than the indicated inclination, RICKLI & GRAF (2009)

Study area	Entlebuch	Prättigau	Napf '05	Napf '02	Appenzell	Sachseln
Year/month of event	2005/08	2005/08	2005/08	2002/06	2002/09	1997/08
Event rainfall						
sum	236 mm	145 mm	236 mm	60 mm	150 mm	150 mm
duration	4 days	3 days	4 days	3 h	12 h	2 h
Geology*	LFM	PF	UFM	UFM	LFM	HN
Mean elevation of study area (m asl.)	1200	1700	900	1150	950	1250
Surface area**						
total (km²)	5.1	4.7	1.6	2.5	10.2	8.2
forest (%)	29	16	29	49	22	50
total RSR(km²/%)	3.6/71	3.4/72	0.7/44	1.6/64	3.3/29	7.3/89
forest RSR (km²/%)	1.3/36	0.7/21	0.4/57	1.0/63	1.5/45	3.8/52
Number of shallow landslides						
total	47	50	36	51	82	256
forest	10	26	14	30	34	126
open land	37	24	22	21	48	130
Median of landslide dimensions (open land/forest)						
length (m)	19.0/27.9	18.0/23.0	16.8/14.3	15.0/17.0	15.5/18.5	18.4/19.1
width (m)	12.0/13.6	13.8/13.5	17.3/15.0	13.5/12.0	14.8/11.8	12.4/13.1
depth (m)	1.2/1.3	1.4/1.1	1.0/0.9	0.8/0.8	1.0/1.0	1.0/1.2
area (m²)	182/260	188/236	192/110	176/158	140/132	152/180
volume (m³)	175/155	126/145	119/62	84/54	96/63	81/120
Slope inclinations of landslides *** (min./> 90%/median)						
forest (°)	26/27/36	25/28/33	25/26/39	28/35/39	26/30/35	30/35/39
open land (°)	19/25/29	23/25/30	21/23/27	27/30/35	23/26/31	28/32/36

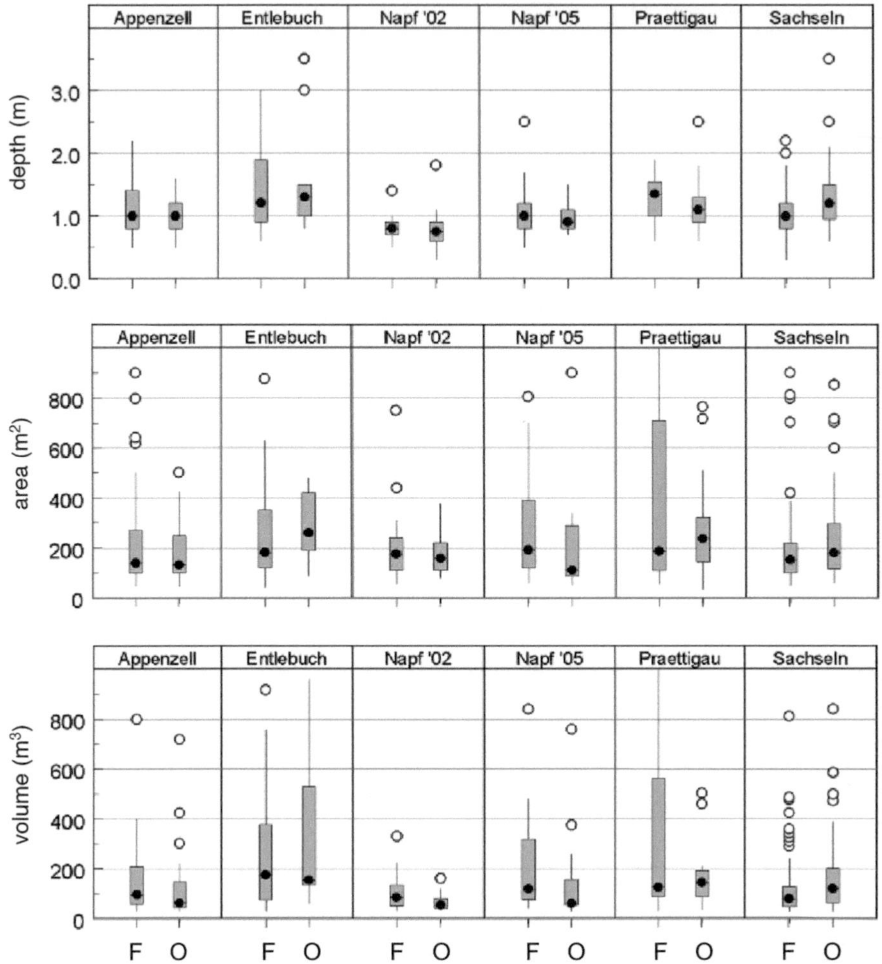

Abb. 5.5 Landslide dimensions (depth, area and volume) in open land (O) and forests (F) within the six study areas, RICKLI & GRAF (2009)

- Länge Wald/Freiland 15 bis 19 m/15 bis 28 m
- Breite Wald/Freiland 12 bis 17 m/12 bis 15 m
- Tiefe Wald/Freiland 0,8 bis 1,4 m/0,8 bis 1,2 m
- Fläche Wald/Freiland 160 bis 190 m^2/110 bis 260 m^2
- Volumen Wald/Freiland 80 bis 150 m^3/80 bis 155 m^3

Diskussion der Werte:

- ganz allgemein sind die Unterschiede in den geometrischen Daten zwischen Wald und Freiland gering
- die Länge der Anbrüche im Wald liegen bei allen untersuchten Hangbewegungen <20 m
- im Freiland werden mit Ausnahme von Entlebuch und Prättigau ebenfalls Werte <20 m angegeben
- die Breiten liegen bei beiden Vegetationstypen <20 m
- bei der Tiefe herrschen allgemein Werte um 1 m vor
- bei den Flächen liegen für Freiland die Medianwerte zwischen 110 m^2 und 260 m^2 und für Wald zwischen 140 m^2 und 190 m^2
- die Werte für die Volumen liegen alle <180 m^3

Zusammenfassung der Ergebnisse von Kap. 5 für die geometrischen Daten der bei Starkniederschlägen entstandenen Hangbewegungen

Aufgrund der detaillierten Auswertung von mehreren Gebieten mit Lockergesteinsrutschungen im alpinen und außeralpinen Bereich anlässlich von Starkniederschlägen können hinsichtlich der geometrischen Daten folgende Ergebnisse vorgelegt werden. Bei Betrachtung der Ergebnisse ergibt sich ein sehr einheitliches Bild:

- Länge: vorwiegend 5–10 m und 15–20 m, >30 m <10 %, >45 m nur vereinzelt
- Breite: vorwiegend 5–10 m und 10–15 m, >30 m <10 %
- Fläche: vorwiegend 50–100 m^2 und 100–200 m^2, >800 m^2 <5 %, nur vereinzelt >1000 m^2
- Tiefe: vorwiegend <1 m und 1–2 m, >2 m <5 %
- Volumen: vorwiegend <200 m^3, >1000 m^3 <5 %

6 Vorgang der Hangbewegungen

Bei spontanen Hanginstabilitäten kann der Vorgang der Massenbewegung selbst relativ selten beobachtet werden. So eignen sich zur Kennzeichnung des Vorganges am besten Werte, die aus einer morphologischen Analyse der Anbruchsform gewonnen werden können.

6.1 Hangbewegungen anlässlich der Niederschlagsereignisse 1966 und 1975 in Kärnten

Aus der Abb. 6.1 können die anlässlich von Starkregen auftretenden flachgründigen Hangbewegungen und deren Anbruchsformen schematisch entnommen werden. Je nach Ausbildung des Materials sowie nach hydrologischen und topografischen Gegebenheiten ergeben sich erhebliche Variationen besonders im Hinblick auf das Vorhandensein bzw. die Ausbildung des Gleitkörpers und die Tiefenlage der Gleit- bzw. Bruchfläche.

Es hat sich gezeigt, dass das Verhältnis T/L (Tiefe/Länge) eines Anbruches besonders zur Charakterisierung des Vorganges einer Hangbewegung geeignet ist. Seit SKEMPTON (1953) diese Verhältniszahl zur Klassifizierung des Vorganges von Hangbewegungen vorgeschlagen hat, wurde dieser morphometrische Index nur von einigen weiteren Autoren verwendet (McLEAN & DAVIDSON (1968), SELBY (1967), CROZIER (1969, 1973)). Insbesondere versuchte CROZIER (1973) Beziehungen zwischen dem Klassifikationsindex T/L und weiteren morphologischen Indizes herzustellen. McLEAN & DAVIDSON (1968) waren so von dieser Kennziffer als Klassifikationsgrundlage des Vorganges von Hangbewegungen überzeugt, dass jede Abweichung bei einem speziellen Rutschungstyp mit einer nachträglichen Veränderung der Anbruchsform oder der Hangbewegung in Verbindung gebracht wurde.

In der nachfolgenden Tab. 6.1 sind die in der Literatur für translations- und rotationsförmige Hangbewegungen ermittelten T/L-Werte aufgeführt.

M. Moser et al., *Hangmuren,* https://doi.org/10.1007/978-3-662-70285-7_6

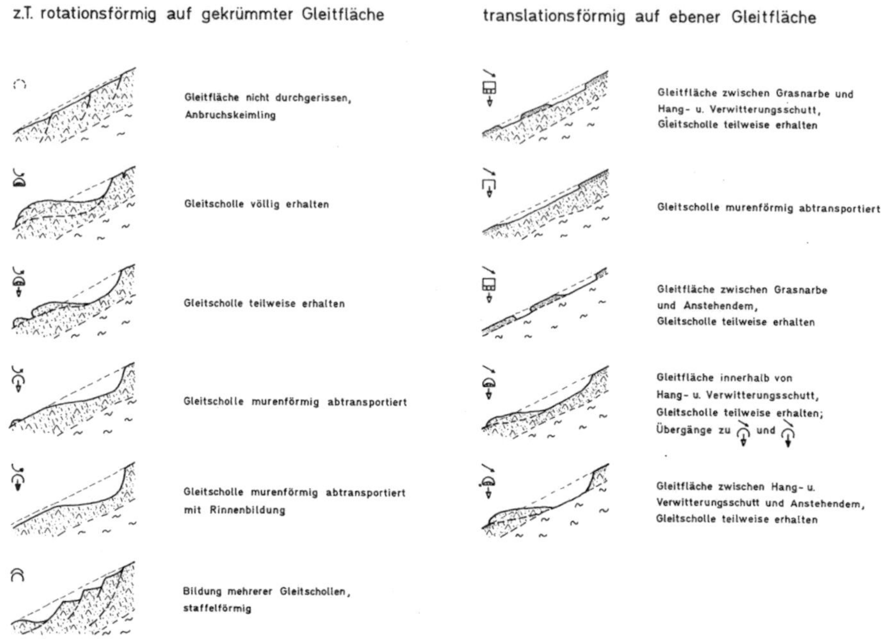

Abb. 6.1 Typen von flachgründigen Hangbewegungen aufgrund der Anbruchsform und Art der Sekundärmassenbewegungen, MOSER (1980)

Tab. 6.1 T/L-Werte für rotations- und translationsförmige Massenbewegung in Lockergesteinen

Translationsförmige Massenbewegungen				Rotationsförmige Hangbewegungen			
C	D	S	SK	C	D	S	SK
0,077	0,06	0,05	0,05	0,24	0,22	0,2	0,2
			0,11				
			0,08				

C = M. J. CROZIER (1973) Otago/Neuseeland
D = C. F. DAVIDSON (1965) Gisborne/Neuseeland
S = M. J. SELBY (1967) Waikato/Neuseeland
SK = A. W. SKEMPTON (1953) West-Durham/England

Zur Überprüfung, ob die Kennzeichnung mithilfe des T/L-Verhältnisses Aussagen über den Vorgang der Hangbewegung zulässt, wurden ca. 100 Massenbewegungen anlässlich der Ereignisse in Kärnten im Frühjahr 1975 und ca. 30 Massenbewegungen des Jahres 1966 mit Hilfe des T/L-Verhältnisses untersucht.

Die Ergebnisse können aus Abb. 6.2 entnommen werden. Es lassen sich durch das T/L-Verhältnis deutlich 3 Typen von Hangbewegungen nach dem Vorgang der Bewegung ausscheiden:

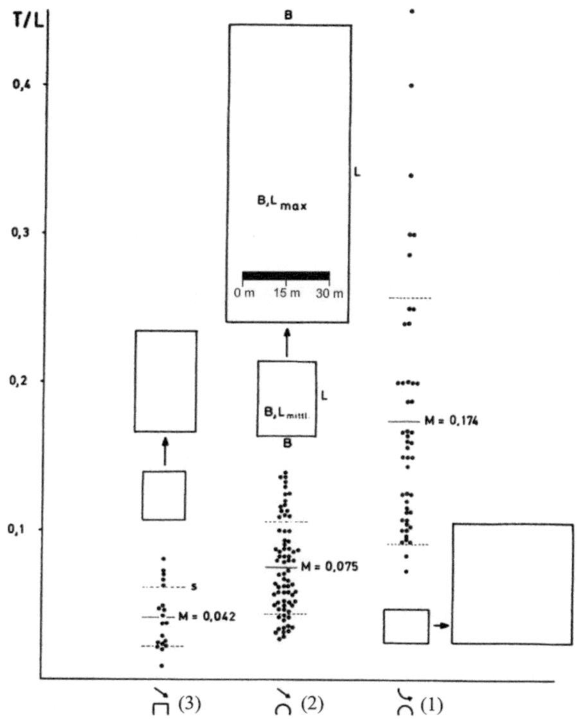

Abb. 6.2 Das T/L-Verhältnis, Größe und Form der Anbruchsflächen (mittlere, maximale) für die drei Haupttypen von Hangbewegungen in der Überlagerung; Niederschlagsereignisse: November 1966, April 1975, MOSER (1980)

- Hangbewegungen mit gekrümmten, z. T. rotationsförmigen, nicht vorgezeichneten Gleitflächen (1). Das T/L-Verhältnis reicht von 0,07 bis 0,45 entsprechend dem Tiefgang der Gleitfläche. Der Mittelwert beträgt 0,17 mit einer Standardabweichung von 0,08.
- Hangbewegungen mit ebenen, z. T. vorgezeichneten und relativ tiefliegenden Gleitflächen (2). Das T/L-Verhältnis reicht von 0,03 bis 0,14, der Mittelwert beträgt 0,07 mit einer Standardabweichung von 0,03.
- Hangbewegungen mit ebenen, vorgezeichneten und nur in geringen Tiefen verlaufenden Gleitflächen (3). Das T/L-Verhältnis reicht von 0,008 bis 0,08, der Mittelwert beträgt 0,04 mit einer Standardabweichung von 0,02.

Eine Überprüfung, ob die errechneten Mittelwerte sich auch hinreichend voneinander unterscheiden, wurde mithilfe des T-Wertes durchgeführt. Die Abweichung ist signifikant auf dem 0,1 % Niveau.

Der relativ geringe T/L-Wert von Hangbewegungen auf gekrümmten Gleitflächen im Bereich der Südalpen im Hang- und Verwitterungsschutt von kristallinen Schiefern ist im Wesentlichen auf zwei Punkte zurückzuführen. Für tiefliegende Rotationsrutschungen vom Typ „slump“ sind die Mächtigkeiten der Hang- und Verwitterungsschuttdecken zu gering. Wie aus der Abb. 7.8 entnommen werden kann, treten Hangschuttmächtigkeiten > 10 m nur selten auf. Außerdem

Abb. 6.3 Das B/L-Verhältnis für die drei mithilfe des T/L-Verhältnisses ausgeschiedenen Haupttypen von Hangbewegungen in der Überlagerung; Niederschlagsereignisse: November 1966, April 1975

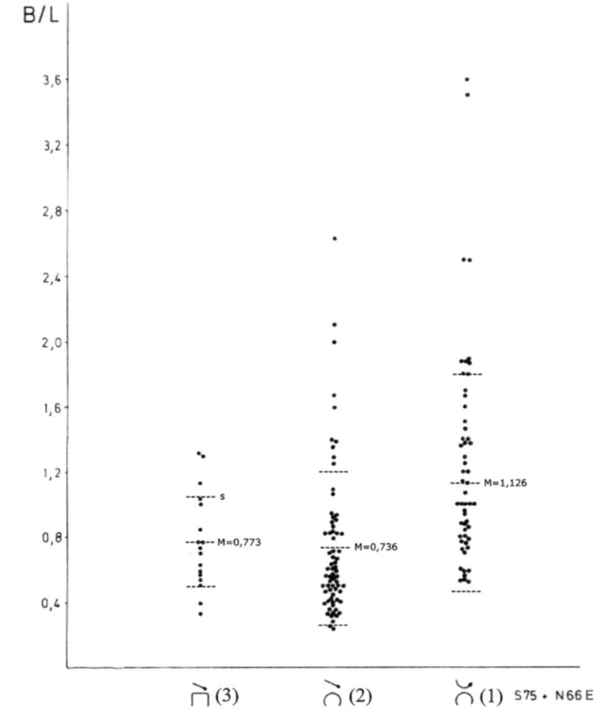

weist die nur schwach bindige Überlagerung zahlreiche Inhomogenitätszonen auf, sodass kreisförmige Rotationsrutschungen mit tiefliegenden Gleitflächen kaum anzutreffen sind (Abb. 6.2).

Als zusätzliche Kennzeichnung wurde das B/L-Verhältnis für die Hauptgruppen untersucht. Die Mittelwerte unterscheiden sich innerhalb der drei ausgeschiedenen Grundtypen noch signifikant auf dem 5 % Niveau. Trotzdem dürften diese Werte nur als zusätzliche Kennzeichnung des Vorganges einer Hangbewegung geeignet sein (Abb. 6.3).

Aus der Tab. 6.2 können für diese aufgrund des T/L-Verhältnisses ausgeschiedenen Typen von Hangbewegungen die Dimensionen Länge, Breite, Tiefe, Fläche, das B/L-Verhältnis und Hangneigung (Maximal-, Minimal- und Mittelwerte) entnommen werden.

Der Abb. 6.4 kann entnommen werden, dass translationsförmige Hangbewegungen in der Überlagerung (vorw. Hang- und Verwitterungsschutt kristalliner Schiefer) vorherrschen (ca. 65 %).

Dies betonen auch GARNETT & HAROLD (1973:26): „Where evidence of rotational deformation was found on deep soils, it was in some case evident, that a larger, planar deformation had occurred immediately downslope."

Wie die Abb. 6.5 zeigt, kann nur bei einem geringen Teil der Hangbewegungen auf z. T. gekrümmten Gleitflächen das Verhalten des Gleitkörpers studiert werden; durch das plötzliche Freiwerden von Hangwässern wurde der Gleitkörper

Tab. 6.2 Länge, Breite, Tiefe, Fläche, B/L-Wert und Hangneigung für die mithilfe des T/L-Verhältnisses ausgeschiedenen Hangbewegungen (n = 130; Niederschlagsereignisse 1966, 1975)

		Typen der Hangbewegung T/L		
		0,04	0,07	0,17
Länge (L) [m]	M	16,5	25,3	12,3
	B	34/8	100/8	40/4
	S	7,9	14,8	7,3
Breite (B) [m]	M	11,7	16,0	14,2
	B	20/3	40/6	40/5
	S	4,6	8,6	8,1
Tiefe (T) [m]	M	0,5	1,6	1,8
	B	0,8/0,2	3,5/0,5	4,5/0,6
	S	0,2	0,6	1,6
Fläche (F) [m^2]	M	221	428	210
	B	680/18	4000/50	1600/14
	S	194	1072	264,8
T/L	M	0,04	0,07	0,17
	B	0,08/0,01	0,14/0,03	0,45/0,06
	S	0,02	0,07	0,13
B/L	M	0,77	0,74	1,26
	B	1,3/0,5	2,6/0,25	3,6/0,5
	S	0,29	0,46	0,66
Hangneigung [°]	M	35,7	36,3	38,5
	B	41/28	45/22	45/23
	S	7,0	5,8	7,2

M = Mittelwert
B = Bereich
S = Standardabweichung

stark zerlegt und murenförmig abtransportiert. Besonders die bei der typischen Rotationsrutschung auftretenden, kreiszylindrischen Gleitflächen konnten nicht beobachtet werden.

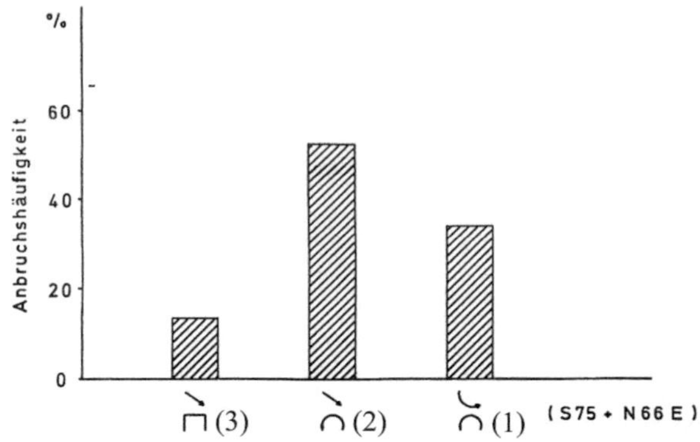

Abb. 6.4 Anbruchshäufigkeit innerhalb der drei ausgeschiedenen Typen von Hangbewegungen in der Überlagerung; Niederschlagsereignisse: November 1966, April 1975; S75: Schneeschmelze Frühjahr 1975 in Oberkärnten, N66 E: Niederschlagsereignis November 1966 im Bereich Eggen/Lesachtal

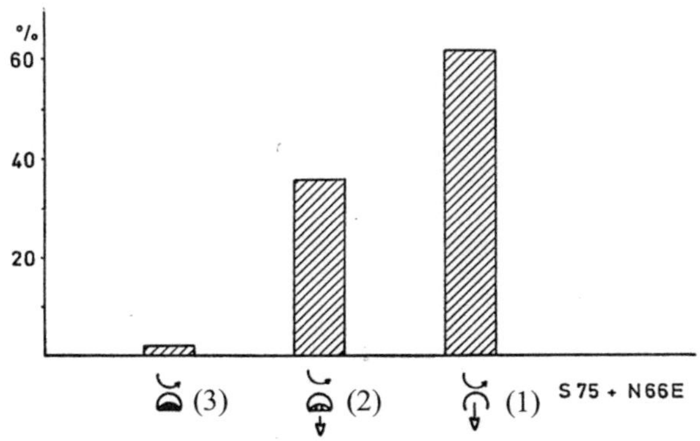

Abb. 6.5 Häufigkeitsdiagramm zum Erhaltungszustand des Gleitkörpers von Hangbewegungen in der Überlagerung auf gekrümmter Gleitfläche; (1) Gleitscholle nicht mehr erhalten, z. T. murenförmig abtransportiert, (2) Gleitscholle teilweise erhalten, (3) Gleitscholle völlig erhalten

6.1.1 Hangbewegungen mit gekrümmter, z. T. rotationsförmiger, nicht vorgezeichneter Gleitfläche (Mittelwert T/L = 0,17)

Die im alpinen Raum anlässlich von Starkregen beobachteten Hangbewegungen mit z. T. rotationsförmiger Gleitfläche unterscheiden sich erheblich von denjenigen Rotationsrutschungen, die besonders in homogenen, bindigen Tonen auftreten. In Rotationsrutschungen vom Typ „slump" tritt meistens nur eine monolithische Rutschungsmasse auf, oder sie zerfällt nur in einige wenige Einheiten. Das Verhalten und die Kinematik des sich zum größten Teil auf rotationsförmiger Gleitfläche bewegenden Rutschkörpers kann im Detail studiert werden.

a) Hangbewegungen mit gekrümmter, z. T. rotationsförmiger, nicht vorgezeichneter Gleitfläche und einem T/L-Verhältnis von > 0,2

Auch bei Hangbewegungen, die ein T/L-Verhältnis > 0,2 aufweisen, können durchgehend rotationsförmige Gleitflächen selten beobachtet werden. Die Form wird z. T. bestimmt durch das explosionsartige Freiwerden von Hangwässern und in der Folge durch das Nachbrechen des schwach bindigen Hang- und Verwitterungsschuttes. Sehr charakteristisch sind für diese Hangbewegungen steile Anbruchswände und ein deutlich ausgeprägtes Anbruchszentrum. Das Freiwerden von erheblichen Mengen von Hangwässern äußert sich durch eine starke Vermurung des Unterhanges. Aus der Abb. 6.6 kann eine solch tiefgreifende, durch ein deutlich hervortretendes Anbruchszentrum gekennzeichnete Anbruchsform und die Auswirkungen auf den Unterhang studiert werden.

Abb. 6.6 Tiefgreifender, muschelförmiger Anbruch (T/L = 0,25) in sandig-lehmigem Hangschutt, der stark von verschwemmtem Terrassenmaterial (Gerölle bis zu 10 cm Größe) durchsetzt ist. Der Ausgangspunkt der Hangbewegung war eine deutlich ausgeprägte Terrassenkante. Die rückseitige Begrenzung des Anbruchs wird von einer fast 2,5 m hohen und senkrecht stehenden Anbruchswand gebildet (Foto links). Die Gleitscholle ist nicht mehr erhalten, sondern wurde in Form eines Schuttganges ca. 150 m abtransportiert. Im unteren Teil des Anbruchs zeugen 50–70 cm tiefe Runsen von plötzlichem, starkem Hangwasserandrang. Die Form des Anbruchs und die geringe Tiefenlage der Felsunterlage sprechen für eine Hangexplosion. Altersberg, Liesertal, 850 m ü. A.; Niederschlagsereignis 1975

Der Abb. 6.7 kann entnommen werden, dass diese tiefgreifenden Massenbewegungen selten zu beobachten waren (ca. 20 %). Weitere Beispiele zeigen die Abb. 6.8 und Abb. 6.9).

b) Hangbewegungen mit gekrümmter, z. T. rotationsförmiger, nicht vorgezeichneter Gleitfläche mit einem T/L-Verhältnis von 0,14–0,2 (Abb. 6.10)

Die Abb. 6.7 zeigt, dass knapp 40 % der mit z. T. rotationsförmigen Gleitflächen versehene Anbrüche in dieser Kategorie liegen. Die Anbruchsformen zeigen alle eine

Abb. 6.7 Verteilung der auf nicht vorgezeichneten, gekrümmten Gleitflächen entstandenen Hangbewegungen mithilfe des T/L-Verhältnisses; Niederschlagsereignis April 1975

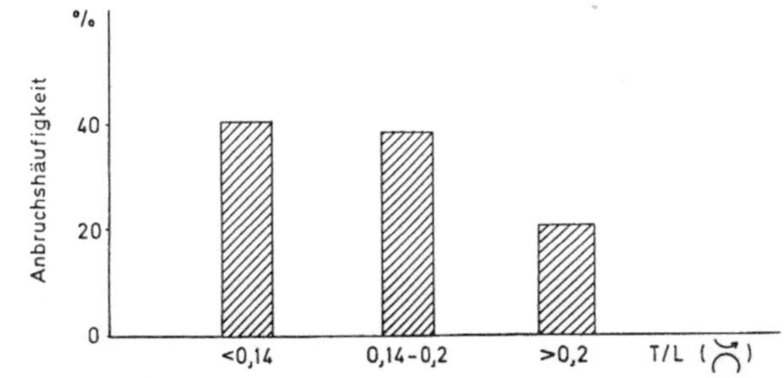

Abb. 6.8 Muschelförmiger Anbruch (T/L = 0,17) in heterogen aufgebautem Hangschuttmaterial; im oberen Bereich des Anbruches lehmig sandiger Hangschutt (Kornverteilung: <0,06 mm 28 %, <2,0 mm 60 %, <60 mm 100 %), dagegen zeigt der untere Teil der Anbruchswand einen steinigen Hangschutt mit umgelagerten, vorwiegend gerundeten Lockersedimenten. Die rückwärtige, leicht konkav gekrümmte Anbruchswand weist eine Neigung von ca. 60–65° auf. Der anstehende Fels (z. T. Graphit-Schiefer) ist im Grunde des Anbruchs freigelegt. Die Gleitscholle ist nicht mehr erhalten, sondern an den Hanganbruch schließt sich ein Schuttgang an. Radenthein, 770 m ü. A.; Niederschlagsereignis 1975

Abb. 6.9 Muschelförmiger Anbruch (T/L = 0,27) mit teilweise erhaltener Gleitscholle. Deutlich ist das für Rotationsrutschungen typische Rückwärtsneigen des Rutschkörpers (Schrägstellung der Jungfichte) zu beobachten. Die Gleitscholle besteht im Wesentlichen aus stark verkitteten, fluvioglazialen Lockersedimenten, die als schluffig-sandige Kiese vorliegen. Die Gleitscholle entwickelte sich teilweise zwischen den fluvioglazialen Sedimenten und einer ca. 20 cm mächtigen, sehr feinkörnigen Verwitterungsschicht (Kornverteilung der Matrix: <0,06 mm 35 %, <2,0 mm 75 %, <100 mm 100 %). Eingelagert in diese bei Wasserzutritt sehr schnell erweichende und breiartig zerfließende Matrix sind kantengerundete Blöcke bis 40 cm Größe. Eisentratten SW Egger, Liesertal, 1020 m ü. A.; Niederschlagsereignis 1975

muschel- bis löffelförmige Gestalt. Auch andere Autoren heben ohne zu quantifizieren hervor, dass die anlässlich von Starkregen aufgetretenen Hangbewegungen in der Überlagerung, sofern sie rotationsförmig sind, dem seichtschaligen Typ angehören, z. B. TRICART et al. (1961), RICE & FOGGIN (1971), CAMPBELL (1974).

Bei wenigen Anbrüchen konnte noch das typische Rückwärtsneigen der Oberfläche der Gleitschollen beobachtet werden (Abb. 6.9). In den meisten Fällen kann das Verhalten des Gleitkörpers nicht mehr studiert werden, da die Schollen besonders im unteren Teil der Rutschung zerbrechen und das Material durch den starken Wasserandrang verflüssigt wird.

Abb. 6.10 Großer, muschelförmiger Anbruch (F = ca. 500 m², T/L = 0,11) in einer sehr heterogen aufgebauten Überlagerung. Der lehmig-sandige Hangschutt (Kornverteilung: <0,06 mm 33 %, <2 mm 73 %, <60 mm 100 %) wird von feinkörnigen, fluvioglazialen Lockersedimenten unterlagert. Neben sandigen Kiesen (Kornverteilung: <0,6 mm 4–11 %, <2 mm 31–46 %, <60 mm 94–100 %) finden sich auch Linsen im m-Bereich von feinkörnigen Stausedimenten (Kornverteilung: <0,06 mm 33 %, <2 mm 82 %, <60 mm 100 %). Wie aus dem Übersichtsbild zu entnehmen ist, schließt sich an den Anbruch ein Murgang an, der das Material ohne nennenswerte Massenschurferscheinungen bis in die ca. 100 m tiefer gelegene Grabensohle des Leobenbaches transportierte. Leobengraben SE Leobenegger, Liesertal, 990 m ü. A.; Niederschlagsereignis 1975

c) Hangbewegungen mit gekrümmter, z. T. rotationsförmiger, nicht vorgezeichneter Gleitfläche mit einem T/L-Verhältnis von < 0,14

Diese Hangbewegungen leiten zu den Formen über, die im Wesentlichen eine translationsförmige, ebene Gleitfläche besitzen. Mit etwas über 40 % tritt diese Gruppe am häufigsten auf. Bei einer getrennten Betrachtung der Anbrüche im Bereich des Eggenbaches sind sogar 70 % in dieser Kategorie zu finden. Dies ist auf geringere Hangschuttmächtigkeiten und steilere Hangneigungen zurückzuführen.

Auf der Abb. 6.10 kann eine solche Anbruchsform studiert werden.

6.1.2 Hangbewegungen mit ebenen, z. T. vorgezeichneten und relativ tiefliegenden Gleitflächen (Mittelwert T/L = 0,07)

Das T/L-Verhältnis reicht von 0,03 bis 0,14, der Mittelwert beträgt 0,07 mit einer Standardabweichung von 0,03. Zum Unterschied zu den Hangbewegungen auf gekrümmten Gleitflächen herrschen in der Längsrichtung der Hangbewegung elongierte Formen mit einer mittleren Breite von ca. 16 m und einer mittleren Länge von ca. 25 m vor (Tab. 6.2). Diese Gruppe stellt bei den untersuchten Niederschlagsereignissen die größte Gruppe dar und erreicht eine Häufigkeit von über 50 % (Abb. 6.4). Die Trennfläche liegt entweder innerhalb des Lockergesteinskörpers oder zwischen Lockergesteinskörper und anstehendem Fels.

a) Gleitzone innerhalb des Lockergesteinskörpers
Die Lage der Gleitzone ist sehr häufig durch einen Wechsel in den Materialeigenschaften bedingt. Eine Bruchfläche entwickelte sich besonders im Grenzbereich der locker gelagerten oberen Hangschuttdecke zu der dichter gelagerten Hang- und Verwitterungsschuttdecke über der Felsunterlage. Sehr oft konnte beobachtet werden, dass sich knapp oberhalb des anstehenden Felsens (10 bis 50 cm) eine Gleitzone entwickelt. Beispiele für solche tiefgreifenden und je nach Morphologie des Hanges auch flächenmäßig großen Massenbewegungen können in den Abb. 6.11, 6.12, 6.13 und 6.14 studiert werden.

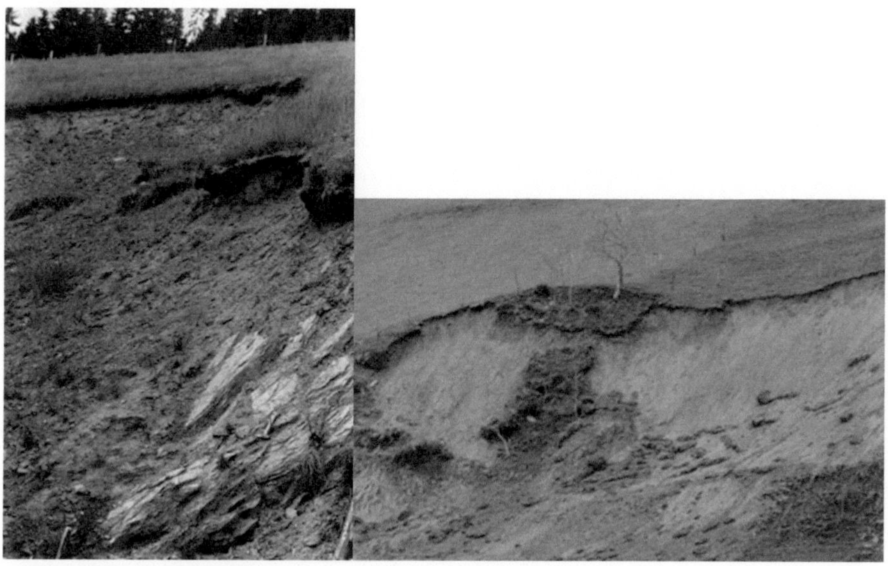

Abb. 6.11 Seichtschaliger, mit z. T. flach rotationsförmiger Gleitfläche versehener Anbruch (F = 800 m^2, T/L = 0,07) in sehr feinkörnigem Hangschutt von feinplattigen Phylliten, und Glimmer-Schiefern (Kornverteilung: <0,06 mm 33 %, <2 mm 67 %, <60 mm 100 %). Die Gleitscholle ist nicht mehr erhalten, sondern wurde als Schuttgang abtransportiert (s. Abb. 6.21). Deutlich ist die stabilisierende Wirkung von Bäumen für solche nicht allzu tief in die Überlagerung eingreifenden Hangbewegungen zu sehen. Lendorf, Hünersberg, Drautal, 940 m ü. A.; Niederschlagsereignis 1975

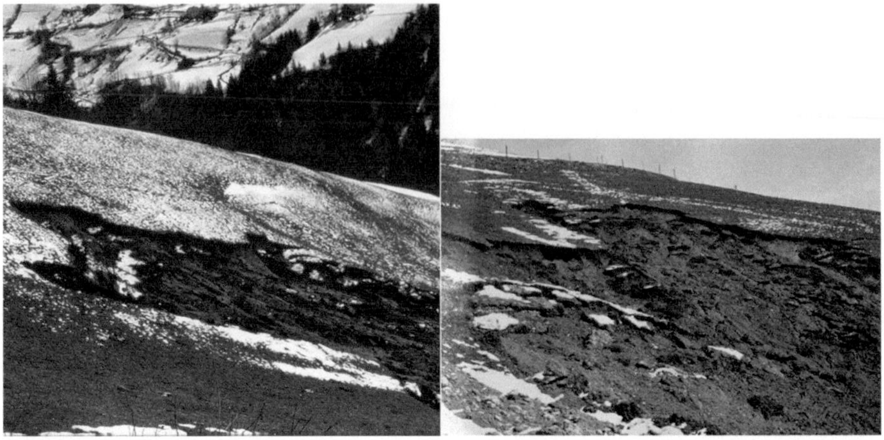

Abb. 6.12 Großer, ca. 1500 m^2 aufweisender, mit ebener Gleitfläche versehener muschelförmiger Anbruch (T/L = 0,03) auf landwirtschaftlich genutztem Gelände. Der Anbruch entwickelte sich in einer schwach ausgeprägten Muldenzone mit einer starken flächenhaften Konzentration der Hangwässer. Durch den stellenweise selektiv wirkenden Hangwasserzug ergibt sich eine starke Zerlappung des Anbruches im obersten Bereich. Kleinere Gleitschollen sind nur mehr z. T. erhalten. An den Anbruch schloss sich ein ca. 200 Höhenmeter aufweisender Murgang an, der die Liesertal Bundesstraße auf einer Breite von 40 m vermurte. Eisentratten SW Egger, Liesertal 1010 m ü. A.; Niederschlagsereignis 1975

b) Gleitzone zwischen Lockergesteinskörper und anstehendem Fels

Hangbewegungen, bei denen die Grenze zwischen Lockerüberlagerung und anstehendem Fels den Gleithorizont darstellt, konnten relativ selten beobachtet werden. Diese Beobachtungen stehen im Gegensatz zu den Untersuchungen von Waldabbrüchen anlässlich der Starkniederschläge Anfang September 1965 in Osttirol, wo die z. T. nur geringmächtige Überlagerung bis auf den anstehenden Fels abgeräumt wurde. Die Grenze zwischen Fels und Überlagerung stellt durch Ausspülungshorizonte eine Zone konzentrierter Hangwasserführung dar. Beispiel einer Hangbewegung, wo sich die Gleitschicht z. T. zwischen Fels und Verwitterungsschutt entwickelte, können aus der Abb. 6.15 entnommen werden.

Die von GARNETT & HAROLD (1973) anlässlich des Hurricane Camille in Virginia 1969 untersuchten Anbrüche zeigen dagegen fast alle, dass die Gleitbahn zwischen Hang- und Verwitterungsschutt und dem anstehenden Fels liegt. Dies könnte im Wesentlichen auf die geringeren Mächtigkeiten (30 bis 100 cm) und auf die stärkeren Niederschläge und Intensitäten (710 mm in 8 Std.) zurückzuführen sein.

Abb. 6.13 Detail aus dem in der Abb. 6.12 gezeigten Anbruch. In der Abbildung rechts ist die z. T. zwei Meter hohe übersteilte Abbruchswand in ziemlich einheitlich aufgebautem lehmig-sandigem Hang- und Verwitterungsschutt zu sehen (Kornverteilung: <0,06 mm 32–46 %, <2 mm 75–85 %, <20 mm 96–100 %). Wie aus den bodenphysikalischen Kennwerten; die zur Zeit des Ereignisses gewonnen werden konnten, hervorgeht, waren die natürlichen Wassergehalte größer als die Wassergehalte an der Fließgrenze. Der stark schluffige Hang- und Verwitterungsschutt befand sich im Zustand des Fließens. Auf der Abbildung rechts ist deutlich zu erkennen, dass sich der Anbruch in mehrere voneinander unabhängige Teilschollen zergliedert, die sich aber nach unten zu einen Schuttbrei auflösen; Niederschlagsereignis 1975

Abb. 6.14 Ca. 800 m^2 umfassender Anbruch (T/L = 0,03) in einer schwach ausgeprägten Muldenzone an einer ca. 30° geneigten landwirtschaftlich genutzten Lehne. Deutlich ist oberhalb des 1975 aufgetretenen Anbruchsgebietes eine schon verheilte (teilweise durch Lärchenbaumstämme gesichert) und begraste, im Jahre 1965 entstandene muschelförmige Anbruchsnische zu sehen. An den seitlichen Begrenzungswänden weist der lehmig-sandig kiesige Hangschutt deutliche translative Bewegungsspuren auf. Auch hier geht die anfängliche rotationsförmige Bewegung einiger Teilschollen in eine translative Bewegung über. Im unteren Teil wandelt sich das Schollenmosaik in einen Schuttbrei um, der in ein darunter gelegenes Gerinne transportiert wurde. Die Kornverteilung im Bereich des abgeglittenen Rutschkörpers schwankt je nach Tiefenlage (Kornverteilung: <0,06 mm 15–23 %, <2 mm 45–72 %, <60 mm 92–100 %). Der Gleithorizont ist im Wesentlichen an die Grenze des feinkörnigen Hangschuttes zum geringmächtigen Verwitterungsschutt gebunden. Der Verwitterungsschutt weist schon erhebliche Anteile in der Steinfraktion auf. Eisentratten SW Egger, Liesertal, 1070 m ü. A.; Niederschlagsereignis 1975

Abb. 6.15 Ca. 600 m^2 großer muschelförmiger Anbruch (T/L = 0,14) im Bereich einer stark ausgeprägten Hangkante, die ehemals von Buschwerk und Stauden bewachsen war. Der Gleithorizont liegt nur knapp oberhalb der Felsoberfläche, die im untersten Bereich des Anbruches zu Tage tritt. Im weiteren Verlauf der Hangbewegung wurde der Hangschutt bis auf den anstehenden Fels (Quarz Glimmer-Schiefer) ausgeräumt. Durch das starke Freiwerden von Hangwässern in Zusammenhang mit einem seitlich vorbeifließenden Gerinne erfolgte ein konzentrierter murenförmiger Abtransport in Form eines 100 Höhenmeter aufweisenden Murganges. Aus der Abbildung rechts ist deutlich das seitliche Hochbranden des Murschuttes zu sehen. Neben sehr viel Feinanteil, enthält das Murmaterial auch Blöcke im m^3-Bereich. Das am Ende des Murganges im Bereich der Talsohle liegende Wohnhaus wurde total zerstört, vier Menschen fanden dabei den Tod. Döbriach, Millstätter See 770 m ü. A.; Niederschlagsereignis 1975. Zur näheren Auslösung der Hangbewegung s. Abschn. 8.4

6.1.3 Hangbewegungen auf ebenen vorgezeichneten und nur in sehr geringer Tiefe liegenden Gleitflächen („Blattanbrüche" Mittelwert T/L = 0,04)

Die in ihrer Ausbildung sehr homogene Gruppe hebt sich von den bisher beschriebenen Anbrüchen durch die Tiefenlage der Gleitfläche hervor, die 50–60 cm nicht überschreitet. Die Form der beobachteten Hangbewegung ist ziemlich gleichförmig, wobei schwach elongierte Formen vorherrschen. Der Mittelwert des B/L-Verhältnisses beträgt 0,77, der Mittelwert der Fläche 221 m^2, die mittlere Hangneigung der betroffenen Böschungen 35,7° (weitere Einzelheiten s. Abb. 6.2 und Tab. 6.2). SCHAUER (1975) gibt für Blattanbrüche im Bereich der Allgäuer und Lechtaler Alpen Flächengrößen von 2–200 m^2 an. Die vorgezeichnete

Gleitfläche liegt zwischen Grasnarbe und der anschließenden Lockerüberlagerung oder der Grasnarbe und der anstehenden Felsunterlage. Während bei den unter Abschn. 6.1.1 besprochenen Hangbewegungen z. T. noch schalenförmige Gleitflächen beobachtet werden konnten, liegt hier eine hangparallele und ebene Rutschfläche vor. Durch den Gleitvorgang wird die damals geschlossene Vegetationsdecke großflächig in ein Schollenmosaik aufgelöst (Abb. 6.16).

Bei dieser Untersuchung von Blattanbrüchen im Bereich der Allgäuer und Lechtaler Alpen konnte SCHAUER (1975) nachweisen, dass sich signifikante Unterschiede in der Kornverteilung der abgleitenden und der zurückbleibenden Schicht ergeben. So lagen die Durchschnittswerte der Schlufffraktion in der abgleitenden Schicht um ca. 20 % höher als in der zurückbleibenden Schicht. Es wird weiterhin hervorgehoben, dass solche Böden, die als tonig sandige, kiesige Schluffe zur Einzelkornstruktur neigen, bei starker Wasserzugabe schlagartig ihre Festigkeit verlieren und zerfließen. Solange die Rasendecke geschlossen ist, wird durch den starken Oberflächenabfluss ein Eindringen größerer Wassermengen in

Abb. 6.16 Seichtschaliger Hanganbruch (T/L = 0,07), wobei sich die Gleitfläche zwischen anstehendem Fels (Glimmer-Quarzit) und Überlagerung (lehmig sandiger Hangschutt mit einzelnen Geröllen < 15 cm) bildete. Der Blick fällt auf die Schieferungsflächen, die in etwa hanggleich anstehen (Schieferungsfläche 80–90°/40–50°). Der Gleitkörper ist im gesamten Bereich nicht mehr vorhanden, sondern anschließend entwickelte sich ein Schuttgang. Altersberg, Liesertal, 770 m ü. A.; Niederschlagsereignis 1975

Abb. 6.17 Detail eines Blattanbruches. Die Grasnarbe gleitet, in ein Schollenmosaik aufgelöst, auf dem Hang- und Verwitterungsschutt von Granat-Glimmer-Schiefern ab. Rautalm, Podlaniggraben 1210 m ü. A.; Niederschlagsereignis 1966

den Untergrund verhindert. Im Laufe der Entwicklung eines Hanges stellen sich zahlreiche Schwächestellen ein, von denen besonders die Zugrisse in der oberen stark durchwurzelten Bodenschicht zu nennen sind. Die Zugrisse entstehen einerseits durch Schneekriechen und Schneegleiten, andererseits durch die Wirkung von Starkniederschlägen. Weiterhin wurde festgestellt, dass sich im Bereich der unteren Grenze des Wurzelhorizontes eine Schicht von wenigen Zentimetern mit sehr lockerem Material und Hohlräumen befindet. Bei Starkniederschlägen dringt das Wasser durch die Zugrisse ein und fließt hangparallel an der Untergrenze des Wurzelhorizontes ab. Dies führt zu einem Ausspülungshorizont, der als Inhomogenitätsfläche einen potenziellen Gleithorizont darstellt (Abb. 6.17).

6.1.4 Hangbewegungen mit erhalten gebliebener Gleitscholle

Wie schon hervorgehoben wurde, kommt es anlässlich von Starkniederschlägen der hier untersuchten Intensität nicht nur zu einem Bruch der Böschung bzw. des Hanges, sondern meistens zu einem Abtransport des Gleitkörpers und damit zu einem Freilegen der Gleitfläche. Wie aus der Abb. 6.5 zu entnehmen ist, erfolgte bei knapp 65 % der Anbrüche ein kompletter Abtransport des Gleit- bzw. des Bruchkörpers. Hangbewegungen mit erhalten gebliebener Gleitscholle sind dadurch gekennzeichnet, dass sich keine Trennung in Abriss- und Ablagerungsgebiet durchführen lässt. Der Gleitkörper ist zwar durch Risse und Spalten stark zerlegt, gibt aber meistens nur im obersten Teil des Anbruches eine schmale Bruchfläche frei (Abb. 6.18). STINY (1931) hat für solche Massenbewegungen den Begriff „Rutschungskeimling“ geprägt.

Abb. 6.18 Große, ca. 2000 m^2 umfassende Massenbewegung mit noch im Zusammenhang befindlichem und wenig gestörtem Gleitkörper. Nur im obersten Anbruchsbereich ist knapp unterhalb der Terrassenkante eine lang durchhaltende Gleitfläche ausgebildet. Die Böschung wird von fluvioglazialen Lockersedimenten aufgebaut (Kornverteilung: <0,06 mm 7 %, <2 mm 40 % <100 mm 100 %). Wie die Analyse weiterer Böschungen aus grobkörnigen fluvioglazialen Lockersedimenten zeigt, ist das gehäufte Auftreten von Hangbewegungen in schluffarmen Lockersedimenten selten. Besonders reicht die Minderung der Scherfestigkeit nur zum Bruch und zu Scherrissen innerhalb des Gleitkörpers, aber nicht zu einer Zerlegung und Auflösung in einzelne Teilschollen und zum Abtransport durch das Freiwerden von Hangwässern; Eisentratten unterhalb Staudacher. Liesertal 950 m ü. A.; Niederschlagsereignis 1975

6.1.5 Sekundärmassenbewegungen

Katastrophenartige Regenfälle großer Intensität, seien es Gewitter oder Landregen, führen im alpinen Bereich nicht nur zu Hanginstabilitäten und Böschungsbrüchen, sondern zu einem Transport der durch den Bruch bereitgestellten Lockermassen. In den meisten Fällen konnte ein Übergang vom Gleiten zu quasiviskosen Fließbewegungen durch die plötzliche Umwandlung der Lockermasse in den breiigen oder flüssigen Zustand beobachtet werden. Da durch das reichliche Wasserangebot die durch den Bruchvorgang stark zerlegten Lockermassen einen Wassergehalt an oder über der Fließgrenze besaßen, bedurfte es nur eines geringen Anstoßes, um Fließbewegungen auszulösen. Die Folge dieser stark ausgeprägten Fließerscheinungen waren Schuttgänge, Murgänge und Massenschurferscheinungen.

Zusammengefasst werden diese Vorgänge sehr häufig unter dem Begriff Hangmuren (hill slope debris flow).

Schuttgang

Nach LAATSCH & GROTTENTHALER (1972) gehen Erd- und Schuttgänge aus explosionsartig verlaufenden Translationsrutschen hervor. Das abgerutschte Material fließt quasiviskos breiartig wie eine Mure, jedoch nicht in Furchen, sondern am freien Hang. Überwiegt im bewegten Material die Feinerde, so handelt es sich um einen Erdgang, überwiegt die Kies- und Steinfraktion ist es ein Schuttgang.

Dieser Definition soll sich hier mit der Ergänzung, dass sich solche Erd- und Schuttgänge ebenso aus flachschaligen Rotationsrutschungen entwickeln können, angeschlossen werden.

In der englischsprachigen Literatur werden am besten die Begriffe „wet flow" und „debris flow" solchen Bewegungsvorgängen gerecht, die fußend auf den Arbeiten von SHARPE (1938), VARNES (1958) in die Literatur einführte.

Sowohl die im Jahre 1966 und 1965 als auch die im Jahre 1975 entstandenen Hanganbrüche zeigen fast alle folgenden Entwicklungsgang:

- Bereitstellung eines Bruch- und Gleitkörpers durch eine Translations- und im geringen Maße flachschaligen Rotationsrutschung.
- Auflösung des Gleitkörpers in ein Schollenmosaik; beginnende Fließbewegung des zwischen den einzelnen Schollen durch das Freiwerden von Hangwässern breiartig gewordenen schwach bindigen, z. T. stark schluffigen Hang- und Verwitterungsschuttes.
- Völlige Umwandlung der Restschollen in einen Schuttbrei, der je nach Mobilität (Wassergehalt) des Schutt- und Erdmaterials und nach der Neigung des Geländes verschieden starke quasiviskose Fließerscheinungen zeigt.
- Flächenhafte Ausbreitung des breiartigen bis flüssigen Schuttes auf dem Unterhang.

In den Abb. 6.19, 6.20, 6.21, 6.22 und 6.23 können solche Erd- und Schuttgänge, die sich an Hanganbrüche angeschlossen haben, studiert werden.

Murgang

Unter einem Murgang kann man nach LAATSCH & GROTTENTHALER (1972) die Bewegungsform eines reißenden, breiigen Schuttmaterials verstehen, die anlässlich katastrophaler Niederschläge oder mit Niederschlägen verbundener plötzlicher Schneeschmelze in Wildbächen, Gerinnen oder vorgezeichneten Muldenzonen abläuft.

Abb. 6.19 Kleine (<200 m^2) S-exponierte Hanganbrüche im Bereich von landwirtschaftlich genutzten Hängen des Drautales. Der schwach schluffig sandig kiesige Hangschutt (Kornverteilung: <0,06 mm 17 %, <2 mm 26 %, <100 mm 100 %) enthält bis zu 10 cm große Gerölle aus quarzitischen Zwei-Glimmer-Schiefern. Die durch den Bruch bereitgestellten Schollen wurden in Form eines geringmächtigen Schuttganges abgelagert. E Steinfeld, Drautal, 635 m ü. A.; Niederschlagsereignis 1975

Abb. 6.20 Ca. 550 m^2 umfassender, seichtschaliger Muschelanbruch (T/L = 0,04) in feinkörnigen Stausedimenten (Kornverteilung: <0,002 mm 12 %, <0,06 mm 63 %, <2,0 mm 100 %). Der Anbruch entstand knapp unterhalb einer Terrassenkante an einer ca. 25°, im unteren Teil eines ca. 35° geneigten Wiesenhang. Nöringgraben, Liesertal 920 m ü. A.; Niederschlagsereignis 1975

Abb. 6.21 Schuttgang von dem auf der Abb. 6.11 gezeigten Hanganbruch. Die Ausfächerung des breiartigen feinkörnigen Hangschuttes erfolgte auf einem 15–20° geneigten Wiesengelände. Lendorf, Drautal, 940 m ü. A.; Niederschlagsereignis 1975

Abb. 6.22 Schutt- bis Murgang unterhalb eines Hanganbruches in lehmig-sandigen Hangschutt (Kornverteilung: <0,06 mm 30 %, <2,0 mm 72 %, <60 mm 100 %). Der Anbruch entstand in einer schwach angedeuteten ca. 30–35° geneigten Muldenzone. Die sehr starke Runsenbildung (50–70 cm) innerhalb des Schuttganges zeigt deutlich das Freiwerden erheblicher Hangwassermengen. Durch die Konzentration der Hangwässer in der vorgezeichneten Muldenzone sind Übergänge zu einem Murgang gegeben. Im Grunde der Anbruchsmuschel war auch ein Monat nach dem Ereignis Sickerwasser zu verzeichnen. Altersberg, Liesertal, 815 m ü. A.; Niederschlagsereignis 1975

Abb. 6.23 Großer, insgesamt ca. 1300 m^2 umfassender Anbruch, der im Bereich einer deutlich ausgeprägten weitgespannten Muldenzone liegt. Der Ausgangspunkt des Hanganbruches ist an die Grenze zwischen fluvioglazialen Terrassensedimente (Kornverteilung: <0,06 mm 2 %, <2 mm 40 %, <60 mm 94 %) und Verwitterungsschutt gebunden (Kornverteilung: <0,06 mm 28 %, <2 mm 68 3 %, <60 mm 100 %). Diese Grenze hebt sich im Bild deutlich durch die Färbung der Schichten hervor. Der dunklere Verwitterungsschutt bildet einen Stauhorizont gegenüber dem wesentlich durchlässigeren Kieskörper. Verbunden mit diesem Stauhorizont sind flächenhafte Vernässungszonen und mehrere Wasseraustrittsstellen. Kaning, Millstättersee, 1010 m ü. A.; Niederschlagsereignis 1975

Zum Unterschied zum Schuttgang hat der Murgang aufgrund der morphologischen Gegebenheiten eine längliche Form, wobei die Breite sehr häufig nur mehr einen Bruchteil der ursprünglichen Abmessung des Hanganbruches ausmacht.

Die Abbildungen zeigen deutlich, dass die Abgrenzung von einem Schuttgang zu einem Murgang in der Natur fließend ist und sehr häufig alle Übergänge an einem einzigen Anbruch von einem reinen Schuttgang über einen Murgang bis zu Massenschurferscheinungen zu beobachten sind.

Rinnenanbrüche

Zum Unterschied zu den bisher behandelten Massenbewegungen, die zu der Gruppe der gravitativen Massenselbstbewegungen zu zählen sind, verdanken Rinnenanbrüche ihre Entstehung der Wirkung des Massenschurfes.

Unter Massenschurf kann man nach LAATSCH & GROTTENTHALER (1972) und BUNZA (1976) das sehr langsame bis sehr schnelle Abschürfen und Ablösen von Fels-, Lockergesteinen, des Bodens und der Vegetationsdecke aus dem ursprünglichen Gesteins- und Bodenverband durch in Bewegung befindliche Medien wie Schnee, Gletscher, Wind und Wasser verstehen.

In dieser Studie soll nur auf Massenschurf durch fließendes Wasser eingegangen werden und im speziellen „der Massenschurf durch Rinnenerosion am Hang" (BUNZA et al. 1976) in die Betrachtung miteinbezogen werden. Nichtberücksichtigt werden also die Erosionsformen, die durch Fließgewässer entstehen.

Voraussetzung für die Bildung solcher Rinnenanbrüche sind wie schon bei den besprochenen Murgängen neben einem Überangebot an Wasser durch exzessive Niederschläge oder Schneeschmelzvorgänge, Muldenzonen oder Gerinne mit relativ mächtiger Lockerüberlagerung. Die anlässlich der Niederschlagsereignisse 1975 und 1966 beobachteten Murgänge (z. B. Abb. 6.24 und 6.25) zeigen fast alle

Abb. 6.24 Ca. 4000 m^2 umfassender Anbruch im Hang- und Verwitterungsschutt und besonders im obersten Abrissbereich in sehr stark zerlegten Glimmer-Schiefern. Im Unterhang kam es durch die Möglichkeit der Konzentration der Hangwässer zu einem bis zu 5 m eingeschnittenen Rinnenanbruch. Durch diesen Murkanal wurden ca. 10.000 m^3 Hangschuttmaterial abgeführt und als Murschuttkegel in der Grabensohle abgelagert. Gamschitzgraben, Liesertal, 1260 m ü. A.; Niederschlagsereignis 1975

Abb. 6.25 Durch Massentransport und -schurf hervorgerufene Hangprofile im Hang und Verwitterungsschutt von kristallinen Schiefern im Bereich der Ortschaft Eggen, Tiroler Lesachtal 1200 bis 1350 m ü. A.; Niederschlagsereignis 1966

in gewissen Abschnitten mehr oder weniger tiefe Rinnenanbrüche, wo es nicht nur zu einem Abtransport der Lockermassen, sondern durch den konzentrierten Angriff der Oberflächenwässer auch zur Rinnenanbruchsbildung kam.

Typisch für solche nur sehr kurzfristig und unter starkem Wasserandrang ausgestalteten Anbruchsformen sind steile seitliche Begrenzungswände ohne nennenswerte Seitenerosion. So heben sich diese Anbruchsformen deutlich von den Schurfflächenformen der Fließgewässer ab, die sowohl von der Tiefenerosion als auch von der Seitenerosion geprägt werden. Letztgenannte Anbruchsformen weisen aufgrund ihrer Entstehung meist dreieckige Querschnittsformen auf, wobei sich naturgemäß auch hier, je nach Gesteinsausbildung, alle Übergänge beobachten lassen.

Weiterhin konnte festgestellt werden, dass bevorzugt größere Anbrüche (>1000 m^2) im Bereich des Unterhanges Rinnenbildungserscheinungen zeigen. Bei den kleineren reichte es je nach morphologischer Ausbildung nur zu einem Schuttgang oder zu einem Murgang.

Die Schurfkraft der Hangmuren bei Möglichkeit der Konzentration der Hangwässer kann sehr erheblich sein. Wie die Abb. 6.24 zeigt, hat sich in den Hangschuttkörpern ein 5–6 m tiefer dreiecksförmiger Rinnenanbruch eingeschnitten. Besonders während der Katastrophenereignisse der Jahre 1965 und 1966 konnten Eintiefungen z. T. über 5 m in mächtigen Lockermassen und hochteilbeweglichen Festgesteinen beobachtet werden.

6.2 Niederschlagsereignis 1985 im Voldertal-Inntal/Tirol

Die aufgetretenen Hangbewegungen sind hinsichtlich der Art und des Vorganges durchaus vergleichbar mit den Wirkungen der Unwetterkatastrophen der Jahre 1966 und 1975 (MOSER & SCHOGER, 1989). Diese spontanen Hanginstabilitäten können vorwiegend mit dem Bewegungsmechanismus des Gleitens, des Fließens und des Massenschurfes in Verbindung gebracht werden.

Geringfügig schematisiert können folgende Arten von Hangbewegungen beobachtet werden:

- Translationsrutschungen (Tr)
- Kombinierte Rutschungen (Translation/Rotation, Hangwasserexplosionen, K)
- Rinnenanbrüche (R)

Durch das starke Freiwerden von Hangwässern war der Gleitkörper bei fast allen untersuchten Hangbewegungen nicht mehr erhalten, sondern murenförmig abtransportiert. Als Folge davon ergaben sich starke Vermurungen auf den anschließenden Hangbereichen. Hierbei fand nicht nur ein Überschütten des Geländes statt, sondern es kam verstärkt zur Murgängen mit Rinnenanbruchsbildung (Abb. 6.30).

Translationsrutschungen
Unter Translationsrutschungen werden Gleitvorgänge verstanden, die sich auf einer vorgezeichneten, zumeist planaren Gleitfläche vollziehen. Sie sind durch quadratische bis rechteckige und kleine T/L- bzw. T/B-Verhältnisse gekennzeichnet.

Als vorgezeichnete Gleitflächen konnten beobachtet werden:

- zu einem erheblichen Teil der Grenzhorizont zwischen Felslinie und Hang- und Verwitterungsschuttdecke (35 %);

- Gleitzonen innerhalb der Hangschuttdecke selbst (41 %); als Ursache können Unterschiede im Porenanteil, im Durchlässigkeitsbeiwert und dem Reibungswinkel angesehen werden (MOSER & HOHENSINN 1983);
- translative Bewegungsvorgänge an der Basis des Durchwurzelungshorizontes („Grasnarben-Rutschungen", ca. 24 %).

Kombinierte Translations-Rotationsrutschungen, Hangwasserexplosionen
Reine Rotationsrutschungen sind aufgrund der Ausbildung des Substrates selten (Heterogenitätszonen, schwach bindiger Charakter). Bevorzugt treten kombinierte Rotations-Translationsrutschungen auf, bei denen an eine halbkreisförmige Hauptabrisskante eine zuerst kreisförmige, dann translationsförmige Gleitfläche sich anschließt. Entsprechend der Entstehungsart besitzen sie höhere T/L-Werte (Abb. 6.29) bzw. T/B-Verhältnisse als Translationsrutschungen und zeigen mitunter einen länglichen, löffelförmigen Grundriss. Gefährdet sind vor allem Hangkanten und -stufen, wo sich in den flacheren Oberhang hinein die mehr oder minder rotationsförmige Hauptanbruchsfläche entwickelt, die im Unterhang translationsförmig ausläuft. Bei Betrachtung der Anbruchsform und der zur Zeit des Ereignisses herrschenden Hangwasserverhältnisse muss besonders bei den tieferen Anbrüchen eine Entstehung in Form von Hangwasserexplosion angenommen werden. Durch die Kausalkette – verstärkte Durchlässigkeit durch Vorgänge der unterirdischen Erosion (Röhrenbildung) – Aufbau eines Porenwasserdruckes in bestimmten Hangbereichen – Bildung von Quellnischen – Nachbrechen größerer Lockergesteinspartien – werden Hangbewegungen ausgelöst, die nicht allein mit dem Vorgang des Gleitens in Verbindung gebracht werden können (s. Abschn. 8.4).

Murgänge, Rinnenanbrüche
Bei ca. 90 % der Anbrüche wurden die durch einen Gleitmechanismus oder eine Hangwasserexplosion bereitgestellten Schollen ganz oder teilweise murenförmig abtransportiert.

Je nach Morphologie, Mächtigkeit der Überlagerung und der Konzentrationsmöglichkeit der Hangwässer im Ober- bzw. Unterhang konnten hier folgende Erscheinungsformen beobachtet werden:

- Schuttgänge (mit einer breiten Ausfächerung des Murmaterials im Unterhang oder mit einer Konzentration in vorgezeichneten Muldenzonen (Murgänge))
- Murgänge mit der Bildung von Rinnenanbrüchen (sehr häufig bei der Möglichkeit der Konzentration der Hangwässer).

Im letzten Fall bilden sich z. T. über 5 m tiefe und über mehrere 100 m lange Anbruchsformen.

Die Abmessungen wurden für die drei Gruppen (Translationsrutschungen, kombinierte Translationsrutschungen/Hangwasserexplosionen und Rinnenanbrüche) getrennt betrachtet, da sie hinsichtlich Erscheinungsformen und Dynamik weitgehend homogene Eigenschaften besitzen.

Geprüft wurden die Längen L, die Breiten B, die Tiefen T und das daraus abgeleiteten Verhältnis T/L.

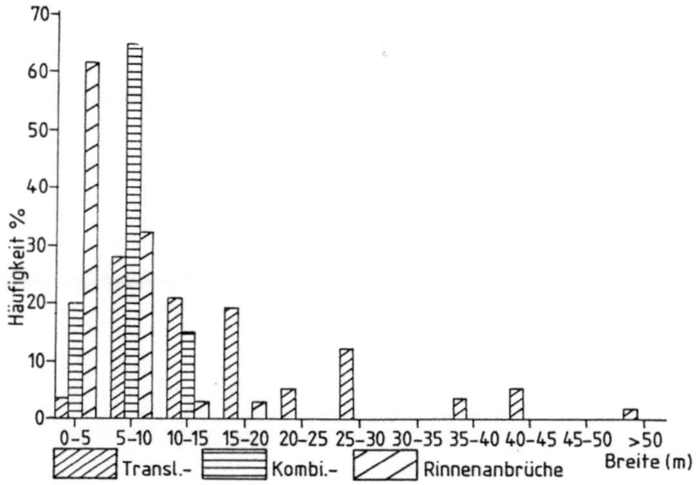

Abb. 6.26 Die Breite der Hangbewegungen für verschiedene Anbruchstypen, MOSER & SCHOGER (1989)

Breite

Aus der Abb. 6.26 kann entnommen werden, dass die Rutschungen i. e. S. ein Maximum in der Klasse 5–10 m, die beobachteten Rinnenanbrüche naturgemäß ein Maximum in der Klasse 0–5 m aufweisen. Hanganbrüche mit einer Breite > 30 m sind selten und liegen bei ca. 10 %. Dies entspricht in etwa den Beobachtungen bei den Hanganbrüchen des Niederschlagsereignisses von 1975 in Oberkärnten. Auffällig ist besonders, dass die kombinierten Anbrüche keine Breiten > 15 m besitzen.

Länge

Signifikant ist hier der Unterschied (Abb. 6.27) zwischen den reinen Translationsrutschungen und den kombinierten Anbrüchen besonders in den Klassen 5–10 m

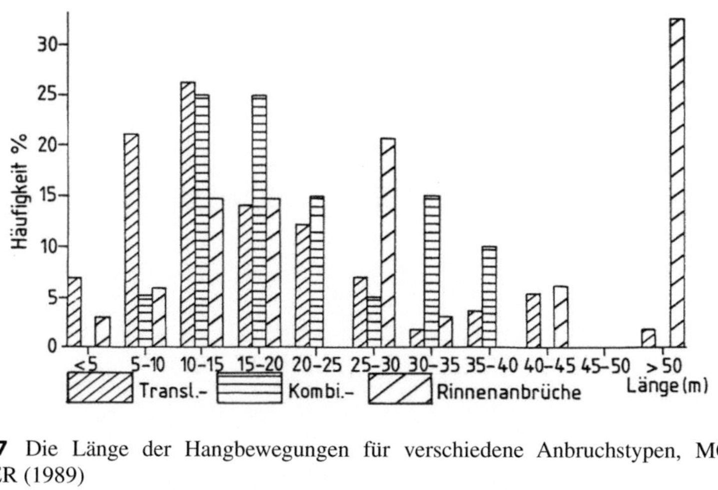

Abb. 6.27 Die Länge der Hangbewegungen für verschiedene Anbruchstypen, MOSER & SCHOGER (1989)

(Tr 20 %, K 5 %) und 30–35 m (Tr 2 %, K 15 %). Maximalwerte treten in den beiden Typen der Klassen 10–15 m auf. Bei den Rinnenanbrüchen herrschen naturgemäß sehr gestreckte Formen vor, sodass die Klasse > 50 m am stärksten beteiligt ist.

Tiefe

Translationsbewegungen sind meist sehr seichtgründig (Abb. 6.28). Das Maximum liegt im Bereich 0,5–1,0 m. Werte > 2 m werden nicht beobachtet. Kombinierte Anbrüche zeigen dagegen ein Maximum in der Klasse 1,5–2 m. Die meisten Rinnenanbrüche liegen im Bereich 0,5–1,0 m (knapp 30 %).

T/L-Verhältnis

Translationsanbrüche treten hauptsächlich mit T/L-Werten < 0,05 auf. Etwas tiefgründigere translationsförmige Hangbewegungen liegen im Bereich von 0,05–0,1. Bei den Anbrüchen mit rotationsförmigen Anteilen wird das Maximum im Bereich von 0,05–0,1 angetroffen, Werte von 0,1–0,2 (knapp 30 %) weisen meist auf tiefgreifende, und zunehmend rotationsförmige Anteile, bzw. auf den Mechanismus der Hangwasserexplosion hin (Abb. 6.29).

In der Abb. 6.30 kann sehr schön die Auflösung und z. T. die tiefe Zerschneidung der Hangbereiche durch Hangmuren studiert werden.

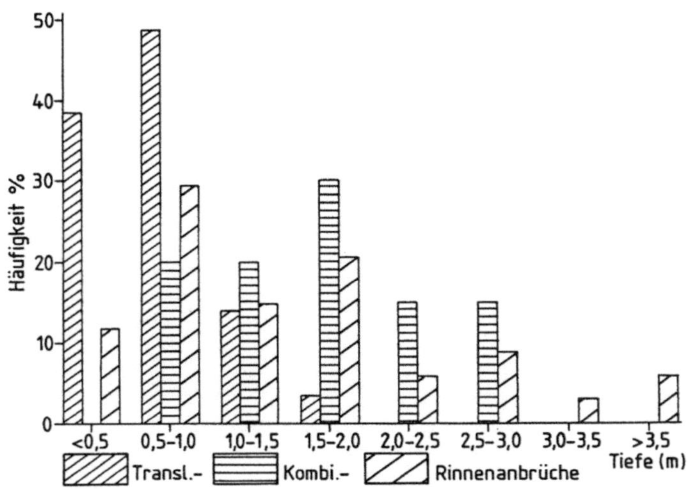

Abb. 6.28 Die Tiefe der Hangbewegungen für verschiedene Anbruchstypen, MOSER & SCHOGER (1989)

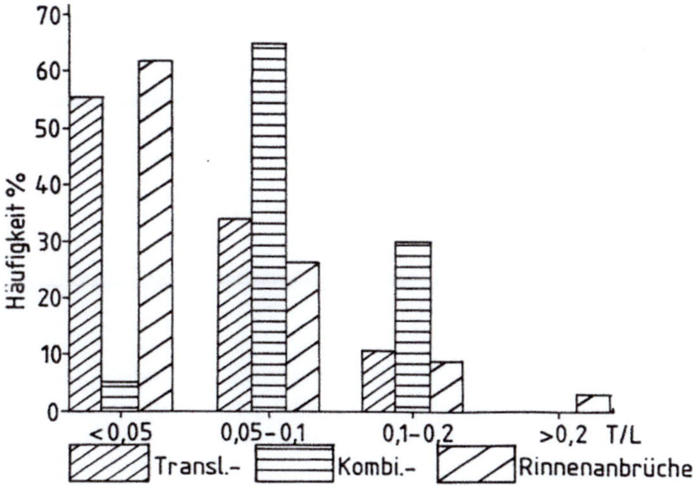

Abb. 6.29 Das T/L-Verhältnis der Hangbewegungen für verschiedene Anbruchstypen, MOSER & SCHOGER (1989)

Abb. 6.30 Der westliche Bereich des inneren Voldertales zeigt eine völlige Zerstückelung der Hangbereiche durch Hanganbrüche und Hangmuren

6.3 Niederschlagsereignis 1997 in Sachseln/Kanton Obwalden

Entsprechend den Vorschlägen von CRUDEN & VARNES (1996) wurde bei der Klassifikation von flachgründigen Hangbewegungen unterschieden:

- translationsförmige Gleitungen (translational slides)
- rotationsförmige Gleitungen (rotational slides)
- zusammengesetzte Gleitungen (compound slides)

Translationsförmige Gleitungen bzw. Rutschungen wurden bei den Starkniederschlägen am häufigsten (60 %) ausgelöst, während rotationsförmige (20 %) und zusammengesetzten Rutschungen (20 %) seltener auftraten. Zusammengesetzte Rutschungen zeigten generell rotationsförmige Elemente in den oberen Bereichen und translationsförmige Elemente in den unteren Bereichen. Statistische Auswertungen zu den unterschiedlichen Gleitungsarten werden in Tab. 6.3 aufgeführt. Die relativ hohe Zahl der nicht erfassten Rutschungen hängt damit zusammen, dass bei der Aufnahme bereits einige Rutschungen wieder verfüllt bzw. verbaut waren.

Tab. 6.3 Häufigkeiten der unterschiedlichen Gleitungstypen (nicht erfasst = zur Aufnahme bereits verfüllte Rutschungsnarben; *prozentuale Häufigkeit bei Nichtberücksichtigung der nicht erfassten Rutschungen)

Art	Häufigkeit	Prozent	Prozent korr.*
Translationsförmige Gleitungen	309	55,9	60,0
Rotationsförmige Gleitungen	102	18,4	19,8
Zusammengesetze Gleitungen	104	18,8	20,2
Nicht erfasst	38	6,9	0,0
Gesamt	553	100,0	100,0

6.4 Niederschlagsereignisse 1994–2001 im Schwarzwald/Südwestdeutschland

Insgesamt wurden 49 Hangbewegungen untersucht. Diese Zahl erlaubt zwar keine statistisch gesicherten Aussagen, konnte aber in der Tendenz die Ergebnisse anderer Untersuchungen mit größerer Zahl an untersuchten Objekten (z. B. MOSER & HOHENSINN, 1983, SCHOGER, 1988, BAUM et al., 1998) bestätigen.

Die meisten Hangbewegungen waren Translationsrutschungen (ca. 47 %) sowie mit Rotationsrutschungen kombinierte Translationsrutschungen (ca. 23 %). Sie waren sowohl bei den weniger intensiven Regenfronten, als auch ganz besonders bei den Gewitterereignissen die dominierenden Massenbewegungen. Auffällig ist,

Tab. 6.4 Typen von Hangbewegungen und ihre morphologische Position (Werte gerundet), ROHN & RUFF (2005)

Typ	Hangkante (%)	Hangmulde (%)	Kante in Mulde (%)	Hang ungegliedert (%)	Ges. (%)
Translationsrutschung (%)	24,5	6,1	0	16,3	46,9
Rotationsrutschung (%)	6,1	6,1	2,0	4,1	18,3
Kombiniert (%)	16,3	0	4,1	2,1	22,5
Rinnenanbruch (%)	4,1	4,1	0	4,1	12,3
Gesamt (%)	51,0	16,3	6,1	26,6	100

dass nach den oft nur sehr kurzen Niederschlagsereignissen keine Translationsrutschungen mehr stattfanden, die Auslösung also zeitgleich mit dem Niederschlag war. Die meisten dieser Hangbewegungen gingen hangabwärts rasch in kleine Muren über, was auf einen hohen Wassergehalt im Rutschkörper hindeutet. Die Rutschmassen wurden dabei rasch verflüssigt und es blieben nur selten Reste der Rutschmassen im Anrissbereich erhalten. Die Rutschbasis erreichte in keinem Fall die Felsoberfläche, sondern ging – besonders auf Gneisböden – meist bis zu einer felsnahen, etwas feinkörnigeren, etwas weniger durchlässigen Verwitterungsschicht hinab (Tab. 6.4).

Translationsrutschungen

Die meisten Translationsrutschungen (Abb. 6.31) wurden in Unterhangbereich, weniger häufig auch im Mittelhangbereich angetroffen. Die Abrissflächen haben

Abb. 6.31 Typische flache Translationsrutschung im Bühlertal nach dem Landregen vom 28.–29.10.1998, ROHN & RUFF (2005)

Abb. 6.32 Tiefgreifende Rotationsrutschung in granitischem Hangschutt im Unterhangbereich bei Bühlertal am 29.10.1998, ROHN & RUFF (2005)

ein klares Maximum bei Größen von ca. 100 bis 300 m^2, mehr als 600 m^2 werden nur ausnahmsweise erreicht, Die entsprechenden Volumina liegen bei etwa 50 m^3 bis höchstens 400 m^3. Die Abrissbreite schwankt zwischen ca. 5 bis 35 m. Meist wurde nur der A-Horizont von den Bewegungen betroffen. Der Tiefgang der Translationsrutschungen schwankte zwischen 0,7 m und 2,9 m, der Durchschnitt lag bei etwa 0,9–1,5 m. Das Tiefen/Längen-Verhältnis schwankt zwischen 0,05 und 0,5 mit einem Mittelwert um ca. 0,14.

Rotationsrutschungen

Reine Rotationsrutschungen (ca. 18 %) und Rinnenanbrüche (ca. 12 %) waren weniger häufig. Tiefgreifende Rotationsrutschungen wurden nur während oder nach dem Durchgang von Regenfronten beobachtet. Dabei zeigte es sich, dass diese ganz überwiegend im Unterhangbereich mit großen Lockergesteinsmächtigkeiten auftraten. Hangaufwärts schlossen sich stets große Bereiche an, wo Infiltration stattfinden konnte. Die tiefgreifenden Rotationsrutschungen ereigneten sich bis zu zwei Tage nach den Niederschlagsereignissen, was für eine längere Sickerstrecke bis in den tieferen Untergrund spricht. Eine völlige Verflüssigung der Rutschmassen wurde nicht erreicht, meist blieben Teile im Abrissbereich zurück.

Die Rotationsrutschungen erreichen Volumina von ca. 1000 bis 1500 m^3 und einen Tiefgang von 4 bis 6 m. Das Tiefen/Längenverhältnis des Abrissbereiches liegt etwa im Bereich von 0,26 bis 0,31 (Abb. 6.32).

Analyse der mittelbaren Faktoren 7

In den Abb. 7.1 und Abb. 7.2 kann die Verknüpfung von auslösenden Ursachen und mittelbaren Faktoren für die Entstehung von flachgründigen Hangbewegungen oft in Form von Hangmuren entnommen werden. Wie sich durch die Analyse mehrerer Ereignisse gezeigt hat, spielen die geologisch-geotechnische Ausbildung der Lockergesteine, die Hangneigung, die Hangmorphologie und die Vegetation eine dominante Rolle. Demnach beeinflusst die Kombination der unterschiedlichen mittelbaren Faktoren bei einem Niederschlagsereignis die Form, Größe und Vorgang von flachgründigen Hangbewegungen. Die in der Abb. 7.1 aufgeführten Faktoren wurden für jede einzelne Hangbewegung in Erhebungsbögen erhoben. Auswertungen beziehen sich besonders auf die Niederschlagsereignisse 1966 und 1975 in Oberkärnten, 1985 im Voldertal-Inntal, 1997 in Sachseln/Kanton Obwalden und 2002–2005 in der Schweiz (MOSER, 1980, SCHOGER, 1988, HAMBERGER, 2007 und RICKLI, 2001).

Die Abb. 7.2 zeigt sehr anschaulich die Verknüpfung von auslösenden Ursachen und mittelbaren Faktoren für die Entstehung von flachgründigen Lockergesteinsrutschungen oft in Form von Hangmuren bei Starkniederschlägen, RICKLI (2001).

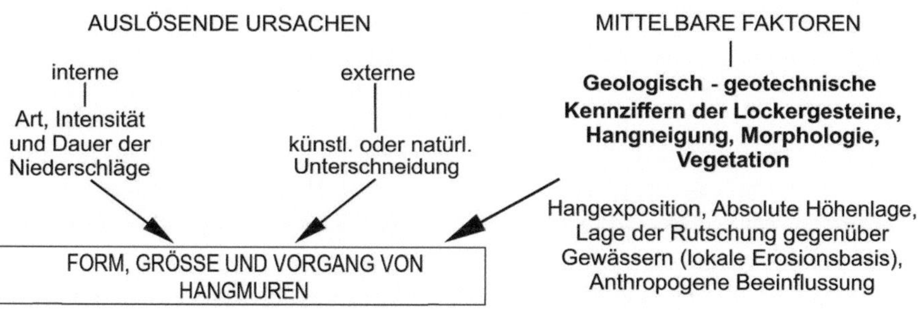

Abb. 7.1 Auslösende Ursachen und mittelbare Faktoren für das Entstehen von Hangmuren in Lockergesteinen (fett: dominante mittelbare Faktoren)

M. Moser et al., *Hangmuren,* https://doi.org/10.1007/978-3-662-70285-7_7

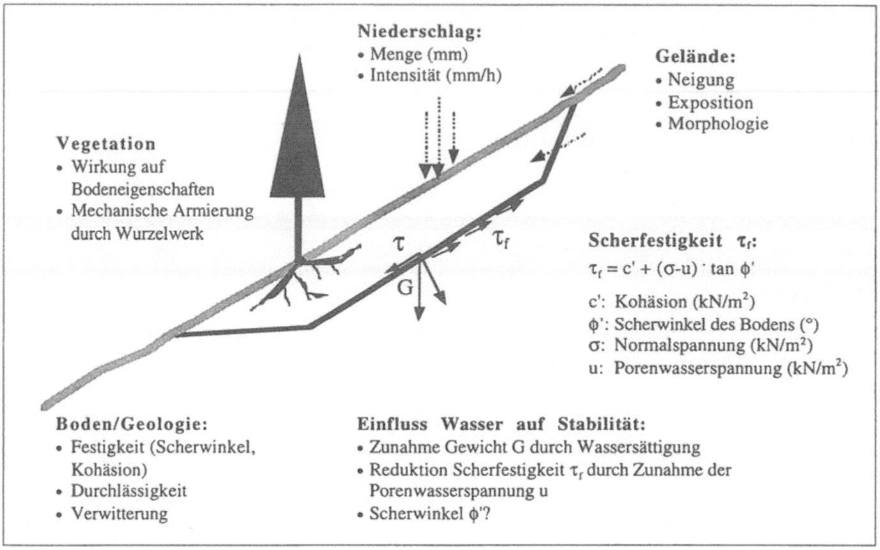

Abb. 7.2 Einfluss verschiedener Faktoren auf die Hangstabilität sowie bodenmechanische Modellbetrachtung, RICKLI (2001)

7.1 Geologisch-geotechnische Kennziffern der Lockergesteine

Die Niederschlagsereignisse 1966 und 1975 in Oberkärnten
Art, Aufbau und Mächtigkeit
Vorbemerkung

Die hier analysierten flachgründigen Hangbewegungen betreffen vor allem Verwitterungs- und Hangschuttdecken kristalliner Schiefer.

Unter Verwitterungsschutt werden die sich an Ort und Stelle auf den Festgesteinen durch Verwitterungsprozesse bildenden Zersetzungsprodukte verstanden. Hangschutt ist ein Lockermaterial, das durch Transportvorgänge schon weitgehend umgelagert wurde und im Wesentlichen keinen ursprünglichen Kontakt zur anstehenden Felsunterlage zeigt. Mächtige Verwitterungsschuttdecken finden sich bevorzugt in feuchten, warmen Regionen, die für eine schnelle chemische Entfestigung der anstehenden Felsunterlage sorgen. Hier treten Vorgänge der Erosion und der Massenbewegungen zugunsten der chemischen Prozesse stark in den Hintergrund.

Die oben angeführten Gründe sind dafür verantwortlich, dass besonders im alpinen Bereich mächtige Verwitterungsschuttdecken in oben definiertem Sinne selten zu beobachten sind. Durch glaziale Prozesse im Zusammenhang mit einer starken postglazialen Erosion sind Verwitterungsschuttdecken unter 50 cm die Regel. Sehr häufig fehlt die Verwitterungsschuttdecke völlig und das Anstehende wird von einer im wesentlichen parauthochthonen Hangschuttdecke überlagert.

Der Unterschied im Aufbau ergibt sich hauptsächlich durch die verschieden starke Beteiligung von verschwemmten Terrassensedimenten. Im Folgenden werden einige typische Überlagerungsprofile erläutert.

Typ A

Nur geringmächtige Überlagerung, deutlich ausgeprägter Verwitterungshorizont. Nur geringer Anteil an verschwemmtem Terrassenmaterial in der Hangschuttdecke.

Beispiel: Hangbewegung SW' des Gehöftes „Egger" oberhalb der Ortschaft Eisentratten, Liesertal

Anstehendes: Zwei-Glimmer-Schiefer des oberostalpinen Altkristallins

Höhenlage: 1070 m ü. A.

Exposition: SE

Das auf Abb. 7.3 zu beobachtende ca. 1,20 m mächtige Überlagerungsprofil zeigt deutlich drei Horizonte:

- die ca. 30 cm mächtige, relativ feinerdereiche Bodenoberschicht mit hohem Schluffanteil

Abb. 7.3 Verwitterungs- und Hangschuttprofil auf kristallinen Schiefern; Hangbewegung SW Egger, Liesertal 1070 m ü. A. (Typ A); Niederschlagsereignis 1975

- ca. 70 cm Hangschutt von vorwiegend lehmig-sandiger Beschaffenheit mit der Einlagerung von eckigen Granat-Glimmer-Schieferbruchstücken bis zu 10 cm Kantenlänge
- ca. 20 cm Verwitterungsschutt mit hohem Steinanteil (ca. 20 cm unterhalb des Höhenmessers beginnt der anstehende Fels).

Typ B

Mächtige Hangschuttdecke, ohne deutlich ausgeprägter Grenze zwischen Hang- und Verwitterungsschutt.

Beispiel: Hangbewegung oberhalb Radenthein, Millstättersee

Anstehendes: Granat-Glimmer-Schiefer, Graphit-Schiefer

Höhenlage: 770 m ü. A.

Exposition: SE

In Abb. 7.4 ist ein ca. 4 m mächtiges Hangschuttprofil im Bereich der Anbruchswand obengenannter Hangbewegung zu sehen. Nach einer hier weniger

Abb. 7.4 Mächtiges, lehmig-sandiges Hangschuttprofil mit Einlagerung von kleinen Linsen von verschwemmten Terrassenmaterial; Hangbewegung oberhalb Radenthein, Millstättersee 770 m ü. A. (Typ B); Niederschlagsereignis 1975

ausgeprägten Bodenoberschicht von 20 cm folgt im Wesentlichen ein lehmig-sandiger Hangschutt mit einzelnen kleineren Linsen von verschwemmtem Terrassenmaterial. Das Liegende des Hangschuttes bildet zum großen Teil umgelagertes fluvioglaziales Material. Eine deutliche Grenze zwischen Verwitterungs- und Hangschutt ist nicht ausgeprägt.

Typ C

Mächtige Hangschuttüberlagerung mit starkem Anteil an fluvioglazialen Lockersedimenten.

Beispiel: Hangbewegung Leobengraben, Liesertal
Anstehendes: nicht aufgeschlossen
Höhenlage: 1000 m ü. A.
Exposition: S

In Abb. 7.5 kann deutlich die starke Mischung von Hangschutt mit groben fluvioglazialen Lockersedimenten beobachtet werden. In einer feinerdereichen

Abb. 7.5 Lehmig-sandiges Hangschuttmaterial mit starkem Anteil an fluvioglazialen Lockersedimenten, die Kantenlängen bis zu 50 cm erreichen; Hangbewegung Leobengraben, Liesertal 1000 m ü. A. (Typ C); Niederschlagsereignis 1975

Matrix „schwimmen" grobe Gerölle bis zu 50 cm Kantenlänge. Der hohe Grobkornanteil ist aber nicht in der Lage, durch ein Stützgerüst zur Erhöhung der Stabilität des Bodens beizutragen.

Typ D

Geringmächtiger, steiniger bis steinig-blockiger Verwitterungs- und Hangschutt.

Beispiel: Hangbewegung Gamschitzgraben, Liesertal.

Anstehendes: nicht aufgeschlossen

Höhenlage: 1050 m ü. A.

Exposition: S

Der steinige Verwitterungs- und Hangschutt besitzt einen hohen Grobkornanteil. Die Umlagerung ist noch relativ gering, die groben Blöcke zeigen noch die lithologischen Eigenschaften des Anstehenden (Abb. 7.6).

Zur geologischen Ansprache und zur kurzen Charakterisierung der Art der Verwitterungs- und Hangschuttdecken wurden drei Gruppen herangezogen (Abb. 7.7):

Abb. 7.6 Steinig-blockiger Verwitterungs- und Hangschutt; Hangbewegung Gamschitzgraben, Liesertal 1050 m ü. A. (Typ D); Niederschlagsereignis 1975

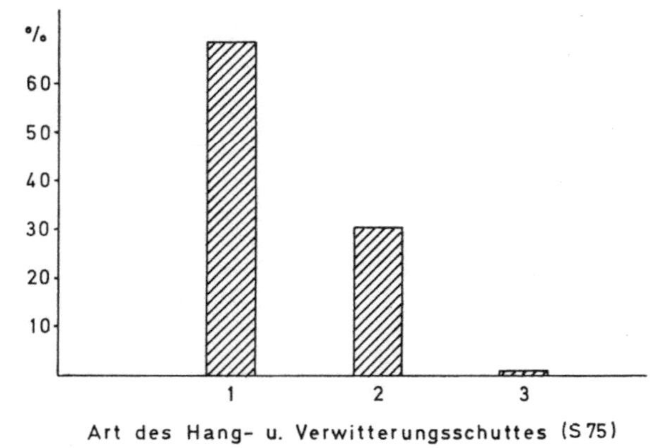

Abb. 7.7 Beziehung der Anbruchshäufigkeit zur Art des Hang- und Verwitterungsschuttes von kristallinen Schiefern; Niederschlagsereignis April 1975, Erläuterung von (1), (2) und (3)

- lehmig-sandiger Hangschutt mit Geröllen < 20 cm (1)
- lehmig-sandiger Hangschutt mit Geröllen und Blöcken > 20 cm (2)
- steinig bis steinig-blockiger Hangschutt (3)

Aus der Abb. 7.7 kann die Beziehung der Anbruchshäufigkeit zu den 3 Hauptgruppen entnommen werden.

Knapp 70 % der Anbrüche ereigneten sich in lehmig-sandigen Verwitterungs- und Hangschuttdecken; in der lehmig-sandigen Matrix finden sich vereinzelt kantengerundete Gerölle < 20 cm, die von verschwemmten Terrassensedimenten herrühren.

Knapp 30 % der Anbrüche treten in lehmig-sandigen Verwitterungs- und Hangschuttdecken mit Geröllen und Blöcken > 20 cm auf. Der geringe Anteil von Anbrüchen (<5 %) in der Gruppe „steiniger Hangschutt" zeigt die Bedeutung des Feinerdebereiches (Korndurchmesser < 2 mm) bzw. des Schluffanteiles (<0,06 mm) für die Entstehung von Hangbewegungen in der Überlagerung.

Die Mächtigkeit einer autochthonen bis parautochthonen Überlagerung ist im Wesentlichen eine Funktion der lithologischen Natur des Ausgangsgesteins, des Klimas und der Hangneigung. An den jugendlichen alpinen Talflanken ist die Mächtigkeit der Überlagerung gering. Die angetroffenen Mächtigkeiten übersteigen an steileren Hängen (30°) selten 2–3 m. Überdies weisen die zumeist im Längsprofil gestuften Hangprofile starke Mächtigkeitsschwankungen auf.

Die analysierten Hangbewegungen anlässlich des Niederschlagsereignisses 1966 im Bereich des Eggenbaches zeigen ein deutliches Maximum bei 1–2 m; dagegen weisen die betroffenen Hänge anlässlich des Ereignisses im Frühjahr 1975 wesentlich größere Hangschuttmächtigkeiten auf (Maximum bei 2–5 m, Abb. 7.8). Die geringen Mächtigkeiten sind im Bereich des obersten Lesachtales im Wesentlichen auf größere Hangneigungen zurückzuführen.

Bodenmechanische Kennziffern

Zur Beurteilung der mechanischen und hydraulischen Eigenschaften eines Lockergesteines können für eine erste Einstufung die Kornverteilung und die sich daraus ergebenden Parameter herangezogen werden. Die Korngrößenverteilung innerhalb der einzelnen Proben differiert nur unerheblich. Die Durchschnittswerte innerhalb der 24 Proben in den einzelnen Kornfraktionen betrugen 4 %, Steine (>60 mm), 34 % Kies (60–2,0 mm), 38 % Sand (2,0–0,06 mm), 22 % Schluff (0,06–0,002 mm) und 2 % Ton (<0,002 mm).

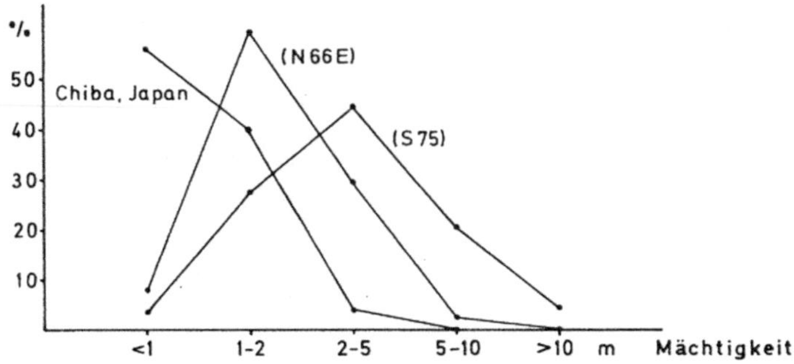

Abb. 7.8 Mächtigkeit der Überlagerung in den untersuchten Anbruchsgebieten; Niederschlagsereignisse November 1966, April 1975, MOSER (1980)

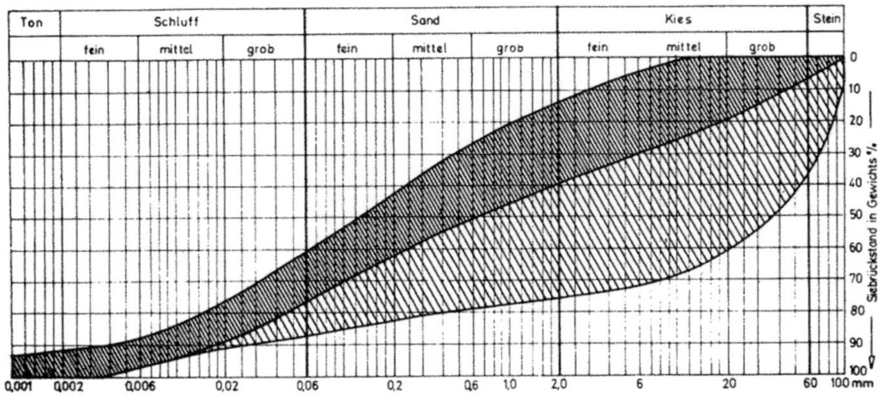

Abb. 7.9 Kornverteilung von Hang- und Verwitterungsschuttdecken kristalliner Schiefer; Bereich verstärkter Anbruchsbildung mit der Bildung von flachgründigen Hangbewegungen eng schraffiert; Niederschlagsereignis April 1975, MOSER (1980)

Das Feld, das von den Körnungskurven eingenommen wird, kann deutlich in zwei Bereiche unterteilt werden (Abb. 7.9):

- einen schmalen, nur geringe Unterschiede aufweisenden, sehr stark besetzten Bereich. Dies sind im Wesentlichen lehmig-sandige Hangschuttdecken, die nach der DIN 4022 als stark schluffiger, schwach kiesiger Sand bis schluffig sandiger Kies bezeichnet werden können.
- einen wesentlich breiteren nicht sehr stark besetzten Bereich, dessen größten Anteil die Kiesfraktion einnimmt. Die Schluffanteile sind nur gering. Es handelt sich hier um stark umgelagerte Hangschuttdecken mit z. T. groben Geröllen, die von verschwemmten fluvioglazialen Terrassensedimenten herrühren.

Durch die Mischung des lehmig-sandigen Hang- und Verwitterungsschuttmaterials mit Wildbachschutt und verschwemmten groben Terrassenschottern können sehr häufig Blöcke von 30–50 cm Kantenlänge in der lehmig-sandigen Matrix beobachtet werden. Nach den Aufnahmen dürfte aber ein hoher Grobkornanteil, sofern die groben Blöcke im schluffig-sandigen Bodenanteil schwimmen und kein Stützgerüst aufbauen können, nicht zu einer erhöhten Bodenstabilität beitragen. Besonders bei Starkniederschlägen kann es bei einem hohen Steinanteil zu einem leichteren Eindringen des Wassers und zu einer Durchfeuchtung des bindigen Anteils kommen. Aus der Kornverteilung lassen sich u. a. weitere für die geotechnische Beurteilung wichtige Parameter ablesen:

- Ungleichförmigkeitsgrad U (großer Ungleichförmigkeitsgrad 60–210 bzw. bei Böden mit erheblichem Steinanteil bis zu 8000).
- Durchlässigkeit k (Durchlässigkeitsbeiwerte 10^{-4} bis 10^{-5} cm/s).

Wie aus den weiteren bodenphysikalischen Kennwerten (Fließgrenze, Ausrollgrenze, Zustandszahl usw.) hervorgeht, die zur Zeit des Ereignisses gewonnen werden konnten, befand sich der Boden größtenteils in einem breiigen bis flüssigen Zustand (negative Zustandszahl w). Die starke Vermurung, die fast durchwegs unterhalb der Geländebrüche zu beobachten war, muss zum großen Teil auf eine völlige Verflüssigung mächtiger Bodenpartien zurückgeführt werden. Die geringen Plastizitätszahlen deuten darauf hin, dass der Boden sehr empfindlich gegen Wassergehaltsänderungen reagiert, da eine Vermehrung des Wassergehaltes um 3 bis 4 % eine Zustandsänderung vom halbfesten, plastischen in den breiigflüssigen Zustand mit sich bringt.

Für die schwach bindigen Böden wurden Reibungswinkel von 35–38° ermittelt (MOSER & HOHENSINN, 1983).

Niederschlagsereignis 1985 Voldertal-Inntal/Tirol

Der größte Teil des analysierten Bereiches wird von einer wechselnd mächtigen Verwitterungs- und Hangschuttdecke eingenommen. Geotechnisch ist das Substrat als schluffig-sandiger Kies bis sandig-kiesiger Schluff anzusprechen (Abb. 7.10). Bezüglich seiner Kohäsion liegt es als schwach bindiges bis rolliges Lockergestein mit langgestreckter Kornverteilung und großem Ungleichförmigkeitsgrad vor. Besonders auf den orographisch linken Einhängen stehen weit verbreitet fluvioglaziale Lockersedimente an, die z. T. als schluffig-feinsandige Stausedimente ausgebildet sind.

Niederschlagsereignis 1997 in Sachseln/Kanton Obwalden

Vorbemerkung

Für das Niederschlagsereignis 1997 konnte besonders RICKLI (2001) umfangreiche und detaillierte Untersuchungen hinsichtlich der geotechnischen Ausbildung der Lockergesteine vorlegen.

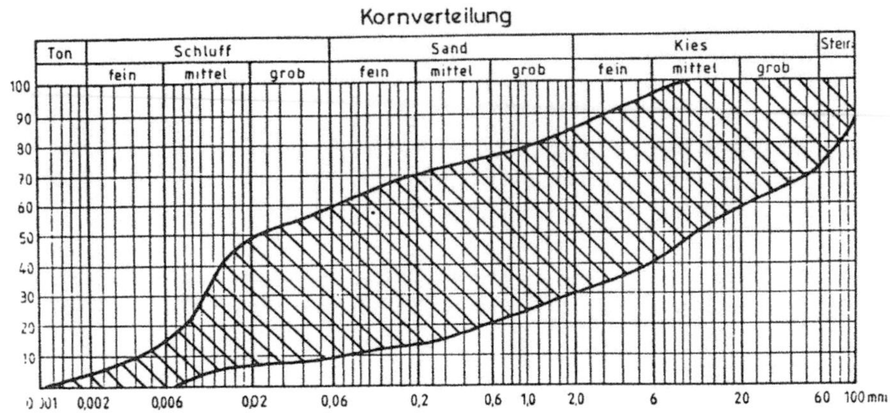

Abb. 7.10 Kornverteilung der Verwitterungs- und Hangschuttdecken der von Anbrüchen betroffenen Hangbereiche, MOSER & SCHOGER (1989)

Hinsichtlich der Beurteilung der Hanginstabilität wurden „Gehängeschutt" (vornehmlich Hangschutt), „Gehängelehm" (in situ Verwitterungsprodukte) und „Moränen" unterschieden.

Die Einordnung in die USCS-Klassifikation ergab folgende Kennzeichnungen (RICKLI, 2001:48):

- *„Gehängeschutt:* In 150 Rutschungen (61 %) wurde Gehängeschutt beobachtet. Dies sind tonig-siltige Kiese mit großem Feinanteil, teilweise mit Steinen und Blöcken, jedoch stets mit einem geringen Anteil von Grob- und Mittelsand (nach USCS-Klassifikation meist GM-GC; vgl. VSS 1959, 1993). Sie entstanden aus der Verwitterung von tonhaltigen bis sandig-siltigen Gesteinen und gelangten in der Regel durch Massenverlagerungsprozesse in ihre heutige Lage (MURAWSKI, 1992; SCHINDLER & NIEVERGELT, 1990). Die Probe 605,01 in Abb. 7.11 wird dieser Lockergesteinsart zugeordnet.
- *Gehängelehm:* In 52 Rutschungen (21 %) wurde Gehängelehm beobachtet. Beim Gehängelehm fehlen, verglichen mit dem Gehängeschutt, die groben Gesteinskomponenten und es handelt sich um tonige Silte (nach USCS-Klassifikation meist CL-ML). In Abb. 7.11 zeichnen sie sich durch die hohen Ton- und Siltgehalte aus (Proben 605,04a und 609,09; 0,5–0,7),
- *Moränenmaterial:* In 36 Rutschungen (15 %) wurde Moränenmaterial beobachtet. Dies sind siltige Kiese mit einem, verglichen mit dem Gehängeschutt, geringeren Feinanteil, dafür aber stets mit einem deutlichen Sandgehalt, sowie Steinen und teilweise Blöcken. In den meisten Fällen handelt es sich um vermutlich umgelagerte, wahrscheinlich durch Überlagerung mit Gehängeschutt oder -lehm leicht gepresste Moräne (nach USCS-Klassifikation meist GM-GC bis GM-ML, Proben Nr. 609,09; 0,9–1,0). Teilweise kam es auch zu stärkerer, fluviatiler Umlagerung, wobei die Feinanteile (Ton, Silt) ausgewaschen wurden

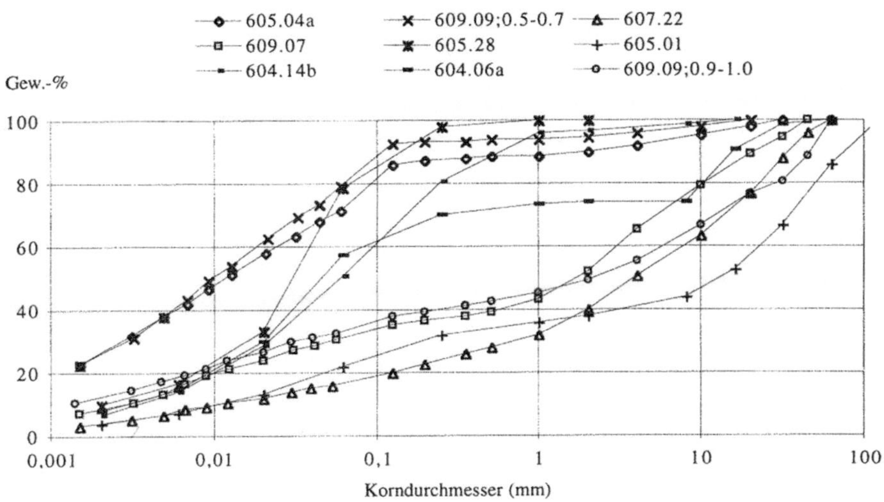

Abb. 7.11 Siebanalyse von neun Lockergesteinsproben aus dem Untersuchungsgebiet. Fraktionsgrenzen: Ton: <0,002 bis 0,06 mm, Sand: 0,06 bis 2,0 mm, Kies: 2 bis 60 mm, Steine und Blöcke: >60 mm, RICKLI (2001)

> (Probe 607,22 in Abb. 7.11). Deshalb wird zwischen (nicht umgelagerter) Moräne und verschwemmter Moräne unterschieden. In den meisten Fällen ist das Moränenmaterial von Gehängeschutt oder Gehängelehm überdeckt.“

Wie die Kornverteilungskurven zeigen, werden hier wesentlich höhere Werte in der Ton- und Siltfraktion als bei kristallinen Schiefern erreicht. Dies ist auf die in situ Verwitterungsprodukte von Mergeln und Kalkmergeln zurückzuführen (Abb. 7.11).

Die mittlere Mächtigkeit der Lockergesteinsdecke liegt bei Hangneigungen von 28° bis 45° bei 0,5 bis 2 m.

Aufgrund der Einordnung in das USCS-Klassifikationssystem ergeben sich folgende Mittelwerte und obere Grenzwerte für den Reibungswinkel φ' (RICKLI, 2001) (Tab. 7.1):

Bei einer Vielzahl von Hangbewegungen diente die Grenze zwischen dem Locker- und Festgestein als Gleithorizont. Weiterhin konnte RICKLI (2001) auch dem Einfluss der Festgesteinsgeologie auf die Rutschungsaktivität näher eingehen.

Bei der komplexen Fragestellung kommt RICKLI (2001) zu dem Schluss, dass beim Unwetterereignis von Sachseln die Geologie die Häufigkeit von Rutschungen beeinflusst hat. Es wird besonders hingewiesen auf die Bildung einer Verwitterungsschicht mit ungünstigen destabilisierenden Eigenschaften bei mergeligen Gesteinen (s. Abb. 7.12). Weiterhin ergibt sich eine starke Rutschneigung bei hanggleich orientierten Schichtverbänden.

Tab. 7.1 Einordnung des Reibungswinkels φ′ in das USCS-Klassifikationssystem, nach RICKLI, (2001)

	Probennummer	Reibungswinkel φ′
Gehängelehm	605,04a	30/34°
Gehängeschutt	605,01	33/36°
Moräne	607,22	36/40°

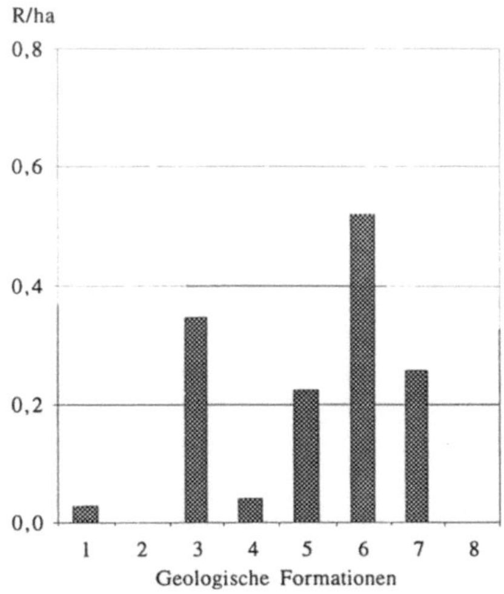

	Geologische Formation	Anzahl Rutschungen	Fläche (ha)	Neigung (°)
1	Wildflysch	1	35,3	32,7
2	Lithothamnien- & Nummuliten-kalke	0	0,3	26,5
3	Amdenermergel	34	98,1	32,3
4	Seewerkalke	1	25,1	38,8
5	Gault	19	85,0	37,4
6	Drusbergschich-ten und Schrat-tenkalk	190	364,6	37,6
7	Kieselkalk	35	136,4	35,5
8	Diphyoideskalk und -mergel	0	0,2	40,0
	Total bzw. Mittel	280	745,0	36,3

Abb. 7.12 Einfluss der Festgesteinsgeologie auf die Rutschaktivität (R/ha). Berücksichtigt sind nur Hangneigungen > 20°. Weitere Angaben: Anzahl Rutschungen, Fläche und durchschnittliche Hangneigung in den geologischen Formationen, RICKLI (2001)

Niederschlagsereignisse 1994–2001 Schwarzwald/Südwestdeutschland (Beispiel Oppenau)

Untergrundaufbau

Der geologische Aufbau des betroffenen Gebiets ist eigentlich untypisch für Rutschgebiete. Über einem Paragneis lagert entweder Verwitterungslehm oder Hangschutt mit einer Lockergesteinsmächtigkeit von höchstens 5 m.

Untergeordnet kommen auch Reste pleistozäner fluviatiler Terrassensedimente und in den höheren Lagen Verwitterungs- und Hangschutt des dort anstehenden Rotliegenden bzw. Buntsandsteins vor. Diese Bereiche sollen aber von der Betrachtung ausgenommen werden. Der größte Teil der beobachteten Hangbewegungen fand in der nur selten über 3 m mächtigen Lockergesteinsauflage der Renchgneise statt.

Der Bodenaufbau des Gneis-Verwitterungslehms beinhaltet 2 bis 3 voneinander unterscheidbare Horizonte. Über der Gesteinsverwitterungszone (c-Horizont des Bodens) folgt der im folgenden Kapitel bodenmechanisch beschriebene Verwitterungslehm. Zwischen diesem Lehmhorizont und dem Oberboden kommt bei mächtigeren Böden ein Übergangshorizont vor, der in seinen Eigenschaften zwischen beiden steht und normalerweise eine relativ scharfe Begrenzung nach unten zum Verwitterungslehm hin besitzt, jedoch vom Oberboden nicht scharf abgrenzbar ist. Bei geringmächtigen Bodenbildungen fällt dieser Übergangshorizont weg bzw. ist nur wenige Zentimeter mächtig. Der Mineralbestand der Verwitterungslehme besteht aus 50–70 % Quarz, 5–20 % Feldspäten und den Schichtsilikaten Illit/Muscovit, Kaolinit, Chlorit und Smektit. Der Oberboden ist ein Schluff mit hohen Gehalten an organischer Substanz.

Im Bereich steiler Hänge besteht die meist unter 2 m mächtige Lockergesteinsauflage häufig aus Hangschutt, über dem ein geringmächtiger Oberboden folgt.

Bodenmechanische Eigenschaften
Eine bodenmechanische Untersuchung der an den Hangbewegungen beteiligten Verwitterungslehm- und Hangschuttböden brachte folgende Ergebnisse: die Verwitterungslehme sind sandig-kiesig-tonige Schluffe mit mittlerer bis ausgeprägter Plastizität und Wasserdurchlässigkeitsbeiwerten im Bereich von 10^{-8} bis 10^{-9} m/s. Die ermittelten Bruchreibungswinkel liegen zwischen 33° und 36° bei Kohäsionen von 10–25 kN/m². Aus den bei trockenen und nassen Witterungen ermittelten Wassergehalten geht hervor, dass schon sehr geringe Niederschlagsmengen ausreichen, um den Boden oberflächlich in eine breiige Konsistenz zu überführen.

Der darüberliegende Übergangshorizont weist ähnliche bodenmechanische Eigenschaften auf, der Durchlässigkeitsbeiwert liegt aber mit 10^{-7} m/s und 10^{-8} m/s um eine Zehnerpotenz höher als bei den Verwitterungslehmen.

Die Hangschuttböden sind leicht tonige, kiesige Schluffsande bis leicht schluffige, sandige Kiese. Weitere Parameter (Plastizität, Scherparameter, Wasserdurchlässigkeit) wurden aufgrund der Grobkörnigkeit der Materialien nicht untersucht. Aufgrund der grobkörnigen Zusammensetzung kann jedoch von relativ hohen Wasserdurchlässigkeiten ausgegangen werden, die die Hangschuttbereiche anfällig machen für Strömungsdruck und Suffosion (näh. s. Abschn. 8.4).

Niederschlagsereignis Sept. 2002 in der Ostschweiz, Hangbewegung Hellbüchel AR
Das Starkregenereignis (ca. 170 mm in 24 h in der nahe gelegenen Station Eggen) erbrachte über hundert Rutschungen und Muren in der Ostschweiz.

Für die genaue Beurteilung des geologischen Aufbaus und weiterer geotechnischer Kennziffern von solchen größeren flachgründigen Lockergesteinsrutschungen soll die Rutschung Hellbüchel, Lutzenberg AR, Schweiz erwähnt werden (THURO et al., 2004). Die Hangbewegung mit einem Volumen von 2.500 m³ ereignete sich nachts ohne Vorwarnung um 3 h 30 am 01. September 2002, zerstörte ein Haus und verschüttete drei Menschen, die nur noch tot geborgen werden konnten (Abb. 7.13, Tab. 7.2).

Geologisch-geotechnische Verhältnisse
Durch Profilaufnahmen, Drainageschlitze und Schürfgruben (Abb. 7.14) konnte zum Aufbau der Lockergesteinsdecke und zur Lage des Gleithorizontes folgende Aussage getroffen werden (THURO et al., 2004; Abb. 7.15 und 7.16):

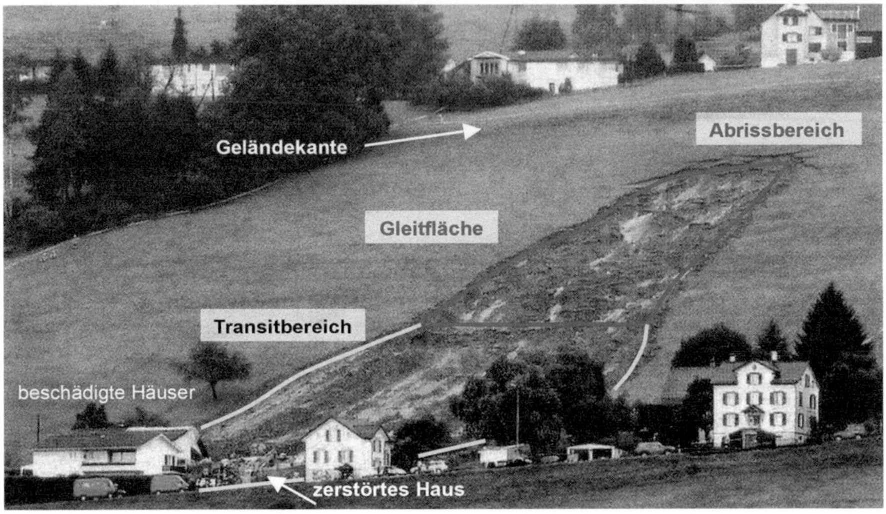

Abb. 7.13 Rutschung Hellbüchel, Lutzenberg. Lageplan und Situation am Morgen des Schadenereignisses am 1. September 2002 (Foto: Reuter), THURO et al. (2004)

Tab. 7.2 Wichtige Daten der Rutschung Hellbüchel, Lutzenberg, AR auf einen Blick, THURO et al. (2004)

CH Koordinaten	760 400/258 450	Ablagerungsbereich	3875 m^2
Länge total	185 m	Volumen	2500 m^3
Abrissbereich	75 m	Hangneigung	20–25°
Fahrböschung	110 m	Rutschmaterial	Verwitterungsmaterial mit Moräne und verwitterten Sandsteinen/Mergeln
Breite	35 m	Felsuntergrund	Sandstein- und Mergel-Wechselfolge der unteren Süßwasser Molasse
Tiefe	1–3 m	Geschwindigkeit	Sehr schnell (ca. 15–20 m/s)
Oberfläche	6500 m^2	Verluste	3 Tote
Abrissfläche	2625 m^2	Beschädigung	3 Häuser (1 vollständig, 2 teilweise)

- Die im Abrissbereich und im mittleren Hangbereich ca. 1,0 bis 2,0 m mächtige Lockergesteinsdecke lässt sich in 5 Horizonte unterteilen.
- Insgesamt gesehen ist die Lockergesteinsdecke im Wesentlichen als toniger Silt mit verschiedenen Beimengungen (Kristallin-Gerölle, verwitterte Sandsteine) zu bezeichnen.

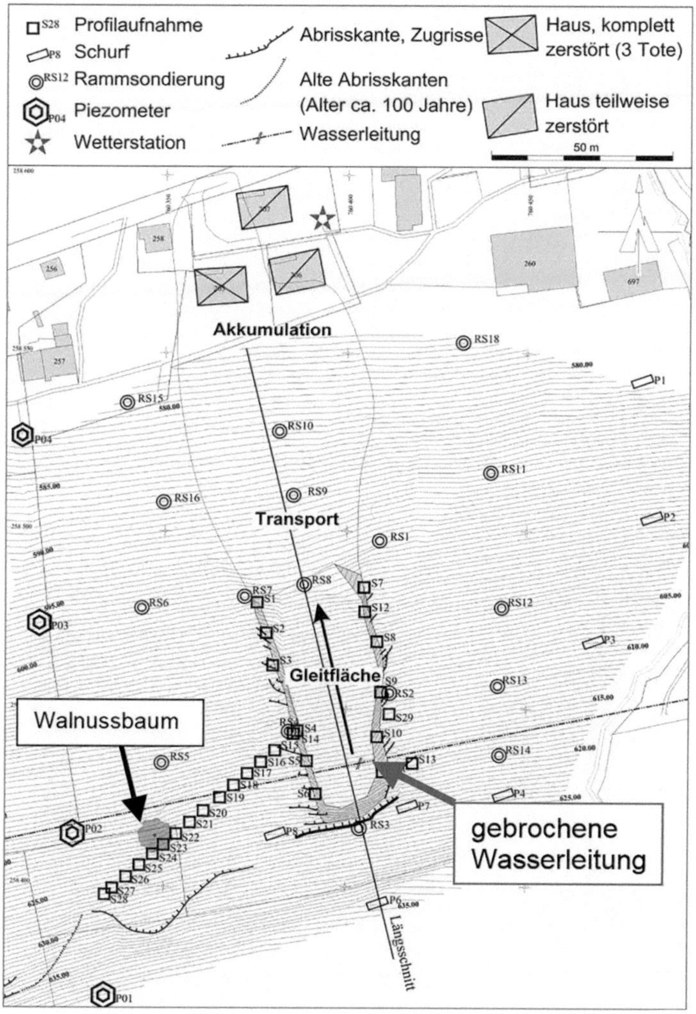

Abb. 7.14 Situationsplan 1: 500 der Rutschung mit weiteren Anrissen, THURO et al. (2004)

- Als Gleithorizont wurde der sog. S-Layer identifiziert, der als in situ- Verwitterungsbildung aus den Sandsteinen der unteren Süßwassermolasse anzusprechen ist. Nach der Korngröße ist diese 5–10 cm dünne Schicht als siltiger Sand bis sandiger Silt anzusprechen.
- Der Korngröße entsprechend weist der S-Layer eine auffällig hohe Wasserdurchlässigkeit auf.
- Durch Felsversuche in 2 Schürfgruben wurde für M/F/B-Layer der Reibungswinkel zu 29°, für den S-Layer zu 31/28° bestimmt.

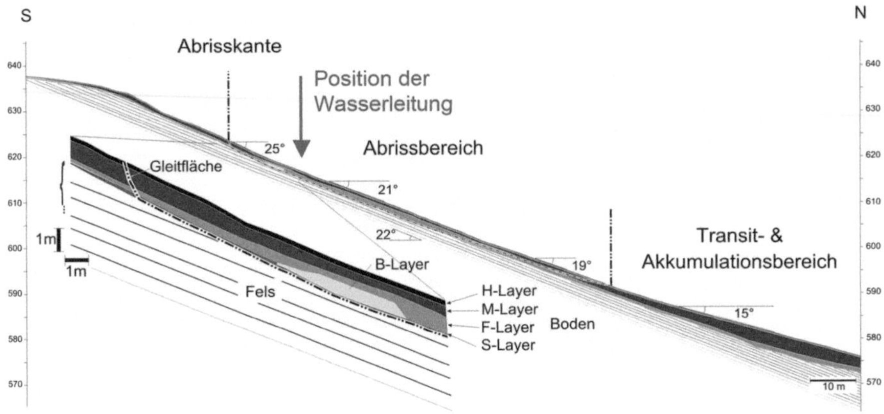

Abb. 7.15 Geologischer Längsschnitt durch die Rutschung Hellbüchel mit Detailprofil im Abrissbereich, THURO et al. (2004)

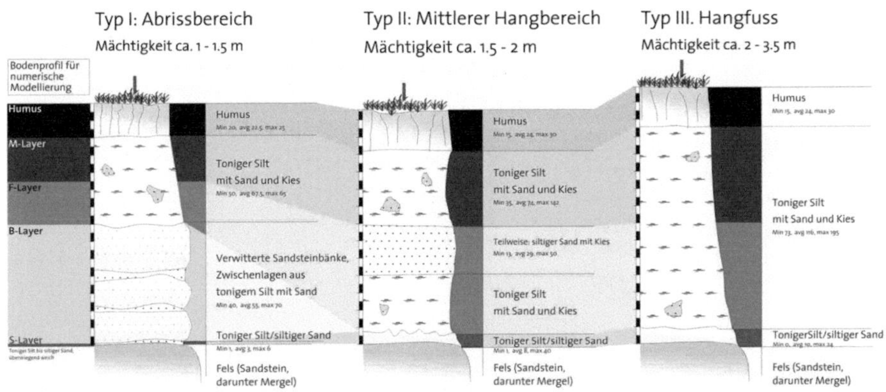

Abb. 7.16 Schematisierte Übersicht der wichtigsten Profiltypen, gegliedert nach Abrissbereich der Rutschung, Transitbereich/mittlerer Hangbereich und Ablagerungsbereich (Hangfuss) mit Mächtigkeitsangaben der Horizonte, THURO et al. (2004)

7.2 Hangneigung

Vorbemerkung

Die Schwierigkeit, besonders statistisch auswertbare Ergebnisse zu erhalten, dürfte wohl vornehmlich in zwei Gründen zu suchen sein:

- Die Hänge sind über Jahrzehnte bzw. sogar über Jahrhunderte stabil, d. h. sie weisen unter normalen hydrologischen Gegebenheiten Sicherheiten von teilweise erheblich >1 auf. Die internen oder externen Ursachen, die zu einem

Versagen des Hanges führen, treten relativ selten auf. Weiters sollte für statistische Zwecke das unmittelbar auslösende Moment genügend große Bereiche mit gleicher Stärke überdecken.

- Die Stabilität eines Hanges ist im Wesentlichen eine Funktion der Scherfestigkeit, d. h. der höchsten aufnehmbaren Schubspannungen und damit abhängig von den Stoffparametern φ (Winkel der inneren Reibung) und c (Kohäsion). Für die Überprüfung des Zusammenhanges zwischen Anbruchshäufigkeit und Hangneigung bedeutet dies, dass es nur sinnvoll ist, Materialien mit etwa gleichen Stoffparametern zu vergleichen.

Die hier vorgelegten Ergebnisse über den Zusammenhang zwischen Größe der Hangneigung und der Anbruchshäufigkeit erfüllen die oben genannten Voraussetzungen.

Die näher analysierten Ereignisse beziehen sich auf die Niederschlagsereignisse in Oberkärnten 1966 und 1975, im Voldertal-Inntal/Tirol 1985, in Sachseln/Kanton Obwalden 1997, im Schwarzwald/Südwestdeutschland 1994–2001 und in der Schweiz 2002–2005. Eingearbeitet wurden auch z. B. statistisch auswertbare Ereignisse in Italien (z. B. ALEOTTI et al. 1996, POLLONI et al. 1991).

Die Niederschlagsereignisse 1966 und 1975 in Oberkärnten

Die analysierten Hangbewegungen anlässlich der Schneeschmelze 1975 (S. 75) zeigen ein deutliches Maximum in der Klasse 35 bis 40° mit über 30 % relativer Häufigkeit (Abb. 7.17). Der Mittelwert beträgt $\bar{\mathbf{x}} = 34{,}75°$, die Standardabweichung $s = 5{,}89°$, die Schiefe der Verteilung $\beta = -0{,}5$.

Unterhalb der Klasse 20 bis 25° und oberhalb der Klasse 45 bis 50° konnten keine nennenswerten Hangbewegungen beobachtet werden.

Auch für das Niederschlagsereignis 1966 (im Bereich des Tiroler Lesachtales, N 66 E) kann angenähert eine Normalverteilung mit der relativen Häufigkeit von knapp über 40 % in der Klasse 40 bis 45° angenommen werden. (Mittelwert $= 39{,}1°$, Standardabweichung $= 6{,}4°$, Schiefe der Verteilung $= -0{,}5$). Die stärkere Häufung in der Klasse 40 bis 45° dürfte mit einer stärkeren Häufigkeit von steileren Hangwinkeln in diesem Bereich zusammenfallen.

Das Niederschlagsereignis 1985 im Voldertal-Inntal/Tirol

Die Abb. 7.18 zeigt die Häufigkeitsverteilung der Anbrüche in den einzelnen Hangneigungsklassen ohne Berücksichtigung der flächenmäßigen Verteilung der Hangneigungsklassen.

- Das Maximum liegt eindeutig mit ca. 38 % in der Klasse 31–35°.
- <21° konnten keine Hangbewegungen beobachtet werden, ebenso ist die Beteiligung >50° sehr gering.

Berücksichtigt man die Verteilung der einzelnen Hangneigungsklassen im Untersuchungsgebiet (Abb. 7.19), so erhält man eine etwas andere Häufigkeitsverteilung der Anbrüche (Abb. 7.20). Hanganbrüche > 36° werden bei gleicher Verteilung der

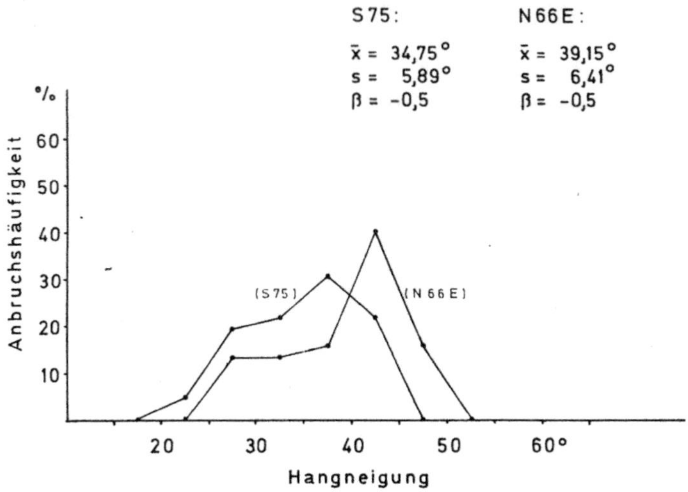

Abb. 7.17 Der Einfluss der Hangneigung der ursprünglichen Böschung auf die Anbruchshäufigkeit in Lockergesteinen; Niederschlagsereignisse November 1966, April 1975, MOSER (1980)

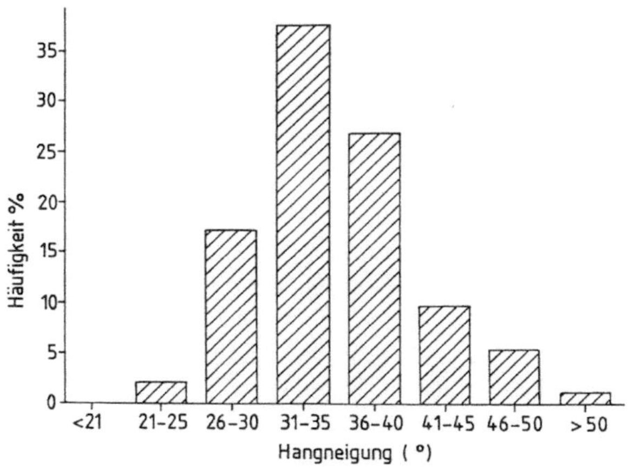

Abb. 7.18 Häufigkeitsverteilung der Anbrüche in den einzelnen Hangneigungsklassen, MOSER & SCHOGER (1989)

Hangneigungsklassen wesentlich stärker zu erwarten sein. Besonders macht sich der Unterschied in den Klassen 41–45° und 46–50° bemerkbar.

Das Niederschlagsereignis 1997 in Sachseln/Kanton Obwalden

Das Ergebnis der Analyse der evaluierten Neigungen der Rutschungsbereiche kommt in der Abb. 7.21 und Tab. 7.3 zur Darstellung. Insgesamt haben sich im Bereich zwischen 30° und 45° ca. 95 % der flachgründige Hangbewegungen

Abb. 7.19 Berücksichtigung der Verteilung der einzelnen Hangneigungsklassen, MOSER & SCHOGER (1989)

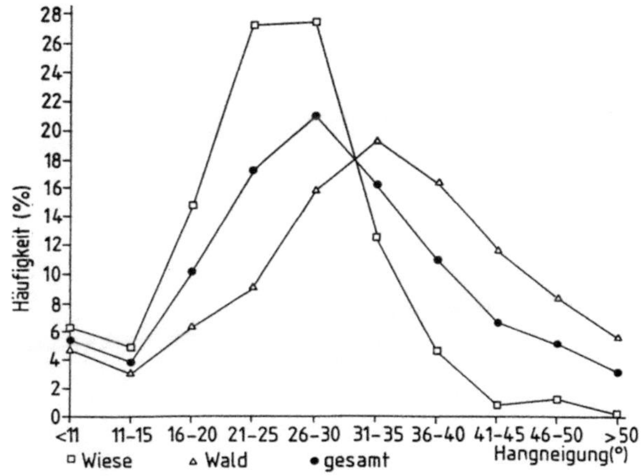

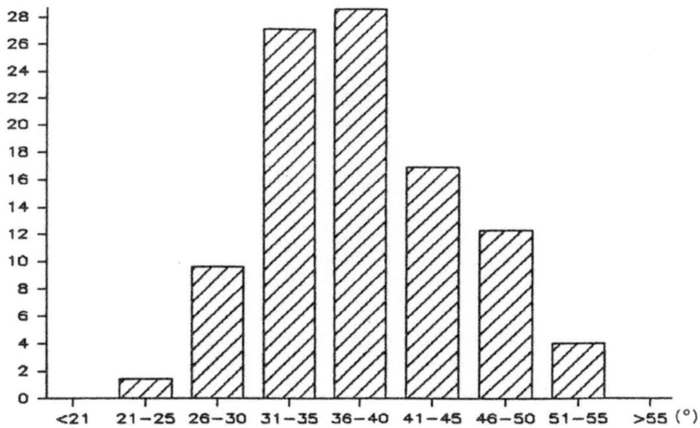

Abb. 7.20 Häufigkeitsverteilung der Anbrüche bei Berücksichtigung der einzelnen Hangneigungsklassen im Untersuchungsgebiet, MOSER & SCHOGER (1989)

losgelöst. Die Abbildung zeigt auch, dass dieser Hangneigungsbereich im Untersuchungsgebiet einen relativ hohen Flächenanteil besitzt, der sich aber nicht entscheidend auf die Rutschaktivität auswirkte.

RICKLI et al. (2002) haben nach der Niederschlagskatastrophe 1997 in Sachseln die zentrale Bedeutung der Hangneigung hervorgehoben und die Ergebnisse nach Wald und Freiland aufgeschlüsselt. Diese sind in den Abb. 7.22 und 7.23 dargestellt:

- Die Hangbewegungen entstanden von 28° bis 45° wobei die Hangneigungen zwischen 34° und 41° überdurchschnittlich stark von Hangbewegungen betroffen waren.
- Die Rutschaktivität liegt im Freiland bis zu einer Hangneigung von 39° über jener im Wald.

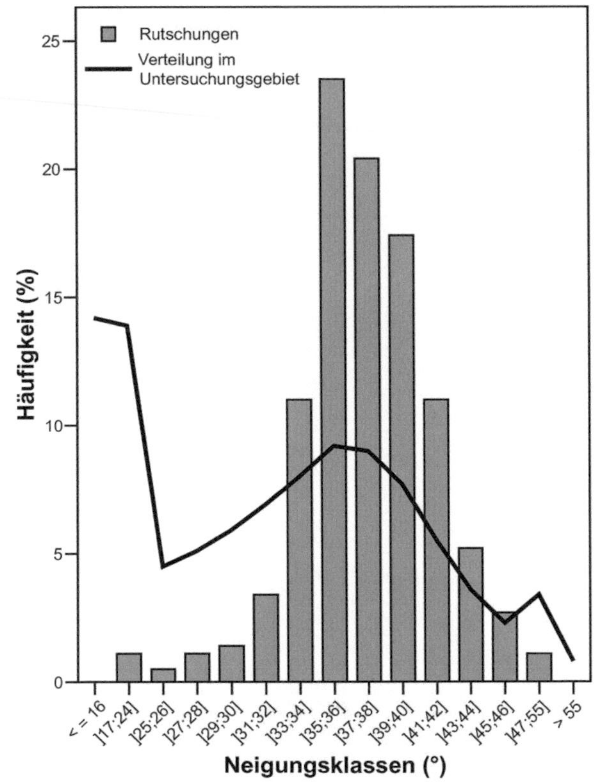

Abb. 7.21 Häufigkeitsverteilung der Rutschungen pro Hangneigungsklasse, HAMBERGER (2007)

- In sehr steilen Gebieten > 40° unterscheidet sich die Waldwirkung nicht mehr von der Vegetationswirkung im Freiland.
- Unter Berücksichtigung der Neigungsverhältnisse sind die Rutschungsvolumina im Wald größer als im Freiland.
- In flacheren Gebieten < 35° sind signifikant größere Rutschungen entstanden als in steilen Hanglagen mit > 39°.

Niederschlagsereignisse 1994–2001 im Schwarzwald/Südwestdeutschland
Die meisten Hangbewegungen (49 %) traten an Hängen mit Neigungen von 30–35° auf (Abb. 7.24). Große Rotationsrutschungen ereigneten sich meist an Hängen mit wenig mehr als 20° Hangneigung, an Hängen unter 20° Neigung wurden keine Massenbewegungen mehr festgestellt.

Niederschlagsereignisse 2002–2005 in der Schweiz
Für die Niederschlagsereignisse 2002–2005 konnten RICKLI & GRAF (2009) detaillierte Ergebnisse hinsichtlich der Hangneigung für 6 Studiengebiete vorlegen.

Tab. 7.3 Einfluss der Hangneigung auf die Rutschaktivität (* die Flächengrößen stellen die in die Ebene projizierte Werte dar), HAMBERGER (2007)

Hangneigung (°)	Fläche (ha)*	Anzahl Rutschungen	Rutschungen/ha
<17	356	0	0,00
17–24	348	6	0,02
25–26	112	3	0,03
27–28	128	6	0,05
29–30	149	8	0,05
31–32	173	19	0,11
33–34	201	61	0,30
35–36	232	130	0,56
37–38	225	113	0,50
39–40	192	96	0,50
41–42	139	61	0,44
43–44	91	29	0,32
45–46	58	15	0,26
47–55	86	6	0,07
>55	19	0	0,00
Σ bzw. Mittel	2510	553	0,21

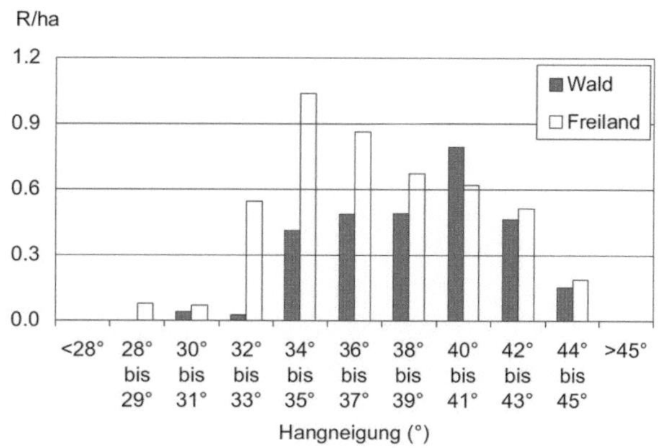

Abb. 7.22 Einfluss der Hangneigung (°) auf die Rutschaktivität (R/ha), unterschieden nach Wald und Freiland, RICKLI et al. (2002)

Wie aus der Tab. 5.1, Abschn. 5.4 und der Abb. 7.25 zu entnehmen ist, schwanken die Neigungen der betroffenen Hangbereiche zwischen 19° und 50°, wobei 25–45° vorherrschend sind. Hanganbrüche in Waldgebieten weisen in 5 von 6 Studiengebieten größere Hangneigungen auf.

Von weiteren Untersuchungen über Beziehungen der Hangneigung zum Entstehen von flachgründigen Hangbewegungen seien u. a. erwähnt (oft ohne detaillierte Analyse):

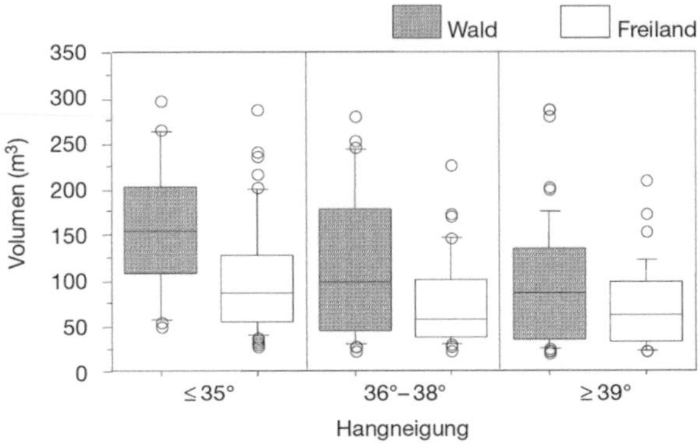

Abb. 7.23 Einfluss der Hangneigung und der Vegetation auf das Rutschvolumen (für Rutschungen ≥ 20 m^3 und ≤ 300 m^3). Perzentildarstellung: Der untere Rand des Rechtecks bezeichnet das 25-, der obere das 75-Perzentil. Der horizontale Strich dazwischen markiert den Median. Die beiden Balken erweitern den Bereich bis zum 10- bzw. 90-Perzentil. Darüber hinausgehende Werte sind als Kreise eingezeichnet, RICKLI et al. (2002)

Abb. 7.24 Häufigkeit der Hangbewegungen in Abhängigkeit von der Hangneigung, ROHN & RUFF (2005)

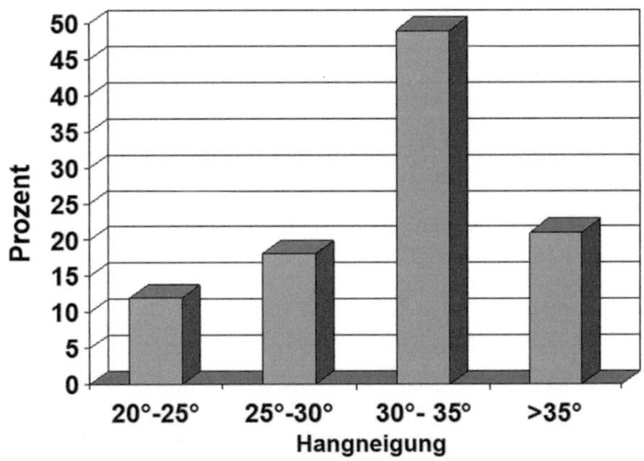

- ENGELEN (1967): Niederschlagsereignis August 1966 im Pustertal/Südtirol
  → Werte zwischen 30–45°
- RICE et al. (1969, 1971): Niederschlagsereignisse 1965 und 1966 in Südkalifornien
  → untere Grenze Ereignis 1966 bei 27°, untere Grenze Ereignis 1969 bei 36° bei mittleren Werten von 41°
- BEINSTEINER & MAYER (1971): Niederschlagsereignisse 1965 und 1966 in Osttirol
  → ausgeprägtes Maximum zwischen 35–45°
- GARNETT & HAROLD (1973) Niederschlagsereignis „Cammille“ in Virginia 1969
  → am häufigsten betroffene Hangwinkel 25–30°

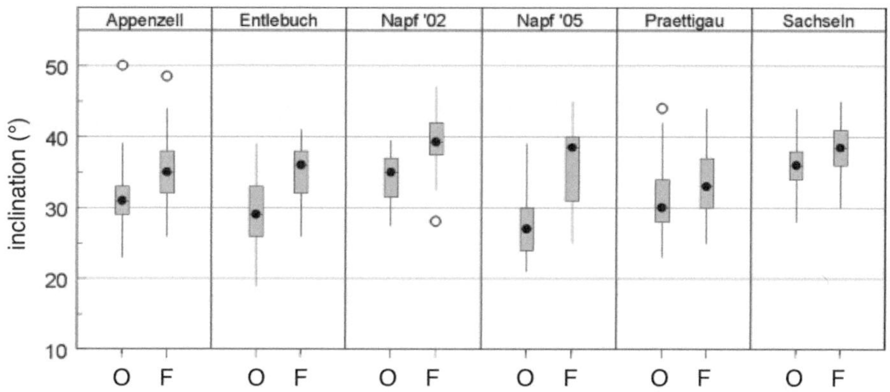

Abb. 7.25 Slope inclinations at the release zones of slides in open land (O) and forest (F) within the six study areas, RICKLI & GRAF (2009)

Diskussion
Wie LIENER et al. (1996) schon deutlich hingewiesen haben, kommt der Hangneigung im Zusammenhang mit den geotechnischen Parametern der Lockersteine bei der Prognose d. h. bei der Ausscheidung potenzieller Anbruchsgebiete eine zentrale Bedeutung zu. Für Mischböden ($\varphi'=30$–$35°$ $c'=0$) können folgende Ergebnisse hinsichtlich der Hangneigung vorgelegt werden (Abb. 7.26):

a) Unterer kritischer Hangneigungswinkel:
Es hat sich gezeigt, dass zur Erklärung des unteren kritischen Hangneigungswinkels das Modell eines unendlich langen Hanges mit ebener Gleitfläche verwendet werden kann, das schon von SKEMPTON & DELORY (1957) vorgeschlagen worden ist.

Für den allgemeinen Fall mit Reibung und Kohäsion des Materials und mit Hangwasserströmung parallel zur Hangoberfläche gilt

$$FS = \frac{c'}{\gamma_r * h * \sin\beta} + \frac{(\gamma_r - m * \gamma_w)}{\gamma_r} * \frac{\tan\varphi'}{\tan\beta}$$

FS	=	Sicherheit, c = Kohäsion,
φ'	=	Reibung,
β	=	Hangneigung,
γ_r	=	Raumgewicht des gesättigten Bodens,
γ_w	=	spezifisches Gewicht des Wassers,
h	=	Mächtigkeit der Lockerüberlagerung,
m	=	Mächtigkeit der gesättigten Schicht

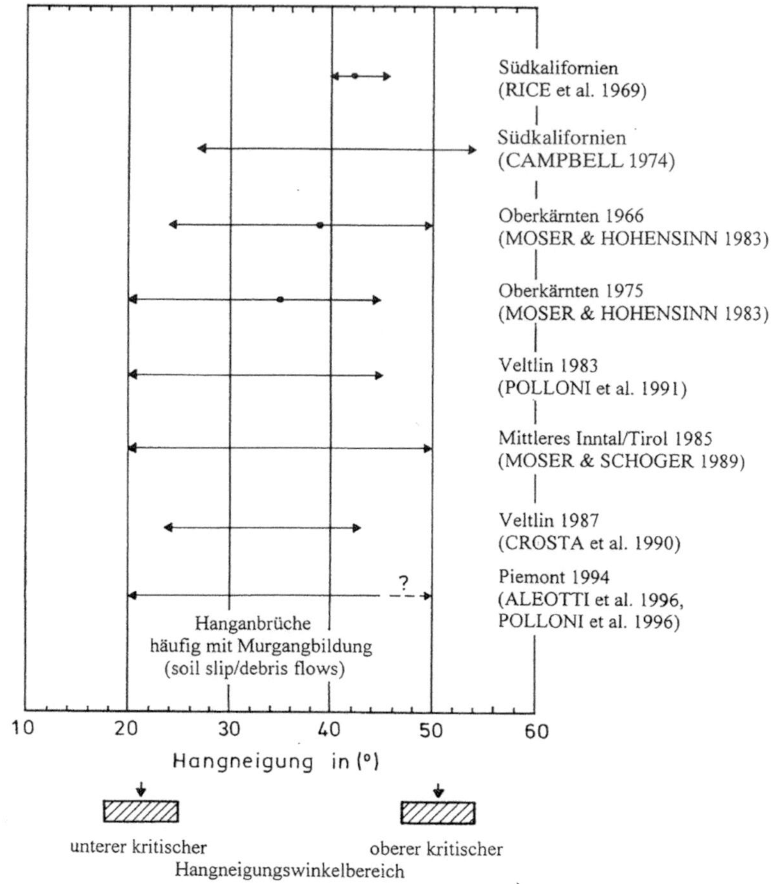

Abb. 7.26 Hangneigung und ihre Beziehung zur Entstehung von Hanganbrüchen in schwach bindigen bis rolligen Lockergesteinen; Pfeile bedeuten die Bandbreite, ausgefüllte Kreise die Mittelwerte der aufgetretenen Hanganbrüche, MOSER (1997)

Bei der Annahme $c' = 0$, Hangwasserspiegel an der Geländeoberfläche und $\gamma_r = 20$ KN/m^3 vereinfacht sich die Gleichung (näh. s. Abschn. 8.2).

$$FS = \frac{\tan \varphi'}{2 \tan \beta} \; oder \; \tan\beta = \frac{1}{2} \tan \varphi'$$

b) Oberer kritischer Hangneigungswinkel:
Ab etwa 50° Hangneigung ist keine durchgehende bzw. nur mehr eine sehr geringmächtige Lockergesteinsauflage durch die dauernden Denudationsprozesse vorhanden.

Insgesamt können aus den Untersuchungen hinsichtlich der Hangneigung folgende Schlüsse gezogen werden:

- Bei gemischtkörnigen Böden mit geringem Tongehalt liegt die stärkste Gefährdung bei 30–40°.
- Hangbereiche < 20° und >50° sind nur selten betroffen.

Überlegungen zur Wahrscheinlichkeit des Auftretens von Lockergesteinsrutschungen von Starkregenniederschlägen können auch näher präzisiert werden. Es ist zu ersehen, dass sich die Klassifizierungen von CAMPBELL (1974) anlässlich des Ereignisses im Januar 1969 in Santa Monica/Kalifornien und 1966 und 1975 in Kärnten nur graduell unterscheiden (MOSER,1986) (Abb. 7.27).

Auch die Aufnahmen von POLLONI et al. (1992) und ALEOTTI et al. (1996) können in das Klassifikationsschema eingeordnet werden.

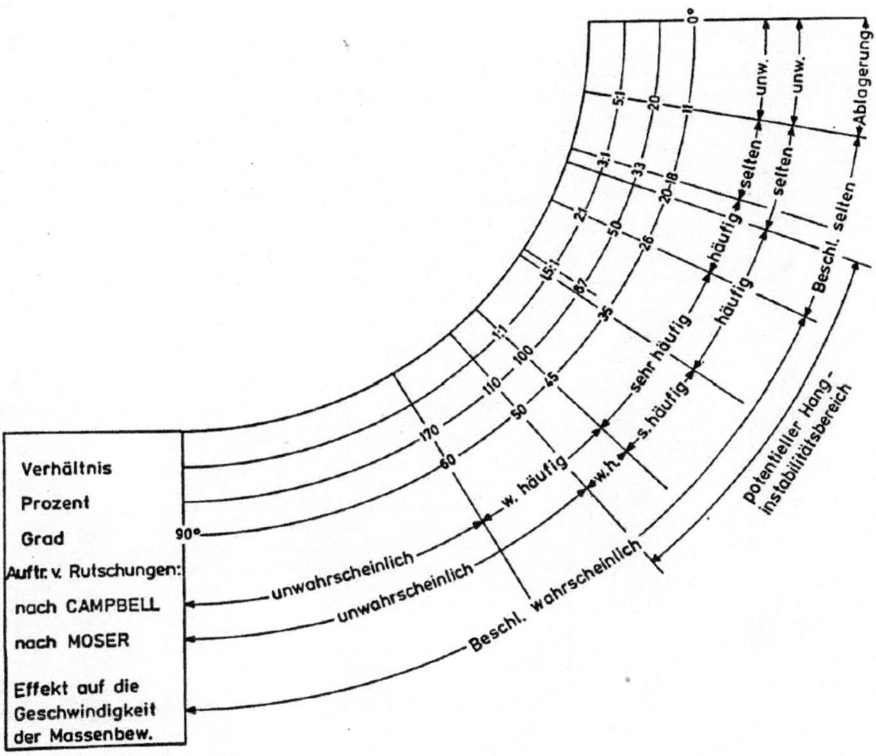

Abb. 7.27 Wahrscheinlichkeit des Auftretens von Hangbewegungen in der Überlagerung (Mischböden) an natürlichen Hängen. (Mod. n. R. H. CAMPBELL 1974, MOSER 1986)

LIENER et al. (1996) haben sich diese beiden wichtigsten Parameter – geotechnische Eigenschaften der Lockergesteine und Hangneigung – zu Nutze gemacht, um für verschiedene Lockergesteinstypen einfache Gefahrenhinweiskarten (EGHK) zu entwerfen. Aus ihnen kann entnommen werden, ab welcher Hangneigung für einen bestimmten Lockergesteinstyp unter Berücksichtigung eines bestimmten Wassersättigungsgrades flach- und mittelgründige Rutschungen einsetzen (näh. s. Abschn. 9.2).

7.3 Spezielle Hangmorphologie

Aufgrund der Analyse mehrerer Niederschlagsereignisse, die mit spontanen Hangbewegungen in den letzten Jahren verknüpft waren, begünstigen gewisse Hangformen das gehäufte Auftreten solchen Hangbewegungen.

Die Niederschlagsereignisse 1966 und 1975 in Oberkärnten
Die Hangbewegungen häufen sich bei beiden näher untersuchten Niederschlagsereignissen im Bereich von deutlich gegliederten Hangpartien. Über 55 % (S. 75) bzw. über 65 % (N 66 E) der Anbrüche ist an im Längsprofil gestufte Hangprofile gebunden. Beim Niederschlagsereignis 1975 fällt noch die starke Anbruchshäufigkeit mit ca. 25 % im Bereich von Hangmulden auf. Ungegliederte Hänge, Hangrippen und Hangrücken sind bei beiden Niederschlagsereignissen nur untergeordnet als direkter Ausgangspunkt von Hangbewegungen anzusehen (Abb. 7.28). Ein typisches Beispiel für die Entstehung einer flachgründigen Hangbewegung an einer Terrassenkante kann der Abb. 7.31 entnommen werden.

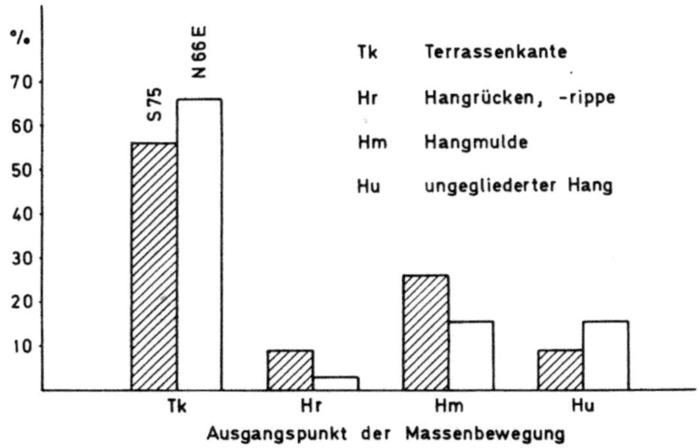

Abb. 7.28 Der Einfluss der Hanggliederung auf die Anbruchshäufigkeit in der Überlagerung; Niederschlagsereignisse November 1966, April 1975, MOSER (1980)

Aus der Abb. 7.29 ist zu ersehen, dass sich die entstandenen Anbrüche an Hangmulden und Terrassenkanten in ihren Abmessungen deutlich unterscheiden. Besonders werden in Hangmulden wesentlich größere Längen erreicht.

Die Vergrößerung der Abmessungen wirkt sich auch auf die Größe der Fläche aus. Während an Terrassenkanten Flächen in den Klassen 50–100 m^2 bzw. 100–200 m^2 vorherrschen (knapp 60 %), treten im Bereich von Hangmulden nur knapp 10 % innerhalb dieser beiden Gruppen auf, ein deutliches Maximum ist hier zwischen 300–400 m^2. Erkennbare Unterschiede ergeben sich auch bei der Betrachtung des T/L-Verhältnisses (Abb. 7.30). Die Klasse 0,05–0,1 ist bei Hangmulden mit knapp 65 %, dagegen bei Terrassenkanten nur mit 45 %, vertreten. Der Abfall der Kurve erfolgt dann für die Hangmulden sehr steil, sodass in der Klasse 0,1–0,2 nur mehr knapp 10 %, der Anbrüche sich befinden. Dagegen zeigt die Kurve für Terrassenkanten in der Klasse 0,1–0,2 noch ca. knapp 35 %. Ein Verhältnis > 0,2 weisen nur noch Anbrüche an Terrassenkanten auf (15 %). Es ist ersichtlich, dass die Morphologie eines Hanges sehr stark die Geometrie einer Massenbewegung beeinflusst. An Terrassenkanten ergeben sich vorwiegend in der Längserstreckung gedrungene Formen, die wesentlich tiefer in den Hangkörper

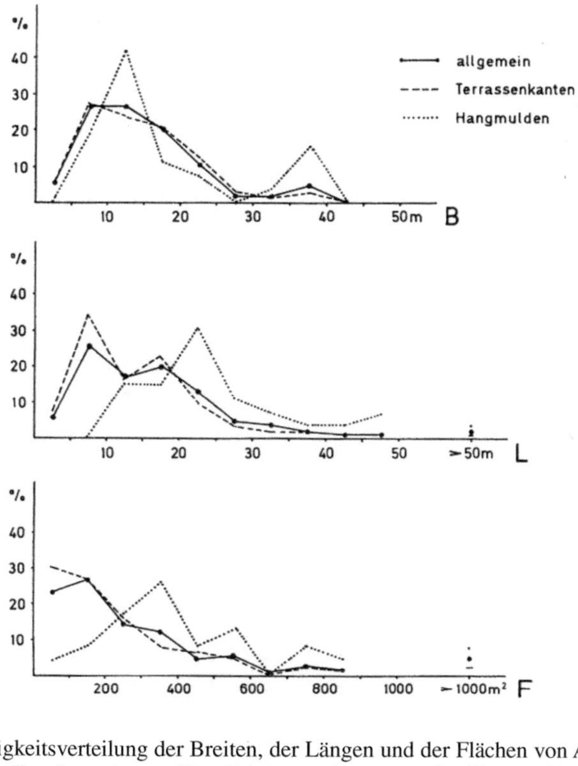

Abb. 7.29 Häufigkeitsverteilung der Breiten, der Längen und der Flächen von Anbrüchen in der Überlagerung an allen betrachteten Hangformen und getrennt für Hangmulden und Terrassenkanten; Niederschlagsereignis April 1975, MOSER (1980)

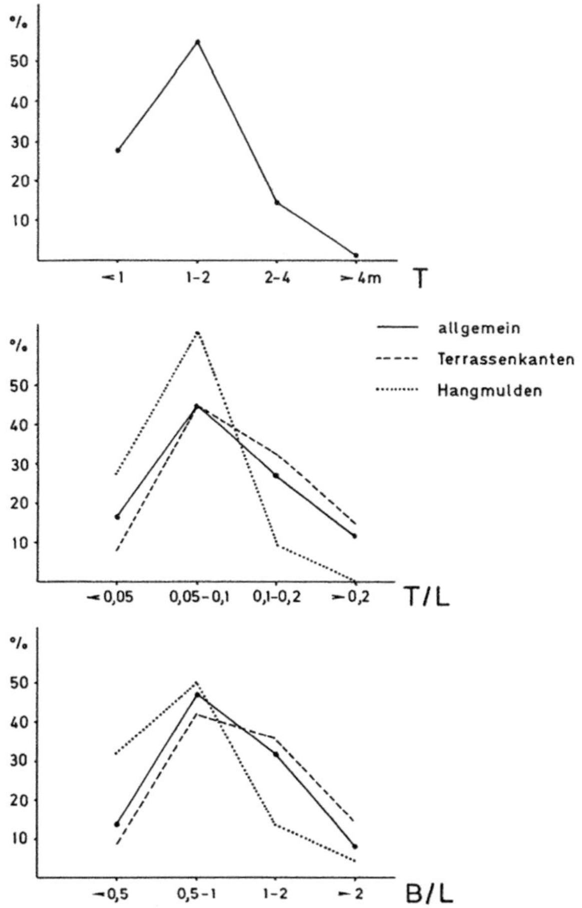

Abb. 7.30 Häufigkeitsverteilung der Tiefen, der T/L- und der B/L-Verhältnisse von Anbrüchen in der Überlagerung an allen betrachteten Hangformen und getrennt für Hangmulden und Terrassenkanten; Niederschlagsereignis April 1975, MOSER (1980)

eingreifen. An Hangmulden herrschen dagegen elongierte, seichtschalige Formen vor (Abb. 7.31).

Das Niederschlagsereignis 1985 im Vordertal-Inntal/Tirol

Auch hier wird Größe, Form und Art der Hangbewegungen sehr stark von der speziellen morphologischen Gestaltung der Hangbereiche. geprägt. Die Gesamtheit der morphologischen Einflussnahme auf die Anbruchshäufigkeit kann aus der Abb. 7.32 Säule I entnommen werden:

Abb. 7.31 Ausgangspunkt zahlreicher Massenbewegungen (55 % S. 75, 65 % N66E) waren Terrassenkanten innerhalb gestufter Hangprofile. Kremsgraben, Liesertal 1150 m ü. A.; Niederschlagsereignis 1975

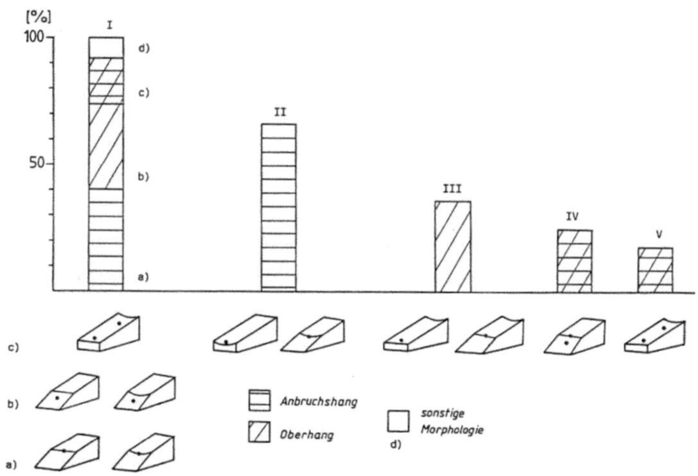

Abb. 7.32 Beteiligung der einzelnen morphologischen Ausbildungsformen am Anbruchsgeschehen (Häufigkeit), MOSER & SCHOGER (1989)

- An Hangkanten und -stufen war eine auffallende Häufigkeit von Hangbewegungen zu registrieren (75 % I a+b), bei denen z. T. aber auch Muldenzonen mitbeteiligt waren.
- Ca. 40 % der Anbrüche fanden an Hangkanten und -stufen statt, 35 % der Anbrüche, die in Bezug zu konvexen Hangneigungswechseln stehen, sind in Entfernung um 5–25 m unterhalb dieser zur Ausbildung gekommen (I b).
- Die restlichen Anbrüche (25 %) sind entweder in Mulden angebrochen oder durch muldenförmige Oberhänge gekennzeichnet (I c).
- Nur ca. 8 % der Hangbewegungen fanden auf ungegliederten Hängen statt (I d).

Für die weiteren Gegebenheiten lassen sich aus Säule II bis Säule V folgende Beziehungen ableiten:

- 65 % der Bewegungen fanden in Muldenzonen statt, z. T. auch mit zusätzlicher Anwesenheit von konvexen Hangneigungswechseln (II).
- Ca. 37 % der Anbrüche waren durch muldenförmige Oberhänge gekennzeichnet (III).
- Anbrüche, die ausschließlich an Hangkanten und -stufen gebunden sind (ohne Beteiligung von Mulden), machen ungefähr ¼ der genauer analysierten Anbrüche aus (IV)
- knapp 20 % liegen ausschließlich in oder unterhalb von Mulden (V).

Das Niederschlagsereignis 1997 in Sachseln/Kanton Obwalden
In den Erhebungen von HAMBERGER (2007) und von RICKLI (2001) wurde die spezielle Hangmorphologie sehr detailliert aufgenommen. Bei den Aufnahmen in den Sachsler Bergen durch das Tea*m von RICKLI (WSL) wurden insgesamt neun Formen unterschieden. Diese kommen in der Abb. 7.33 als Blockbildskizzen zur Darstellung. Bei den Evaluationen im nördlichen und südlichen Melchtal im Rahmen der beiden Diplomarbeiten des Lehrstuhls für Angewandte Geologie der Friedrich-Alexander-Universität Erlangen wurden neben den sieben Geländeformen – in der Abb. 7.33 als Text neben den Blockbildskizzen aufgeführt – auch Rutschungen an künstlichen Böschungen sowie an Uferböschungen evaluiert. Danach fand eine Generalisierung der unterschiedlich erhobenen Hangformen statt. In der Tab. 7.4 wird die Auswertung de*r Hangmorphologie des gesamten Gebietes wiedergegeben. Sie zeigt, inwieweit sich Rutschungen an Hängen mit einer speziellen Morphologie entwickelten. Zu 41 % wiesen die Hänge keine besonderen Formen auf, wohingegen ca. 21 % der Rutschungen in Muldenzonen und ca. 15 % an oder unterhalb von Hangkanten ausgelöst wurden. Die hohe Anzahl von Rutschungen, die an Hangrücken oder Hangrippen entstanden sind, ist verwunderlich, da in solchen Hangbereichen bei Starkniederschlägen sowohl ein geringerer Oberflächenabfluss als auch ein geringerer Interflow erfolgt. Eine Erklärung könnte

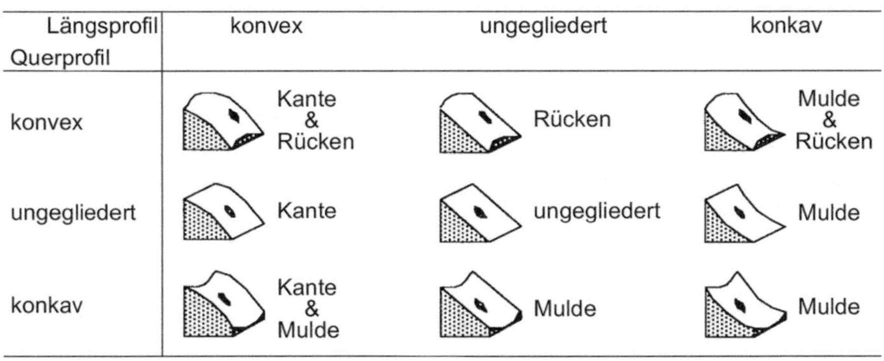

Abb. 7.33 Evaluierte Geländeformen im Bereich der Rutschungen. Zur Klassifizierung wurden im Rahmen der Aufnahmen der WSL die neun Blockbildskizzen in den Sachsler Bergen, im Rahmen der Diplomarbeiten im Melchtal die sieben Klassen (Text neben Blockbildern) verwendet, HAMBERGER (2007)

Tab. 7.4 Zusammenhang zwischen der Hangform im Rutschungsbereich und dem Auftreten von Rutschungen, HAMBERGER (2007)

Hangform	Anzahl Rutschungen
Kante	82
Kante & Mulde	21
Kante & Rücken	9
Mulde	113
Mulde & Rücken	3
Rücken	69
Künstliche Böschung	4
Uferböschung	20
Ungegliedert	226
Gesamt	547

allenfalls die Vollsättigung der Böden beim Starkniederschlagsereignis sein, die in weiten Teilen des Gebietes vermutet wird. Bei einer derartigen Annahme hätten die einzelnen Geländeformen keinen oder nur einen geringen Einfluss auf die Hangstabilität.

Die Lage der Rutschungen innerhalb des Anbruchshanges wurde lediglich bei den Aufnahmen in den Sachsler Bergen berücksichtigt. Die Untersuchungen von RICKLI (2001) haben ergeben, dass sich 78 % der flachgründigen Hangbewegungen im Bereich der Mittelhänge entwickelt haben. An Ober- und Unterhängen haben sich in etwa jeweils 11 % der Rutschungen ereignet. Aus dieser Feststellung kann gefolgert werden, dass morphologische Veränderungen in einen größeren und sehr dehnbaren Umfeld einen Einfluss auf das verstärkte Auftreten von Rutschungen besitzen.

Niederschlagsereignisse 1994–2001 im Schwarzwald/Südwestdeutschland (Beispiel Oppenau)

Auch hier konnten KÜHNLE & ROHN (1998) die Abhängigkeit der Hangbewegungen von der Morphologie bestätigen und in diesem Zusammenhang auf auslösende hydrologische Faktoren hinweisen. Der Hauptteil der Anbrüche ereignete sich an Hangkanten (51 %). Der Rest verteilt sich ungegliederte Hänge (27 %), auf Hangmulden (16 %) und Kanten in Mulden (6 %), zur morphologischen Position s. a. Tab. 6.4. Bei diesen flachgründigen Hangbewegungen dominierten kleinflächige Ereignisse. Dies konnte auch von BÜSCHELBERGER et al. (2020) bestätigt werden, die die Größen-Häufigkeitsverteilung von flachgründigen Hangbewegungen im Schwarzwald (Menzenschwander Tal) untersuchten und dabei feststellten, dass der überwiegende Teil der Massenbewegungen Flächen von unter 100 m^2 einnimmt.

Die Häufung der Rutschungen an Hangkanten ist durch eine Verringerung des Fließquerschnitts und eine damit verbundene Porenwasserdruckerhöhung zu erklären. Zusätzlich können noch hangauswärts gerichtete Strömungsdrücke auftreten. Hangmulden sind gefährdet, da sich hier das im Untergrund fließende

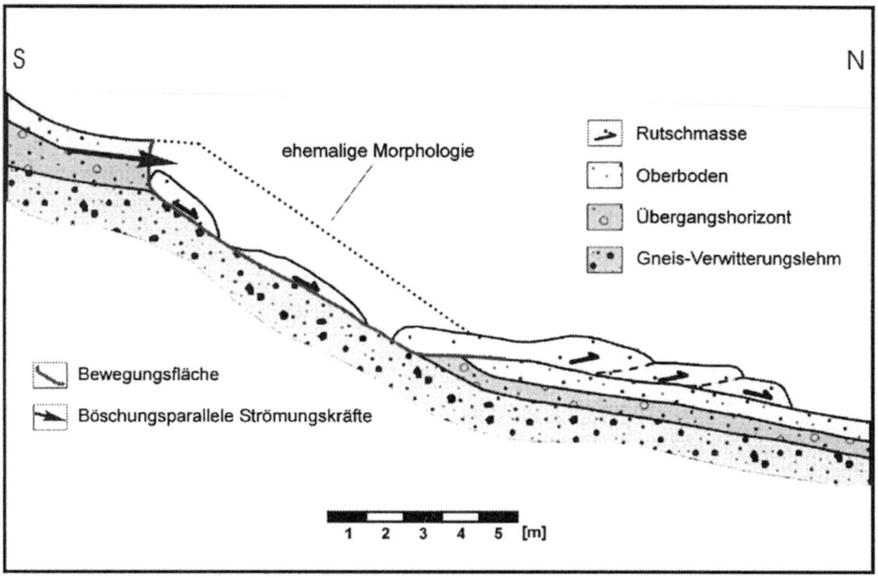

Abb. 7.34 Rutschung an einer Hangkante, ausgelöst durch hangauswärts gerichteten Strömungsdruck und Verringerung des Fließquerschnitts bei Birkhof, NW Oppenau, KÜHNLE & ROHN (1998)

Wasser sammelt und sich im talseitigen Abfluss der Mulde aufgrund der leicht abnehmenden Geländeneigung aufstaut (Abb. 7.34).

Obwohl an den Verwitterungslehmen und im Übergangsbereich zum Oberboden im Labormaßstab nur geringe Durchlässigkeiten (zwischen $k_f = 2{,}8 \times 10^{-7}$ m/s und 8×10^{-9} m/s) von KÜHNLE (1995) ermittelt wurden, erreichte das Niederschlagswasser ganz offensichtlich schon während des Starkregens das anstehende Grundgebirge. Dies wird durch Makroporen ermöglicht, (Grabgänge, Wurzelkanäle, Suffosionszonen etc.) in denen das Niederschlagswasser rasch in den Untergrund vordringen kann. AU und PANG (1993) ermittelten an von sekundären Hohlräumen („piping") durchzogenen Hängen lokale Durchlässigkeitsbeiwerte, die bei unter 2×10^{-1} m/s lagen. Dies zeigt den starken Einfluss solcher sekundärer Porensysteme auf die tatsächlichen Abflussverhältnisse und die Auslösung von Hangbewegungen. Der Hang wird sehr rasch entlang von bevorzugten Fließwegen (Makroporen) durchfeuchtet, was zu einer unerwartet raschen Wassersättigung des Bodens führt → Hangwasserexplosionen (s. Kommentar zu den Abb. 6.14 und Abb. 6.15, Abschn. 8.4).

Zusammenfassung und Diskussion zu Abschn. 7.3

Die Analyse der Niederschlagsanalyse zeigt, dass die spezielle Hangformung häufig einen Einfluss auf die Zahl aber auch auf die Geometrie der Hangbewegungen aufweist. Der Hauptteil der Anbrüche ereigneten sich an Hangkanten (z. B. Oberkärnten

1966 65 %, Oberkärnten 1975 55 %, Voldertal-Inntal/Tirol 1985 75 %, Oppenau/ Schwarzwald 1994 51 %).

An zweiter Stelle waren häufig Hangmulden als Entstehungsort anzusehen (z. B. Oberkärnten 1975 25 %).

Das im Bereich der flachen Hangstücke versickernde Wasser findet in der mit einer wesentlich geringeren Schuttdecke versehenen Steilstufe nicht mehr Platz; es entstehen Wasseraustrittsstellen mit kleinen Quellnischen, die schematisiert der Wirkung eines entfernten Keiles bei der Terrassierung eines Hanges in etwa vergleichbar sind. Diese Verminderung der Gegenbelastung, das heißt der Wegfall des passiven Erddruckes, wird den endgültigen Böschungsbruch herbeiführen.

Weiterhin zeigt die geringe Häufigkeit an ungegliederten Hängen bzw. auch an Hangrippen und an Hangrücken, dass die Art der Hangentwässerung von entscheidender Bedeutung ist. Bei ausgeglichenem Relief und damit gleichmäßiger Mächtigkeit der Überlagerung ist der Staueffekt geringer.

Bei Betrachtung der Abmessungen der Hangbewegungen für das Niederschlagsereignis 1975 in Oberkärnten ergeben sich signifikante Unterschiede für Hangmulden und Terrassenkanten. Sehr auffällig sind die Unterschiede in den auftretenden Längen. An Terrassenkanten sind Längen in der Klasse 5–10 m mit ca. 35 % die stärkste Gruppe, dagegen ergibt sich bei den Hangmulden ein ausgeprägtes Maximum erst in der Klasse 20–25 m und damit auch eine größere Fläche.

Bei den Breiten verschiebt sich das Maximum von der Klasse 5 bis 10 m bei Terrassenkanten zu 10–15 m bei Hangmulden. Auch der weitere Verlauf der Kurven zeigt deutliche Unterschiede in den Auswirkungen auf die aufgetretenen Breiten. In der Klasse 15–20 m sind Anbrüche an Terrassenkanten noch zu 22 %, dagegen in Hangmulden nur mehr mit 12 % vertreten. Dies äußert sich auch im B/L-Verhältnis. Ein Wert von 1–2 ist an Terrassenkanten zu etwa 35 %, dagegen an Hangmulden nur mehr mit knapp 15 % beteiligt.

7.4 Vegetation

Vorbemerkung

Forschungsergebnisse hinsichtlich des Entstehens von flachgründigen Hangbewegungen anlässlich von Starkniederschlägen mit quantitativem Inhalt für größere Bereiche liegen detailliert nur in einigen Gebieten vor.

Nach Hochwasserkatastrophen und Elementarereignissen melden sich immer wieder Stimmen, dass der Waldbestand gegenüber Freilandböden die besseren Voraussetzungen gegen Erosion, Geschiebeführung und Auslösungen von Hangbewegungen böte.

Schon STINY (1931) hebt den günstigen Einfluss des Waldes auf die Anzahl der Anbruchsflächen hervor. Anlässlich der Unwetterkatastrophe im Zillertal 1908 traten im Wald 10 größere Rutschungen auf, dagegen auf Freilandböden 71.

Auch die am 12. August 1959 in Oberösterreich in der Gebietsbauleitung Steyr aufgetretenen Geländebrüche zeigen die rutschungshemmende Wirkung des Waldes. Auf landwirtschaftlichem Gelände betrug die Anzahl der Anbrüche ca. 200, dagegen entstanden im Wald nur unbedeutende Anbruchsflächen.

Ebenso äußert sich TRICART (1961:584) äußert sich anlässlich des Starkregens im Juni 1957 im Bassin du Guil: „Immédiatement en dessous, s' observent, dans les patures des alpages très nombreux décollements localisés, en coup de cuillère. Ils sont particulièrement nombreux entre 2000 et 2200 m et affectent des terrains variés, mais plus particulièrement les schistes lustrés.".

ENGELEN (1967:145) kommt ohne quantitative Angaben für das Niederschlagsereignis im August 1966 im Bereich des oberen Pustertales zu dem Schluss: „A considerable part of the steep slopes is used for hay making and lacks the protection of a forest cover."

Die Auswertungen von WIECZOREK & SARMIENTO (1988) des Sturmereignisses von 1982 in der San Francisco Bay zeigten, dass Flächen außerhalb des Waldes wesentlich stärker von Rutschungen betroffen waren als Waldareale. Sie führen dies auf die von WALDRON & DAKESSIAN (1981) gewonnen Ergebnisse zum Einfluss der Wurzeln auf die rückhaltenden Scherkräfte im Lockermaterial zurück. Dabei wirken sich Wurzeln von Gräsern nur bis in Tiefen von ca. 30 cm positiv auf die Böschungsstabilität aus. Dagegen entwickeln Wurzeln von Bäumen und Sträuchern ihre maximalen Kräfte erst unterhalb von 30 cm.

Auch bei anderen quantitativ untersuchten Niederschlagsereignissen wird der günstige Einfluss des Waldes hervorgehoben. So berichtet SHENG (1966:69) bei der Untersuchung einiger Wildbacheinzugsgebiete in Taiwan: „In each watershed landslides occur mostly in the natural forest and secondarily in grasslands. It should be pointed out that, as compared with percent of landslide occurrence against the percent of land use area, the grasslands have greatest occurrence frequency than any other land uses in each watershed.".

Die hier vorgelegten detaillierten Untersuchungen für die näher analysierten Ereignisse zeigen aber, dass verallgemeinernde Aussagen über die Anfälligkeit einerseits des Waldes, andererseits der Freilandböden nicht sinnvoll sind und dass nur eine differenzierte Betrachtung den komplexen Verhältnissen gerecht wird. Die signifikanten Unterschiede können mit mechanischen und hydrologischen Aspekten hinsichtlich der betrachteten Vegetationstypen und dem Zustand der jeweiligen Vegetationstypen erklärt werden.

Niederschlagsereignisse 1966 und 1975 in Oberkärnten

Die Untersuchungen beschränken sich auf das zahlenmäßige Erfassen der anlässlich der Hochwasserkatastrophen 1966 und 1975 entstandenen Anbruchsflächen und -größe in Bezug auf die Pflanzendecke. Entsprechend dem Untersuchungszweck beschränkte sich die Ausscheidung auf nur wenige für die Anbruchsbildung wichtige Vegetationstypen. Es sollte dabei die vielfach geäußerte Meinung überprüft werden, dass Freilandböden wesentlich stärker anbruchsgefährdet sind als der Wald.

Ergebnisse 1966 im Lesachtal
Das für den Problemkreis untersuchte Gebiet umfasst eine Fläche von ca. 2450 ha. Zusammengefasst ergeben sich für Freilandböden und Wald folgende Anteile in %:

Wiesen, Äcker, Weide, Mähder, Lärchwiesen	36	%
Nadelwald, Laub-Nadel-Mischwald, Buschwerk	56	%
Ödland	5	%
Windbruch, Kahlschlag	3	%

Aus der Tab. 7.5 können folgende Ergebnisse entnommen werden:

- Die Häufigkeit des Auftretens von Anbruchsflächen innerhalb der Kategorie „Wiesen, Äcker usw." beträgt ca. 60 %, in der Kategorie „Nadelwald" usw. nur ca. 40 %, obwohl die Gesamtwaldfläche mit ca. 56 % erheblich über der Freilandfläche liegt.
- Die Anbruchsflächen der Kat. I (50–100 m^2 und kleiner) stellen absolut die größte Gruppe, dabei entfallen aber nur ca. 10 % in dieser Gruppe auf den Waldbestand. Hier ist natürlich zu bedenken, dass Anbruchsflächen der Kat. I im geschlossenen Waldbestand leichter zu übersehen sind; diese Zahl ist also sicher etwas zu nieder angesetzt.
- Die größte Anzahl von Anbruchsflächen im Waldbestand konnte in der Kategorie VI (2000–5000 m^2) beobachtet werden.

Tab. 7.5 Zahl und Größe der Anbruchsflächen im gesamten linksufrigen Untersuchungsgebiet. Anmerkung: Nicht berücksichtigt sind Anbruchsflächen, die durch den Güterwegebau entstanden sind, außerdem noch jene Anbruchsflächen der Weidegebiete. Die Zahlen beziehen sich vorwiegend auf Anbrüche in Lockergesteinen

Größe der Anbruchsfläche [m^2]		Zahl	
		Wiesen, Äcker, Weide, Mähder, Lärchwiesen	Nadelwald, Laub-Nadel-Mischwald, Buschwerk
50–100 u. kleiner	Kat. I	80–100	10
100–200	Kat. II	10	5
200–500	Kat. III	10–15	10–15
500–1000	Kat. IV	10	20
1000–2000	Kat. V	5	10–20
2000–5000	Kat. VI	2	15–20
>5000	Kat. VII	2	10
Summe ca.		120–140	Ca. 80–90
Größe der Anbruchsfläche insg		8–10 ha	19–21 ha

- Die seit der Hochwasserkatastrophe 1966 vorhandene Gesamtanbruchsfläche kann mit 8–10 ha bei Freilandböden und mit 19–21 ha bei Waldflächen angegeben werden. Bezogen auf eine gleich große Fläche ergibt sich eine um ca. 30 % größere Anbruchsfläche im Wald.

Ergebnisse 1975 in Oberkärnten
Untersucht wurden diejenigen Bereiche, die von Hanganbrüchen und Vermurungen als Folge der heftigen Schneeschmelze in Oberkärnten (Liesertal, Radenthein, Drautal) besonders betroffen waren (s. Abb. 2.2).

Es wurden nur die Zahl der entstandenen Anbrüche und die Gesamtanbruchsfläche untersucht, die Wiese-Wald-Verteilung blieb unberücksichtigt. Die Abb. 7.35 zeigt deutlich, dass im Jahre 1975 die Zahl der Anbrüche im Waldbestand gegenüber der auf Freilandböden verschwindend klein war (<5 %). Dementsprechend liegt auch die Gesamtanbruchsfläche in Freilandböden erheblich über der des Waldbestandes.

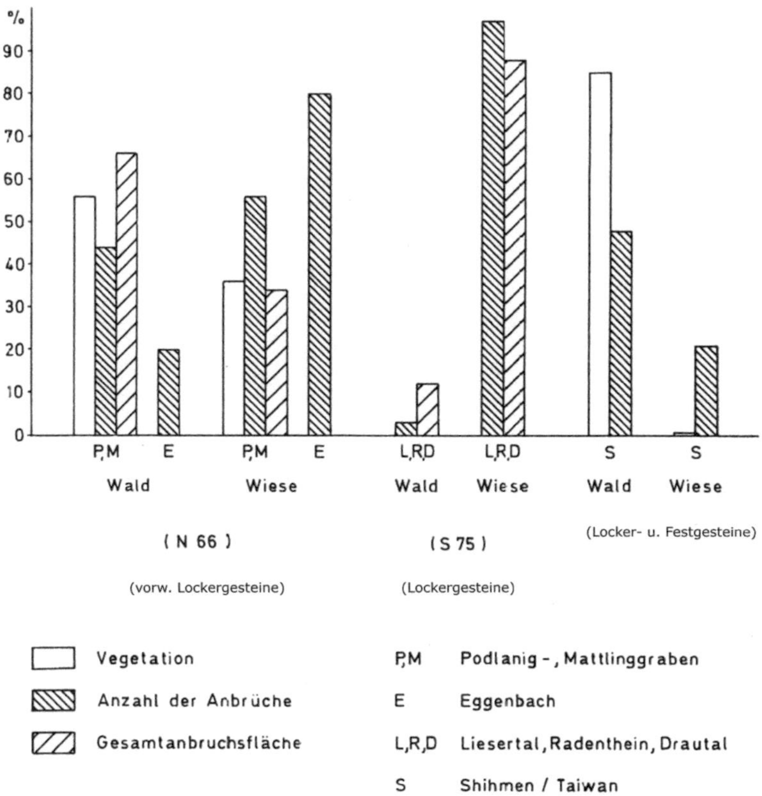

Abb. 7.35 Einfluss der Vegetation auf Anzahl der Anbrüche und auf die Gesamtanbruchsfläche anlässlich von Starkniederschlägen, MOSER (1980)

Diskussion der Ergebnisse

a) Zur Zahl der Anbrüche

Wie aus den Untersuchungen hervorgeht, war bei beiden untersuchten Niederschlagsereignissen die Anzahl der sich bildenden Anbruchsflächen auf Freilandböden wesentlich größer als im Wald. Dies ist, wie beide genauer analysierten Niederschlagsereignisse 1966 und 1975 zeigen, auf die zahlreichen kleinen Anbruchsflächen (<200 m^2) zurückzuführen, die sich im Hang und Verwitterungsschutt von kristallinen Schiefern bildeten. Solche Rutschungen waren gerade perlschnurartig an den zumeist mit Terrassenkanten versehenen landwirtschaftlich genutzten Hängen des gesamten Lesachtales nach der Hochwasserkatastrophe 1966 zu finden.

Nicht mehr so eindeutig sind die Verhältnisse, wenn wir die Häufigkeit größerer Anbruchsflächen im Hinblick auf die Bestockungsverhältnisse betrachten. Die zahlreichen großen Anbrüche im Waldbestand anlässlich des Ereignisses 1966 weisen darauf hin, dass bei solchen Elementarereignissen das Aufreißen der Bodendecke durch Windwürfe zu gesteigerten Hangwasseraustritten führt und in Folge große Anbruchsflächen begünstigt (s. Niederschlagsereignis 1997 in Sachseln/Kanton Obwalden).

b) Zur Gesamtanbruchsfläche

Im Jahre 1966 waren in den untersuchten Bereichen des Lesachtales Waldflächen mit ca. 68 % und Freilandböden mit ca. 32 % an der Gesamtanbruchsfläche beteiligt. Bezogen auf eine gleiche Verteilung von Wald und Wiese ergeben sich Werte von 58 % bzw. von 42 %. Dagegen war 1975 auch die Gesamtanbruchsfläche im Wald mit etwas über 10 % nur unerheblich beteiligt (Abb. 7.35). Der starke Unterschied in den beiden Niederschlagsereignissen sowohl hinsichtlich der Zahl als auch der Gesamtanbruchsfläche auf Freiland und Wald muss mit der Art des auslösenden Niederschlagsereignisses gesehen werden. Beim Niederschlagsereignis 1975 erfolgte nach starken Neuschneemengen (s. Tab. 3.1) eine vehement einsetzende Schneeschmelze auf Freilandböden. Das Niederschlagsereignis 1975 war auch nicht mit Sturmschäden verknüpft, die besonders 1966 zu großflächigen Windbruchflächen mit gesteigerter Rutschaktivität führten.

Die Untersuchungsergebnisse zeigen, dass verallgemeinernde Aussagen über die Anfälligkeit einerseits des Waldes, andererseits der Freilandböden nicht sinnvoll sind, und dass nur eine differenziertere Betrachtung den komplexen Verhältnissen gerecht wird. Die signifikanten Unterschiede können mit mechanischen und hydrologischen Aspekten hinsichtlich der betrachteten Vegetationstypen und der Art des auslösenden Niederschlagsereignisses erklärt werden.

Niederschlagsereignis 1985 im Voldertal-Inntal/Tirol
Die ausgewertete Gesamtfläche beträgt 8,22 km^2, von denen 5,75 km^2 = 70 % von Wald bestanden sind und 2,47 km^2 von Wiese eingenommen werden (Abb. 7.36).

Die Gesamtfläche, die unter Bewaldung in Bewegung geriet, wurde mit ca. 60.000 m^2 berechnet, die unter Wiese mit ca. 25.000 m^2, sodass flächenmäßig die Gesamtanbruchsfläche im Wald ca. 2,4-mal größer war. Dagegen war bezüglich der Anbruchszahl unter Wald (54 %) und Wiese (46 %) kein großer Unterschied ausgeprägt. Bei einer Hochrechnung auf gleiche Wald/Wiesenverteilung (rechte Hälfte der Abb. 7.36) liegt die Anbruchszahl mit 70 % auf Wiesengebieten erheblich über den mit Wald bestockten Flächen (30 %). Bei der entstandenen Anbruchsfläche besteht dagegen kein nennenswerter Unterschied.

Besonders die Hochrechnung bei einer gleichen Wald/Wiesenverteilung und einer rechnerischen Gleichstellung aller beteiligten Hangneigungsklassen wird uns eine Möglichkeit der Einschätzung der Auswirkung beider Parameter (Vegetation, Hangneigung) auf die Anbruchshäufigkeit ergeben (Abb. 7.37). Diese Untersuchungen betreffen einen speziellen Teil des Arbeitsgebietes (ca. 2,7 km^2), in dem die einzelnen Hangneigungsklassen und die Art der Vegetation in einem Rasterfeld ausgezählt wurden. Die Abszisse an der rechten Seite der Abb. 7.37 gibt die Wahrscheinlichkeit des Auftretens einer Hangbewegung an (Wahrscheinlichkeit, dass auf 1 Planquadrat von 2500 m^2 eine Hangbewegung stattfindet).

Aus dem Diagramm kann folgendes entnommen werden (Abb. 7.37):

- Die Hänge mit Wiesenvegetation sind in fast allen Hangneigungsklassen häufiger anbruchsgefährdet (Ausnahme 21–25°).

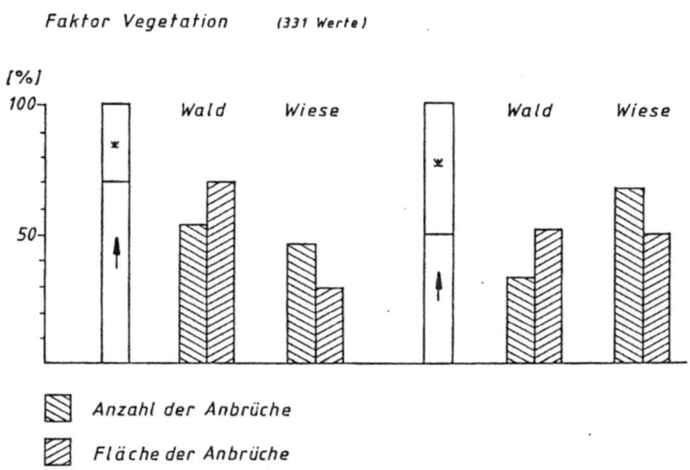

Abb. 7.36 Anzahl der Fläche der Anbrüche bei Wald und Wiese. Links: bei der angetroffenen Wald/Wiesenverteilung. Rechts: Hochrechnung: gleiche Wald/Wiesenverteilung, MOSER & SCHOGER (1989)

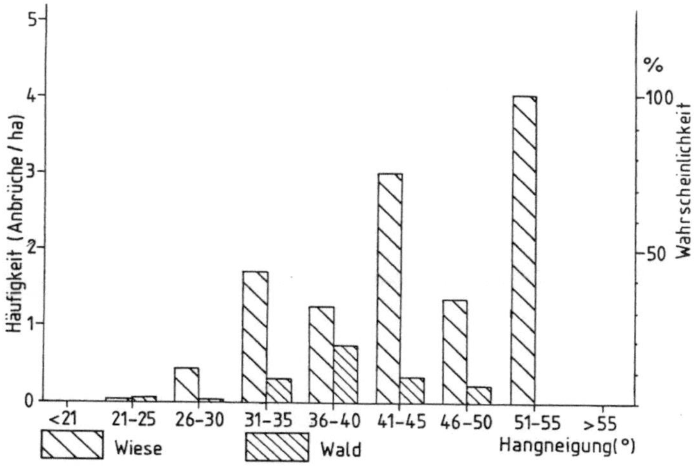

Abb. 7.37 Häufigkeit (Anbrüche/ha) des Auftretens von Hangbewegungen bei gleicher Wald/Wiesenverteilung und Gleichstellung aller beteiligten Hangklassen, MOSER & SCHOGER (1989)

- Besonders auffällig ist die starke Beteiligung von Anbrüchen in der Wiese in den Klassen 41–45° und 51–55°.
- Das Maximum bei den mit Wald bestockten Flächen liegt in der Klasse 36–40°.
- Für die natürlich ausgelösten Rutschungen errechnet sich insgesamt ein Faktor von ca. 2,9 um den Wiesenhänge häufiger als Waldhänge in Bewegung geraten sind.

Es zeigt sich wie schon 1966 oder 1975, dass der Wald bei Elementarereignissen aufgrund hydrologischer und festigkeitsmechanischer Charakteristiken hinsichtlich der Zahl der entstehenden Anbrüche die stabileren Voraussetzungen bietet.

Das Niederschlagsereignis 1997 in Sachseln/Kanton Obwalden
Verteilung der Hangbewegungen im Wald und auf Freilandflächen.

Von den 553 untersuchten Rutschungen wurden 345 (62 %) Rutschungen im Freiland und 208 (38 %) im Wald registriert. Währenddessen die Verteilung der Rutschungen in den Sachsler Bergen in etwa ausgeglichen war, (49 % Wald, 51 % Freiland), ereigneten sich im Melchtal wesentlich mehr Rutschungen im Freiland als im Wald (26 % Wald, 74 % Freiland). Aufschluss über die Rutschaktivität in den einzelnen Gebieten gibt die Tab. 7.6. Sie zeigt, dass die Rutschaktivität im Wald z. T. wesentlich geringer ist als auf den Freiflächen.

Ein Vergleich der von Rutschungen betroffenen Hangneigungen im Wald und auf Freiflächen führt zu der Folgerung, dass Rutschungen im Wald an steileren Hängen vorzufinden sind als auf Freiflächen. Die Rutschungen im Wald traten an Hängen von durchschnittlich 38° auf, wohingegen Freiflächen mit Rutschungen im Durchschnitt Hangneigungen von 35° aufwiesen. Auch die Auswertung der

Tab. 7.6 Auswirkung der Wald-Freiflächen-Verteilung auf die Rutschaktivität (* berechnet über (Anzahl der Rutschungen)/(∑ ha der 3 Teilgebiete)), HAMBERGER (2007)

Teilgebiet	Anteil [%]		Anzahl Rutschungen		Rutschungen/ha	
	Wald	Freiland	Wald	Freiland	Wald	Freiland
Sachsler Berge	46	54	136	144	0,20	0,18
Nördl. Melchtal	58	42	57	111	0,21	0,56
Südl. Melchtal	42	58	15	90	0,06	0,28
Gesamt bzw. Mittel	47	53	208	345	0,18*	0,26*

Tab. 7.7 Zusammenhang zwischen Wald-Freiflächen-Verteilung, Hangneigung und Rutschaktivität (* berechnet über (Anzahl der Rutschungen)/(∑ ha der 6 Hangneigungsklassen)), HAMBERGER (2007)

Neigungsklassen [°]	Anzahl Rutschungen		Rutschungen/ha	
	Wald	Freiland	Wald	Freiland
17–25	0	9	0,00	0,03
26–30	3	17	0,02	0,09
31–35	44	108	0,17	0,48
36–40	112	155	0,32	0,86
41–45	45	56	0,23	0,80
46–55	4	6	0,05	0,21
Gesamt bzw. Mittel	208	345	0,18*	0,34*

Rutschaktivitäten zeigen ein ähnliches Bild. Die höchsten Rutschaktivitäten wurden auf nicht bestockten Flächen mit einer Hangneigung zwischen 36° und 45° (0,86 R/ha) festgestellt. Die oben aufgezeigte positive Waldwirkung kann zwar in allen Hangneigungsklassen, jedoch am ausgeprägtesten in den unteren Klassen nachvollzogen werden. Die Ergebnisse dieser Untersuchungen kommen in der Tab. 7.7 zur Darstellung. RICKLI (2001) legt einen Wert von 39° fest, über dem der Wald keinen Einfluss mehr auf die Rutschaktivität besitzt.

Niederschlagsereignisse 2002–2005 in der Schweiz

Wie schon bei der Geometrie der entstandenen Anbruchsflächen (s. Abschn. 5.4) konnten RICKLI & GRAF (2009) hinsichtlich der Verteilung in Freiland und Waldgebieten zielführende Ergebnisse erarbeiten. Ganz allgemein konnte festgestellt werden, dass nur geringe Unterschiede in den Dimensionen der Hangbewegungen bei Freiland und Waldgebieten bestehen. So äußern sich RICKLI

& GRAF (2009:39): „Considering the data from all the study areas (522 shallow landslides), depth was the only parameter that significantly differed between landslides in forest areas and those in open land, with on average deeper slides in forested terrain. For all other parameters such as length, width, scar area and volume, the null hypothesis (no difference between forested areas and open land) could not be rejected.“

Weiterhin wird hervorgehoben, dass besonders die Rutschungsdichte (Zahl der Hangbewegungen pro km^2) Aufschlüsse über die Stabilität der Hangbereiche bei verschiedener Vegetationsdichte ergibt. Wie aus der Abb. 7.38 zu ersehen ist, war die Rutschungsdichte in 5 von 6 Studiengebieten im Freiland größer, sogar z. T. erheblich größer (z. B. Napf 05). Für die unerwartet hohe Rutschungsdichte in Prättigau wird vor allem auf den Zustand des Waldes hingewiesen.

Insgesamt kommen RICKLI & GRAF (2009:41) zu dem Schluss: „We can conclude that landslide density within forests in generally less pronounced than in open land, however, strongly related to the condition of the forest. Therefore, both the distribution of forest and open land within a specific area as well as the condition of the forest should be taken into account when compiling hazard maps.“

Die Untersuchungen von RICKLI et al. (2002) konnten den Einfluss des Waldzustandes und der landwirtschaftlichen Nutzung auf die Rutschaktivität abklären. Zu diesem Zweck wurden unter Berücksichtigungen der Tab. 7.8 sogenannte Waldzustandskategorien definiert. Die Waldzustandskategorien „gut“, „mäßig“ und „schlecht“ unterscheiden sich klar.

Es wird hervorgehoben, dass sich der Zustand des Waldes stärker als der Waldanteil auf die Rutschaktivität in den Einzugsgebieten auswirkt. Betroffen sind besonders durch Windwurf oder Borkenkäfer entstandene Schadensflächen (Abb. 7.39).

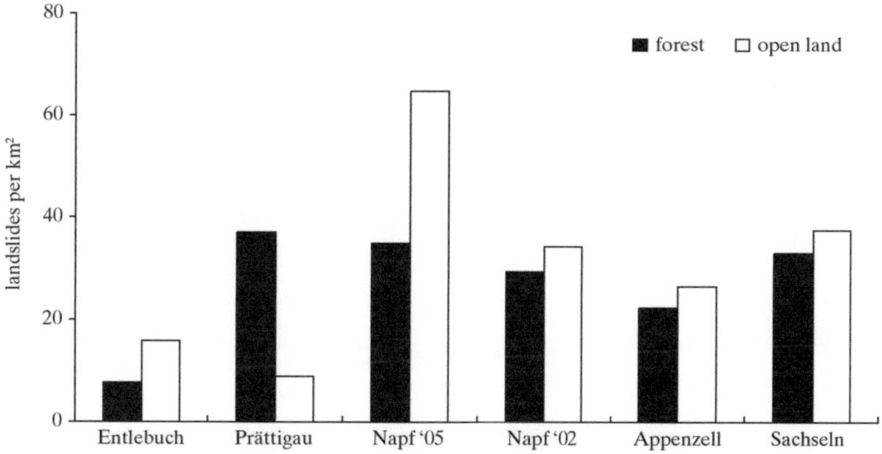

Abb. 7.38 Landslide density (number of landslides per km^2) in forests and in open land of the six study areas. Only surface areas with slope inclinations of 20° to 50° RSR were considered for the calculation of the landslide densities, RICKLI & GRAF (2009)

Tab. 7.8 Auf die Rutschgefährdung bezogene Definition der Waldzustandskategorien «gut», «mässig» und «schlecht». Definition Bestandeslücke: Fläche mit einem Durchmesser grösser als eine halbe Baumhöhe des Altbestandes, RICKLI et al. (2002)

Waldzustandskategorie	Kriterien
«gut»	• mittlere bis ältere oder stufige Bestände, d.h. keine Jungwüchse oder Dickungen • Baumarten und Gefüge standortsgemäss (nach *Tabelle 2)* • Bestandesschluss nicht «aufgelöst» • Anteil Bestandeslücken ≤20% der Bestandesfläche
«mässig»	• mittlere bis ältere oder stufige Bestände, d.h. keine Jungwüchse oder Dickungen • aufgelöste Bestände, Anteil Bestandeslücken ≤70% der Bestandesfläche
«schlecht»	• Schadenflächen durch Windwurf- oder Borkenkäfer • Entwicklungsstufe Jungwuchs oder Dickung • aufgelöste Besände, Anteil Lücken ≥70% der Bestandesfläche

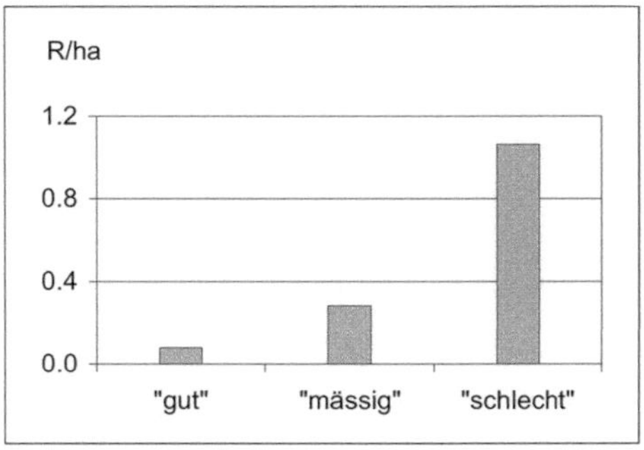

Abb. 7.39 Einfluss des Waldzustandes auf die Rutschaktivität (R/ha); Waldzustandskategorien «gut», «mässig» und «schlecht» gemäss Tabellen 1, RICKLI et al. (2002)

Bei Betrachtung der Tab. 7.9 fällt auf, dass an der Waldzustandskategorie „gut“ die Rutschungsvolumina am größten sind. RICKLI et al. (2002) äußern sich zu den auf den ersten Blick unverständlichen Gegebenheiten folgendermaßen (2002:443): „Die Ursachen dafür sind wissenschaftlich nicht untersucht. Man

Tab. 7.9 Angaben zu den Verhältnissen in den verschiedenen Waldzustandskategorien «gut», «mässig», «schlecht», RICKLI et al. (2002)

	Waldzustandskategorien			gesamte
	«gut»	«mässig»	«schlecht»	Waldfläche
Fläche (ha)	163	184	67	414
Neigung der Fläche, gewichtetes Mittel (°)	35,9	37,2	36,7	36,6
Anzahl Rutschungen R (–)	13	52	71	136
Rutschungen pro Fläche (R/ha)	0,08	0,28	1,06	0,33
Mächtigkeit der Rutschungen, Median (m)	1,20	1,15	1,1	1,1
Volumen der Rutschungen, Median (m^3)	126	118	100	114
* Rutschungen pro Fläche, 1200–1500 m ü.M. (R/ha)	0,09	0,36	0,98	0,40
Rutschungen in ungünstiger Geologie** (%)	92	85	86	86
Rutschungen in Böden mit gehemmter Durchlässigkeit (%)	8	41	49	40

* Angaben, die zwecks Vergleichbarkeit der Standorte nur für Teile des Untersuchungsperimeters berechnet wurden.
** ungünstige Geologie: Drusbergschichten und Amdenermergel.

kann jedoch vermuten, dass durch eine intensivere Durchwurzelung und damit zunehmend stabilisierendem Effekt der Vegetation einerseits größere Bodenpakete zusammengehalten werden und andererseits die Eintretenswahrscheinlichkeit eines Bruches reduziert wird. So bleiben bei mäßig starken Niederschlägen die Hänge unter Wald eher stabil als unter Freiland. Durch die selteneren Erosionsprozesse kann sich unter Wald langfristig mehr Material akkumulieren. Wird bei extremen Niederschlägen (wie z. B. in Sachseln) die Grenze der Waldwirkung überschritten so geraten im Wald größere Kubaturen „en bloc" ins Rutschen als im Freiland."

Abschließend wird der Schluss gezogen, dass die Rutschaktivität umso geringer war, je besser der Zustand des Waldes beurteilt wurde. In diesem Zusammenhang wird auch auf die Bedeutung von waldbaulichen Maßnahmen hingewiesen. So sollte eine standortsgerechte Baumartenverteilung besonders auf Kosten der Fichte ein verstärktes Aufkommen von Laubholz und Tanne vorsehen, die ein tiefergreifendes Wurzelwerk binden (s. flächenmäßig große Anbrüche im Waldbestand durch Aufreißen der Bodendecke durch Windwurf in Fichtenbeständen 1966 im Lesachtal).

Außeralpine Bereiche (Neuseeland)

In Neuseeland sind in gewissen Regionen flachgründige Lockergesteinsrutschungen in Form von Hangmuren ausgelöst von Starkniederschlägen ein Problem, das auch von der Öffentlichkeit intensiv wahrgenommen und diskutiert wird. Zu erwähnen ist hier auch die starke Entwaldung, die anlässlich von Niederschlagskatastrophen in gewissen Gebieten zu zahlreichen Hangbewegungen führt (Abb. 7.40).

Die Abbildung zeigt beispielhaft, dass ein gesunder und dichter Waldbestand für das Entstehen von flachgründigen Hangbewegungen die bessere Voraussetzung bietet.

In diesem Sinne wird auch darauf hingewiesen, dass der menschliche Einfluss hinsichtlich der Rutschungsaktivität möglicherweisen höher zu bewerten ist als der Klimawandel (CROZIER 2010). Die Abb. 7.41 zeigt deutlich, dass Kahlschläge zu einer beträchtlichen Steigerung des Wasserangebotes führen. Ein fast kompletter Kahlschlag in Hangbereichen eines Einzugsgebietes wird z. B. bei einer jährlichen Niederschlagssumme von 1500 mm ein zusätzliches Wasserangebot von 300 mm liefern.

Abb. 7.40 Contrast in landslide distribution between forested and pasture slopes, Manawatu, North Island, New Zealand, for the landslide event of February, 2004. Photo: Graham Hancox, CROZIER (2010)

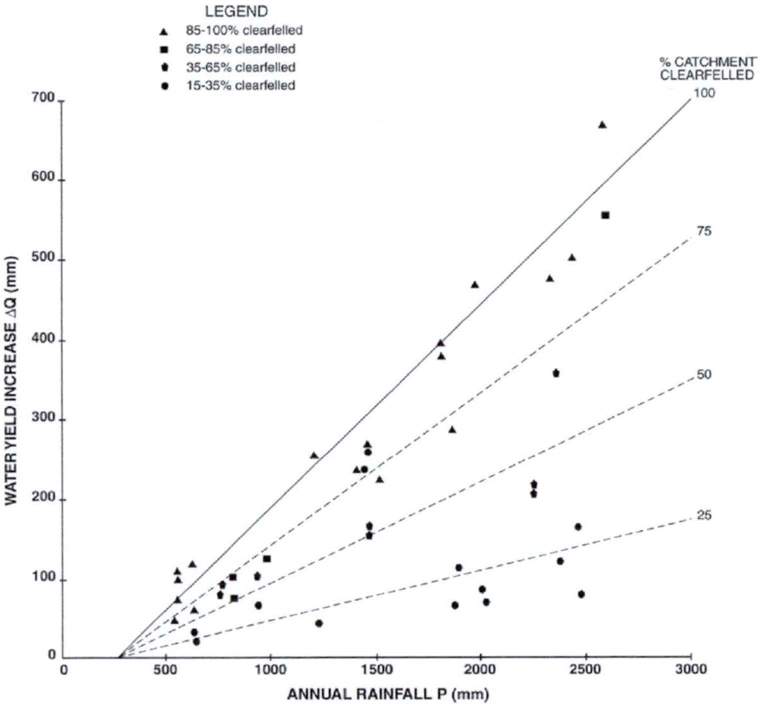

Abb. 7.41 Relationships between increase in water yield and percentage of forest clearfelling for 42 catchments. Adapted from Scarf (1982) and Bosch and Hewlett (1982), CROZIER (2010)

7.5 Hangexposition

Vorbemerkung

Aussagen über den Einfluss der Exposition auf die Anbruchshäufigkeit sind nur bei Betrachtung eines größeren und stark gegliederten Gebietes sinnvoll.

Die Orientierung des Hanges wird sich im Wesentlichen auf die Bodenfeuchte und die Bildung von Heterogenitäten und Schwächezonen vor dem eigentlichen Niederschlagsereignis auswirken. Weiterhin beeinflusst sie während des Niederschlagsereignisses den Betrag und die Richtung des Auftreffens des Regens. Die Exposition wird sich außerdem auf die Art und Geschwindigkeit der Schneeschmelze besonders in Frühlings- und Herbstmonaten auswirken. Bei der Durchsicht der Literatur hinsichtlich der Auslösung von Hangbewegungen anlässlich von Starkniederschlägen wird der Einfluss der Exposition häufig als nicht sehr entscheidend angesehen.

Die Niederschlagsereignisse 1966 und 1975 in Oberkärnten

Geprüft wurde der Einfluss von acht verschiedenen Expositionen. Aus der Abb. 7.42 kann entnommen werden, dass beim Ereignis im Jahre 1966 über 45 % der Anbrüche in südlicher, beim Ereignis 1975 über 70 % auf S- bis SE-exponierten Hängen auftraten.

Besonders das Ereignis im Jahre 1975 zeigt, dass die S- bis SE-exponierten Hänge im Freiland durch die vehement einsetzende Schneeschmelze der Neuschneedecke besonders gefährdet waren (Abb. 7.42).

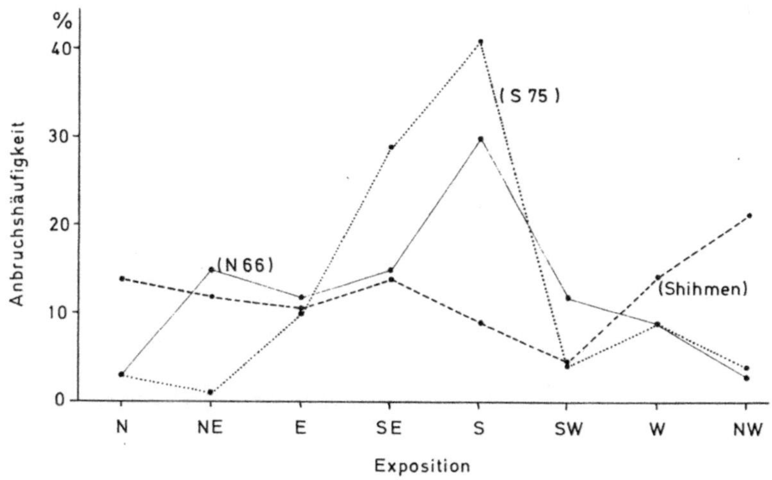

Abb. 7.42 Der Einfluss der Exposition auf die Anbruchshäufigkeit; Niederschlagsereignisse November 1966, April 1975 (integriert auch zwei Einzugsgebiete von Taiwan), SHENG (1966)

Bei der Diskussion der Ergebnisse betont SHENG (1966), dass der Taifun über längere Zeit hin mit heftigen nordwestlichen Winden verbunden war. NW-exponierte Waldflächen waren somit besonders stark betroffen. Weiterhin wird auf die Schwierigkeiten der statistischen Auswertung hingewiesen, wenn wir z. B. ein Ost-West verlaufendes Längstal haben, sodass naturgemäß N- und S-exponierte Hänge vorherrschen.

Die Niederschlagsereignisse 1997 in Sachseln/Kanton Obwalden
Die morphologischen Strukturen des Untersuchungsgebietes streichen hauptsächlich entlang der Achse NE-SW, sodass ein Großteil der Talflanken NW- und SE-exponiert ist. Die Abb. 7.43 stellt neben der Verteilung der im Modellgebiet untersuchten Hangausrichtungen auch die evaluierten Expositionen der Rutschungshänge dar. Wie schon bei der Höhenverteilung und der Hangneigungsverteilung wurde die Verteilung der Hangexpositionen im Untersuchungsgebiet flächendeckend mit ArcGIS ermittelt. Die Grafik zeigt, dass eine große Anzahl der Rutschungen an N- bis E-exponierten Hängen entstanden sind. In der Tab. 7.10 ist für jede Expositionsklasse die Rutschaktivität angegeben. Während bei den E-Expositionen eine hohe

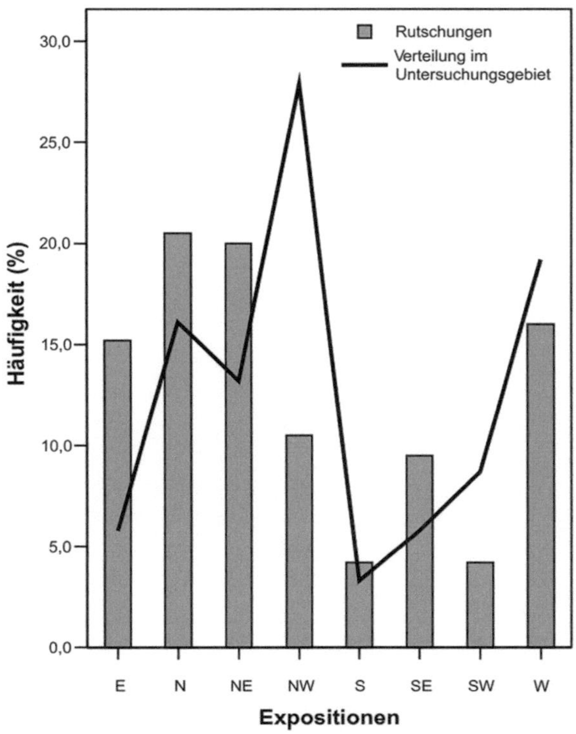

Abb. 7.43 Häufigkeitsverteilung der Exposition der Rutschungen bei Berücksichtigung der Verteilung der Hangexpositionsklassen im Untersuchungsgebiet, HAMBERGER (2007)

Tab. 7.10 Einfluss der Exposition auf die Rutschaktivität (* die Flächengrößen stellen die in die Ebene projizierte Werte dar; nicht berücksichtigt werden Flächen ohne Hangneigung), HAMBERGER (2007)

Exposition	Fläche (ha)*	Anzahl Rutschungen	Rutschungen/ha
N	401	108	0,34
NE	329	105	0,32
E	145	80	0,55
SE	144	50	0,35
S	82	22	0,27
SW	217	22	0,10
W	478	84	0,18
SW	695	55	0,08
Σ bzw. Mittel	2492	553	0,27

Rutschaktivität zu verzeichnen ist, sind die Werte der Expositionen W, SW und NW sehr viel geringer. Dies widerspricht der Ausrichtung der Hänge der Sachsler Berge, die im Gesamtbild vorwiegend NW-exponiert sind. Hier ist zu bemerken, dass die Hänge des Untersuchungsgebietes z. T. sehr stark morphologisch gegliedert sind. Daher kann die Gesamtausrichtung der Hänge nicht für eine Bewertung der Exposition herangezogen werden. Ferner sollte bedacht werden, dass beim Zustand einer vielerorts angenommenen Vollsättigung der Parameter Exposition keinen Einfluss auf die Rutschaktivität besitzt. Aus diesen Gründen wird hier abschließend gefolgert, dass der Einfluss der Exposition auf die Häufigkeit von Rutschungen nur einen sehr geringen oder keinen Einfluss besaß.

In ähnlicher Weise wie HAMBERGER (2007) äußert sich auch RICKLI (2001:70):

„In den verschiedenen Expositionen wurden zwar unterschiedlich ausgeprägte Rutschaktivitäten beobachtet, eine Erklärung für diesen Sachverhalt konnte jedoch nicht gefunden werden und die Ergebnisse werden als zufällig beurteilt. Insgesamt ist für die Ereignisse von Sachseln kein eindeutiger Zusammenhang zwischen der Exposition und der Rutschaktivität ableitbar.“

7.6 Absolute Höhenlage

Vorbemerkung

Über den Einfluss der absoluten Höhenlage auf die Anbruchshäufigkeit sind in der Literatur nur wenig Angaben zu finden, und sie können nur schwer interpretiert werden, da einerseits nicht zwischen Lockergesteinen und Festgesteinen differenziert wird und andererseits auch innerhalb dieser beiden Hauptgruppen keine Unterscheidungen getroffen werden.

Als erster dürfte sich STINY (1934) dieser Frage zugewandt haben, als er Hochlandböden an der Großglockner Hochalpenstraße untersuchte.

Die Niederschlagsereignisse 1966 und 1975 in Oberkärnten
Untersuchungen über Anbruchshäufigkeit wurden im Lesachtal/Kärnten in Höhenlagen zwischen 800 und 2100 m ü. A. durchgeführt und im Bereich des Liesertales, des Drautales und des Millstätterseegebietes zwischen 600 und 1800 m ü. A. Höhenlagen über 2100 m ü. A. wurden nicht in die Betrachtung miteinbezogen, dürften aber aufgrund des Zusammenwirkens mehrerer Faktoren für ein gehäuftes Auftreten von plötzlichen Hanginstabilitäten nicht anfällig sein.

Die Kurven (Abb. 7.44) zeigen eine Normalverteilung mit einer für jeden Bereich deutlich ausgeprägten größten Häufigkeit.

Für die untersuchten Gebiete des mittleren Lesachtales (Niedergailer-, Podlanig- und Mattlinggraben) liegt die größte Häufigkeit in Höhenlagen um 900 bis 1100 m ü. A., der tiefste Punkt des betrachteten Bereiches weist dabei eine Höhe von 800 m ü. A. auf. Für den Eggenbach (oberes Lesachtal) ist ein gehäuftes Auftreten in Höhenlagen zwischen 1300 m ü. A. und 1500 m ü. A. zu verzeichnen, wobei der tiefste Punkt für dieses Einzugsgebiet eine Höhe von etwa 1100 m ü. A. aufweist.

Die untersuchten Anbrüche anlässlich der Schneeschmelze im Frühjahr 1975 in den Bereichen des Drau- und Liesertales und des Millstätterseegebietes zeigen ein deutlich ausgeprägtes Maximum bei 900 bis 1100 m ü. A.

Wenn das gehäufte Auftreten von Anbrüchen auf den jeweilig tiefsten Punkt des betrachteten Bereichs bezogen wird, so ergibt sich in allen genauer untersuchten Bereichen ein deutliches Maximum bei 100 bis 300 m.

Der Verlauf der Kurven wird im Wesentlichen durch die Art des Niederschlagsereignisses bestimmt. Während beim Niederschlagsereignis im Frühjahr 1975 (S 75) ab einer gewissen mittleren Höhenlage keine Anbrüche zu beobachten waren,

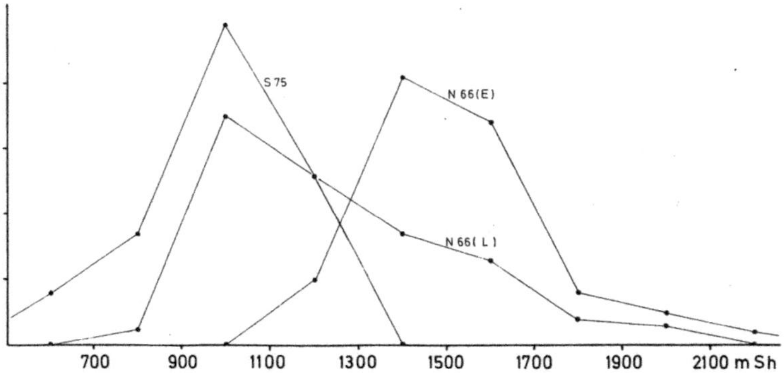

Abb. 7.44 Der Einfluss der absoluten Höhenlage auf Anbruchshäufigkeit in Verwitterungs- und Hangschutt von kristallinen Schiefern (S 75 = Ereignis 1975, N 66 = Ereignis 1966, E = Eggenbach, L = Lesachtal)

wirkte sich das Niederschlagsereignis im November 1966 (N 66) auch in höheren Lagen aus.

Dieses sozusagen abrupte Aufhören der Anbruchstätigkeit ab einer Höhenlage von ca. 1500 m ü. A. für das Niederschlagsereignis 1975 muss in Verbindung mit den Faktoren „Art des Niederschlagsereignisses", „Exposition" und „Vegetationsverteilung" gesehen werden. Es stellt sich nun die Frage, wie das gehäufte Auftreten von Anbrüchen im Hang- und Verwitterungsschutt von kristallinen Schiefern in gewissen Höhenlagen erklärt werden soll, bzw. welche anbruchsbegünstigende Faktoren als direkte Auswirkung der Höhenlage einzustufen sind. Zur Abklärung dieser Frage muss besonders auf den Zusammenhang zwischen Höhenlage und Kornverteilung hingewiesen werden. Wie STINY (1934) nachgewiesen hat, weisen die Hochlandböden über 2000 m erhebliche Anteile (über 90 %) in der Kornfraktion > 0,1 mm auf. Dies ist auf die in diesen Höhen vorwiegend verbreitete Temperaturverwitterung zurückzuführen, die im Unterschied zu der chemischen Verwitterung die Entstehung der Schluff- und Tonfraktion nicht fördert. Es wird weiter darauf aufmerksam gemacht, dass die Höhenlage die Kornverteilung stärker beeinflusst als die petrographische und lithologische Natur des Ausgangsgesteins. Aus Abb. 7.9 kann entnommen werden, dass die Kornverteilung der Hangschuttdecken von kristallinen Schiefern, in denen Anbrüche auftraten, einen erheblichen Anteil in der Schlufffraktion besitzen. Die Menge der Schlufffraktion spielt aber im Hinblick auf die bodenphysikalischen Eigenschaften wegen der Empfindlichkeit dieser Fraktion gegenüber Wasser eine ausschlaggebende Rolle.

Niederschlagsereignis 1997 in Sachseln/Kanton Obwalden

In der Arbeit von HAMBERGER (2007) wurden Rutschungen im Höhenspektrum zwischen 710 m ü. NN und 1930 m ü. NN registriert. Bei der Aufnahme wurden jeweils die Anbruchsursprünge am oberen Rand der Rutschungen eingemessen. Die Abb. 7.45 gibt die Verteilung der Rutschungen in Abhängigkeit der Höhenlage wieder. Bei der Analyse der Auswertungen des Niederschlagsereignisses von Sachseln konnte keine Abhängigkeit der Verteilung der Rutschungen von der Höhenlage festgestellt werden. Betrachtet man zusätzlich die Rutschaktivität, so kommt man zu dem Ergebnis, dass sich in den Höhenlagen zwischen 1200 m ü. A. und 1700 m ü. A. überdurchschnittlich viel Rutschungen entwickelt haben. Das verstärkte Auftreten von Rutschungen in diesem Höhenbereich wurde durch die extrem hohen Niederschlagsintensitäten in dieser Zone beeinflusst, sodass die Höhenlage keinen direkten Einfluss auf die Rutschaktivität besitzt, sondern nur in Kombination mit der Niederschlagsmenge bzw. -intensität als rutschungsrelevant betrachtet werden kann.

Auch aus den Untersuchungen von RICKLI (2001) liegen die Rutschungen bevorzugt in einem Höhenband von 1000 bis 1600 m (Abb. 7.46).

Bei der Diskussion werden besonders auf die mittleren Mächtigkeiten der Rutschungen (Abnahme mit zunehmender Höhe) und geotechnischen Eigenschaften (Zunahme des Reibungswinkels der Lockergesteine) hingewiesen (s. a. Ergebnisse in Oberkärnten).

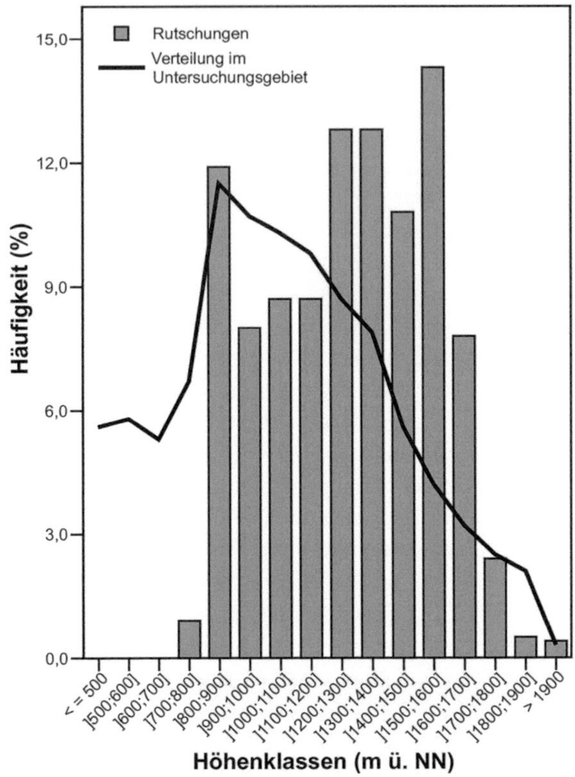

Abb. 7.45 Häufigkeitsverteilung der absoluten Höhenlage der Rutschungen bei Berücksichtigung der Verteilung der Höhenklassen, HAMBERGER (2007)

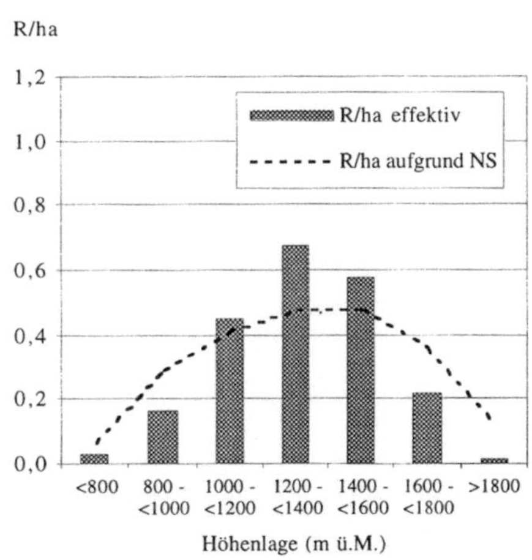

Höhe (m ü.M.)	Fläche (ha)	Anzahl Rutsche	mittl. Neig. (°)	mittl. NS (mm)
<800	123	4	25,4	102
800 - <1000	98	16	32,7	127
1000 - <1200	125	56	35,2	138
1200 - <1400	146	99	35,2	143
1400 - <1600	135	78	35,9	142
1600 - <1800	119	26	36,2	133
>1800	76	1	34,6	111
Σ bzw. Mittel	823	280	33,7	130

Abb. 7.46 Rutschungen in Abhängigkeit der Höhenlage. Säulen: effektiv aufgetretene Anzahl Rutschungen pro ha (R/ha) und pro Höhenstufe. Linie: theoretisch aufgrund der unterschiedlichen Niederschlagsverteilung (NS) gemäß 4.2 pro Höhenstufe abgeleitete Rutschaktivät, RICKLI (2001)

7.7 Lage der Hangbewegungen gegenüber Gewässern (lokale Erosionsbasis)

Niederschlagsereignisse 1966 und 1975 in Oberkärnten
Die Anbruchshäufigkeit im Verwitterungs- und Hangschutt kristalliner Schiefer zeigt bei beiden Ereignissen ab einer gewissen Höhenlage eine negative lineare Korrelation. Die Lage der verschiedenen Maxima muss im Wesentlichen unter Zuhilfenahme des Faktors „auslösendes Niederschlagsereignis“ gedeutet werden. Die Niederschlagsverteilung im November 1966 – Zweitagessumme bis zu 300 mm – ermöglichte Hochwasserspenden im Gailgebiet von 1–2 $m^3/s \cdot km^2$. Dies führte zu zahlreichen Uferabbruchszonen im Bereich der Gerinne (Abb. 7.47).

Das Niederschlagsereignis im Frühjahr 1975 führte zu einer intensiven Durchfeuchtung und Übersättigung der Hangkörper, lag aber in den Hochwasserspenden erheblich darunter. Die Folge waren im wesentlichen Hanganbrüche, die nicht durch externe, sondern durch interne Ursachen, das heißt durch Änderung der bodenphysikalischen Eigenschaften der Lockermassen im weitesten Sinne bewirkt worden sind.

Niederschlagsereignis 1985 in Voldertal-Inntal/Tirol
Ca. 2/3 der Hangbewegungen sind in der Höhenlage 10–150 m oberhalb der lokalen Erosionsbasis angesiedelt. Ein nicht unerheblicher Teil (ca. 10 %) ist an das Niveau bis 10 m gebunden. Über 300 m über der lokalen Erosionsbasis ist die Neigung zur Entwicklung von Anbrüchen gering, wobei noch zu bemerken ist, dass an den orographisch rechten Einhängen schon > 200 m über der lokalen Erosionsbasis keine Anbrüche zu beobachten waren (Abb. 7.48).

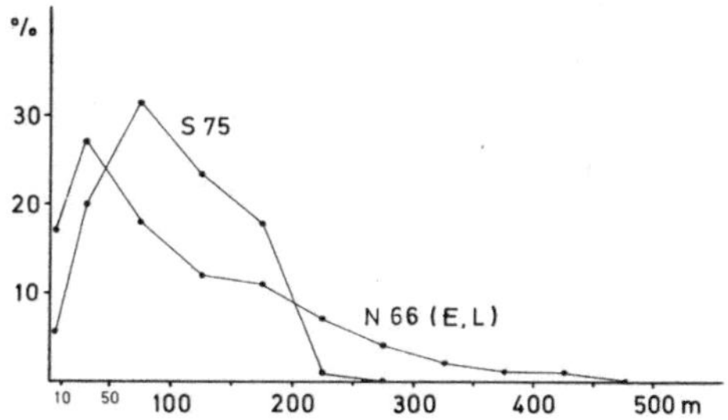

Abb. 7.47 Der Einfluss der lokalen Erosionsbasis auf die Anbruchshäufigkeit in Hang- und Verwitterungsschutt von kristallinen Schiefern; Niederschlagsereignis 1966, April 1975, MOSER (1980)

Abb. 7.48 Beziehung der Anbruchshäufigkeit zur Höhenlage über der lokalen Erosionsbasis, MOSER & SCHOGER (1989)

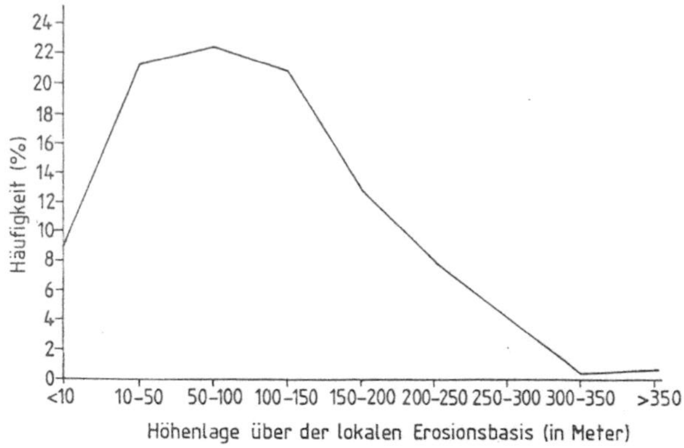

Tab. 7.11 Lage der Rutschungen gegenüber Gewässern, HAMBERGER (2007)

Abstand zu Gewässern [m]	Anzahl Rutschungen	Fläche [ha]	Rutschungen/ha
≤10	34	153	0,22
≤20	56	267	0,21
≤50	131	558	0,23
≤100	232	941	0,25
≤150	321	1237	0,26
≤200	392	1474	0,27
≤500	537	2196	0,24
>500	547	2509	0,22

Die geringe Anbruchshäufigkeit oberhalb 300 m zeigt, dass in diesen Bereichen die Böschungsentwicklung mit kleineren Hangneigungswinkeln weiter fortgeschritten ist.

Die Anbruchshäufigkeit < 10 m mit ca. 10 % weist auf die große Hochwasserspende des Volderer Baches und der kleineren Zubringer mit Uferanbrüchen hin.

Niederschlagsereigniss 1997 in Sachseln/Kanton Obwalden

Im Gelände war eine flächendeckende Erhebung dieses Faktors nicht möglich. Nur im S' Teilbereich des Melchtales wurden mittels der Erhebungsbögen die Höhenlagen über den lokalen Erosionsbasen der Anbruchsnarben erhoben. Der Wert wurde durch eine Schätzung bestimmt. Die Auswertungen haben ergeben, dass ca. 90 % der Rutschungen maximal 150 m über der lokalen Erosionsbasis ausgelöst wurden. Für flächendeckende Aussagen wurde der Abstand zu Gerinnen, Bächen und Seen mit einem computergestützten Verfahren ermittelt. Die resultierenden Ergebnisse der Auswertungen zur Lage der Rutschungen gegenüber den Gewässern sowie die damit verbundenen Rutschaktivitäten werden in der Tab. 7.11 wiedergegeben. Hier ist ersichtlich, dass sich 72 % aller Rutschungen in einem maximalen Abstand von 200 m vom nächsten Bach, Gerinne oder See entwickelt haben. Die Rutschaktivität steigt bis zu einer maximalen Distanz der Rutschungen zu den Gewässern von 200 m an. Danach sinkt deren Wert nur leicht ab. Der durchschnittliche Abstand eines jeden Punktes zum nächsten im hangabwärtigen Verlauf liegenden Gewässers liegt bei knapp 250 m. Dies zeigt, dass im näheren Bereich der Gewässer vermehrt Rutschungen auftreten.

7.8 Anthropogene Beeinflussung

Im gesamten Alpenbereich ist es in den letzten Jahrzehnten zu tiefgreifenden Änderungen bezüglich der Lebens- und Nutzungslandschaften, bzw. -gewohnheiten gekommen. Für den hier betrachteten Aspekt soll besonders auf die intensive Erschließung bestimmter alpiner Regionen mit hilfe des Straßen- und Wegebaus hingewiesen werden. Wie die Aufnahmen im Schwarzwald zeigen, sind z. B. auch Forstwege der Mittelgebirge als Auslöser von Hangbewegungen anzusehen.

Niederschlagsereignis 1966 im Lesachtal/Kärnten
Die Analyse des Wegenetzes mit einer Gesamtlänge von 70 km im Bereich des mittleren Lesachtales zeigt, dass die Stabilität bei der zumeist angewandten Böschung nicht gewährleistet ist. Betroffen sind vor allem solche Böschungen, die aus dem Schüttgut hochteilbeweglicher kristalliner Schiefer, Phyllite, Tonschiefer und Mergel und deren Verwitterungsschutt aufgebaut sind. Hier zeigen die anstehenden Festgesteine teilweise schon Übergänge zu Lockergesteinen.

Bei mächtiger talseitiger Aufschüttung bilden sich hauptsächlich tiefgreifende Rotationsrutschungen von schollenförmigen Erdkörpern. Die an den Böschungen entstehenden Rutschungen können auch an den darunterliegenden an sich standfesten Geländeabschnitten Massenbewegungen auslösen. Solche Sekundärmassenbewegungen sollten besonders in Gebieten vermieden werden, die aufgrund ihrer Disposition (Ausbildung des Substrates, zu erwartende maximale Ein- oder Zweitagesniederschläge) zur Geschiebeherdbildung stark neigen. Die in manchen Gebieten seit den Jahren 1965 und 1966 aktive Erosionsbilanz wird durch künstlich geschaffene Anbrüche zusätzlich belastet. Hier wäre vor allem an die Bereiche in Osttirol und Oberkärnten zu denken, die seit den Jahren 1965 und 1966 zahlreiche neue Geschiebeherde in Form von natürlichen Anbrüchen und Windbruchflächen aufweisen. Ein sachgemäßer Ausbau von Güter-, Forst- und Wirtschaftswegen kann dagegen hochwasser- und anbruchsvorbeugenden Charakter haben.

Besonders im Lesachtal legen die zahlreichen anbruchsaktiven Böschungsabschnitte die Vermutung nahe, dass hier nach der öfters angewandten Methode verfahren wird, Böschungen durch Rutschungen und den damit eintretenden Verflachungen zu stabilisieren. Diese Art der Stabilisierung könnte eigentlich in Betracht gezogen werden, wenn eine Gefährdung von Siedlungen, Straßen oder schon vorhandenen, aufwendigen Sicherungen nicht gegeben ist. Doch sollte bedacht werden, dass es bei Elementarereignissen durch das Auslösen von solchen

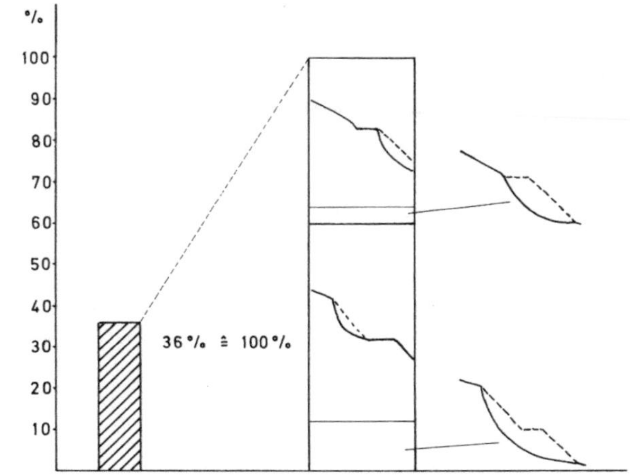

Abb. 7.49 Prozentueller Anteil der an Güter- und Feldwegen entstandenen Massenbewegungen und ihre Aufgliederung nach dem Entstehungsort; Niederschlagsereignis: April 1975, MOSER (1980)

Böschungsrutschungen in steilem Gelände auch in den darunter liegenden Gebieten zu Massenbewegungen der verschiedensten Art kommen kann.

Von den im Jahre 1975 genauer untersuchten Hanganbrüchen nahmen 36 % ihren Ausgangspunkt von künstlichen Böschungen (Güterwege, Feldwege).

Aus der Abb. 7.49 kann außerdem entnommen werden, dass sich davon ca. 60 % an der bergseitigen und ca. 40 % an der talseitigen Böschung ereigneten. Rutschungen, die durch eine tiefgreifende Böschungsbewegung das Planum zerstörten, konnten nur zu 15 % beobachtet werden. Der von STRITZL geäußerten Meinung (1975:75): „dass die rein bodenmechanisch bedingten Rutschungen zahlenmäßig weit hinter denen zurückblieben, die in unmittelbarem Zusammenhang mit Wegen und Straßen standen“, kann in dieser Studie nicht ganz zugestimmt werden.

Auch LÄNGER (1975) betont in einem Bericht über die Katastrophenereignisse im Land Kärnten 1975, dass aufgrund übermäßiger Einsparungen die sichernden Nebenanlagen (Futtermauern, Spitzgräben, Durchlässe usw.) bei neuangelegten Wegebauten weitgehend fehlen. Abschließend wird betont (1975:12): „dass dem Hangwegebau sowie der Neubesiedlung von Hängen in Zukunft größeres Augenmerk als bisher zugewendet werden muss.“

Niederschlagsereignis 1985 im Voldertal-Inntal/Tirol

Wie schon im Jahre 1975 in Oberkärnten (STRITZL 1975) waren auch 1985 im mittleren Inntal anthropogene Faktoren bei der Entstehung von Hangbewegungen nicht zu unterschätzen. Die Grafik (Abb. 7.50), die aus 92 genauer untersuchten Hangbewegungen erstellt wurde, zeigt dies deutlich. Die Analyse anthropogener Einflussnahme auf die Anbruchstätigkeit stützt sich auf Daten eines engbegrenzten Raumes, der speziell forst- und landwirtschaftlich genutzt wird. Für das Gesamtgebiet wird sich ein sicherlich kleinerer Wert ergeben.

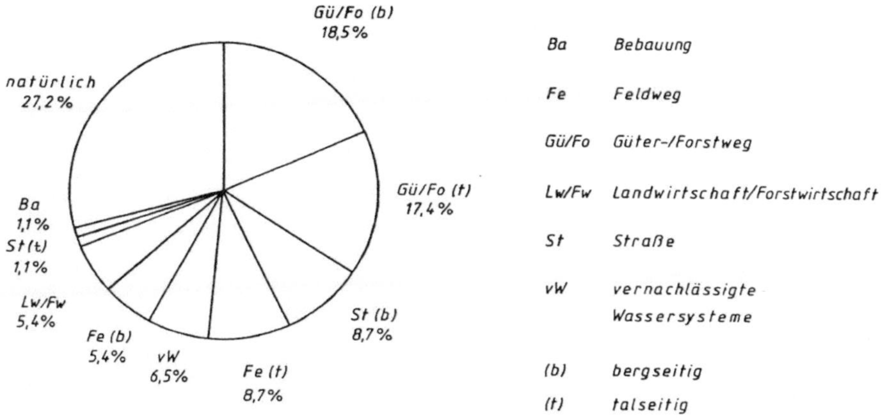

Abb. 7.50 Anthropogene Faktoren und ihre Beziehung zum Entstehen von Hangbewegungen, MOSER & SCHOGER (1989)

Im Einzelnen ist zu entnehmen:

- Über 70 % der Anbrüche sind künstlich mitausgelöst worden
- Einen besonders hohen Anteil weist der Straßen- und Wegebau aus (insgesamt knapp 59 %)
- Die übrigen auslösenden Faktoren wie land- und forstwirtschaftliche Einflüsse oder Bebauung spielen dagegen nur eine untergeordnete Rolle

Niederschlagsereignisse 1994–2001 im Schwarzwald/Südwestdeutschland
Auch in Mittelgebirgen ist der anthropogene Einfluss auf die Entstehung von Hangbewegungen nicht zu unterschätzen.

Änderungen in der Geometrie des Hanges
Böschungsanschnitte ohne ausreichende bergseitige Sicherung einerseits sowie der Aufbau von künstlichen Böschungen in steilen Hängen andererseits sind die häufigsten anthropogenen Ursachen von Massenbewegungen nach Starkniederschlägen (Abb. 7.51). Besonders bei in steilem Gelände angelegten Fortstraßen war häufig ein Versagen der Böschung zu beobachten, da hier – wahrscheinlich aus Kostengründen – auf die nach ZTVE-StB-94 geforderte künstliche Abtreppung des Untergrundes vor der Aufschüttung mit zusätzlichem Schüttmaterial verzichtet wurde.

Besonders davon betroffen sind Straßenabschnitte, die Hangmulden überbrücken, da hier einerseits zum Erreichen der Sollhöhe talseitig hohe Böschungen nötig sind, die zudem steil geböscht werden müssen, um den Geländeverbrauch in Grenzen zu halten. Außerdem besitzen diese Hangmulden bergseits oft große Einzugsgebiete.

Abb. 7.51 Zerstörung einer Maschinenhalle bei Schapbach. Die Böschung eines Forstweges versagte am 30.12.2001 nach langen Regenfällen. Die Basis für die Aufschüttung des Forstweges war nicht abgetreppt worden, obwohl die Felsoberfläche sehr steil talwärts geneigt ist, ROHN & RUFF (2005)

Beeinflussung des Oberflächenabflusses
Die Transportkapazität kleiner, oft nur periodisch fließender Bäche wird bei Starkniederschlägen fast generell unterschätzt. Gebäude oder dem Talverlauf folgende Wege engen den Talquerschnitt zusätzlich ein (Abb. 7.52). Durch Seitenerosion zerstörte Straßen und Gebäude sind bei Starkniederschlägen daher besonders häufig zu beobachten.

Bachdurchlässe sind meist zu gering für Starkniederschlagsereignisse dimensioniert, der Bach bricht dann an diesen Engstellen aus seinem Bett aus. Zusätzlich wird beim Bau der Bachdurchlässe meist nicht auf eine exakte Ausrichtung des

Abb. 7.52 Während eines 1,5 h dauernden Gewitters am 24.06.1994 von Bachschutt verschüttetes Haus bei Oppenau (Photo: KÜHNLE, 1996), ROHN & RUFF (2005)

Abb. 7.53 Häufige Konstruktionsfehler sind falsch ausgerichtete Bachdurchlässe. Die Betonröhren bündeln das Wasser wie ein Düsenstrahl. Wo das Wasser das Ufer trifft, entstehen schwere Erosionsschäden, ROHN & RUFF (2005)

Betonrohres geachtet. Der durch den Durchlass wie ein Schneidstrahl kanalisierte Bach verursacht dann beim Auftreffen auf das Bachufer starke Erosionsprozesse (Abb. 7.53).

Änderung der Bewirtschaftung
Fast alle beobachteten Massenbewegungen ereigneten sich in Wiesengelände, Streuobstwiesen oder vereinzelt in Rebgelände. Massenbewegungen im Wald waren die Ausnahme. Vereinzelt traten zwar große, tiefgreifende Massenbewegungen auf, kleine flachgründige Rutschungen wurden jedoch nicht gefunden. Dies ist vermutlich auf die oberflächennahen Haltekräfte der Wurzeln („Wurzelkohäsion") und die zusätzliche Auflast der Bäume zurückzuführen, die einem dilatanten Bruchverhalten der oberflächennahen Bodenschichten entgegenwirkt.

Ausblick
Schäden durch Massenbewegungen nach Starkniederschlägen werden sich auch in Zukunft nicht vermeiden lassen, da für diese relativ seltenen Ereignisse flächendeckende aufwendige Maßnahmen wirtschaftlich nicht vertretbar sind. Aber bereits durch geringe zusätzliche Aufwendungen, wie z. B. generell etwas größer dimensionierte und besser ausgerichtete Bachdurchlässe, auch bei Bächen mit kleineren Einzugsgebieten, und einer besseren Fundierung von Forststraßen in steilem Gelände, wäre zumindest ein Teil der Schäden zu vermeiden.

8 Stabilitätsbetrachtungen flachgründiger Lockergesteinsrutschungen

8.1 Allgemeines

Bei Stabilitätsbetrachtungen eines Hanges werden immer die treibenden Kräfte in Relation zu den haltenden Kräften betrachtet. Der Versagensmechanismus einer Böschung wird nach [DIN 4084 Beiblatt 1, 1991] folgendermaßen beschrieben:

Ein Lockerboden „bricht", wenn seine Scherfestigkeit durch die angreifenden Kräfte in zusammenhängenden Bereichen ausgeschöpft ist, sodass kein Gleichgewicht mehr zwischen angreifenden und widerstehenden Kräften möglich ist.

Die Standsicherheit η einer Böschung wird wie folgt beurteilt:

$$\eta = \frac{rueckhaltende\ Kraefte}{treibende\ Kraefte}$$

Bei einem kohäsionslosen Boden, der nicht im Grundwasserbereich liegt und bei dem kein Porenwasserdruck vorherrscht, werden die haltende und treibende Kraft nachfolgenden Gleichungen bemessen (Typ 1 in Abb. 8.1):

Treibende Kraft:

$$T = N \cdot \tan\beta = G \cdot \sin\beta = \gamma \cdot l \cdot d \cdot \sin\beta$$

Rückhaltende Kraft:

$$R = N \cdot \tan\varphi' = \gamma \cdot l \cdot d \cdot \cos\beta \cdot \tan\varphi'$$

Die Sicherheit gegen Gleiten entspricht hier:

$$\eta = \frac{R}{T} = \frac{N \cdot \tan\varphi'}{N \cdot \tan\beta} = \frac{\tan\varphi'}{\tan\beta}$$

Bei Sättigung bzw. beim Aufbau eines Strömungs- oder Porenwasserdruckes treten zusätzliche Kräfte auf. Während es bei bindigen Böden bei Vollsättigung zum Abbau der Kohäsion kommt und damit die haltenden Kräfte herabgesetzt werden, wirkte sich bei rolligen Böden der ansteigende Strömungs- oder Porenwasserdruck

M. Moser et al., *Hangmuren*, https://doi.org/10.1007/978-3-662-70285-7_8

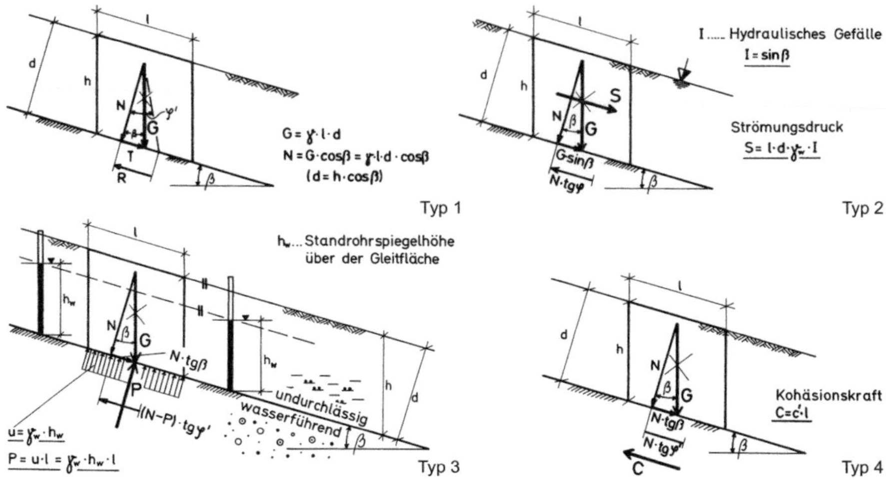

Abb. 8.1 Kräfteverhältnisse bei Stabilitätsbetrachtungen von Böschungen. Links oben (Typ 1): Ebene Gleitfläche zufolge Schwerkraft, ohne Grundwasser; rechts oben (Typ 2): Ebene Gleitfläche zufolge Schwerkraft und Grundwasserströmung; links unten (Typ 3): Ebene Gleitfläche zufolge Schwerkraft und Porenwasserdruck; rechts unten (Typ 4): Ebene Gleitfläche zufolge Schwerkraft und Kohäsion; VEDER (1979), HAMBERGER (2007)

auf die Stabilität der Rutschungshänge aus. VEDER (1979) zeigt auf, wie sich fein- und gemischtkörnige Böden durch den Aufbau eines Porenwasser- oder Strömungsdruckes verändern.

Bei kohäsionslosen Lockergesteinsdecken und einer hangparallelen Grundwasserströmung werden die rückhaltenden und treibenden Kräfte sowie der daraus resultierende, verminderte Sicherheitsfaktor η folgendermaßen berechnet (Typ 2 in Abb. 8.1):

Treibende Kraft:

$$T = G \cdot \sin\beta + S = l \cdot d \cdot \left(\gamma' \cdot \sin\beta + \gamma_w \cdot I\right) = l \cdot d \cdot \sin\beta \cdot (\gamma' + \gamma_w)$$

Rückhaltende Kraft:

$$R = N \cdot \tan\varphi' = G \cdot \cos\beta \cdot \tan\varphi' = l \cdot d \cdot \gamma' \cdot \cos\beta \cdot \tan\varphi'$$

Die Sicherheit gegen Gleiten ist hier ebenso:

$$\eta = \frac{R}{T} = \frac{l \cdot d \cdot \gamma' \cdot \cos\beta \cdot \tan\varphi'}{l \cdot d \cdot \sin\beta \cdot (\gamma' + \gamma_w)} = \frac{\gamma' \cdot \tan\varphi'}{(\gamma' + \gamma_w) \cdot \tan\beta}$$

Bei der Annahme, dass $\gamma' \simeq \gamma_w$ ergibt sich schließlich für die Sicherheit:

$$\eta = \frac{\tan\varphi'}{2 \cdot \tan\beta}$$

Beim Aufbau eines Porenwasserdruckes wirken sich die Kräfte folgendermaßen auf die Sicherheit aus (Typ 3 in Abb. 8.1):

Treibende Kraft:

$$T = N \cdot \tan\beta = \gamma_r \cdot l \cdot d \cdot \cos\beta \cdot \tan\beta = \gamma_r \cdot l \cdot h \cdot \cos^2\beta \cdot \tan\beta$$

Rückhaltende Kraft:

$$R = (N - P) \cdot \tan\varphi' = (\gamma_r \cdot l \cdot h \cdot \cos\beta - \gamma_w \cdot h_w \cdot l) \cdot \tan\varphi'$$

$$R = \left(\gamma_r \cdot l \cdot h \cdot \cos^2\beta - \gamma_w \cdot h \cdot \cos^2\beta \cdot l\right) \cdot \tan\varphi' = l \cdot h \cdot \cos^2\beta \cdot (\gamma_r - \gamma_w) \cdot \tan\varphi'$$

Die Sicherheit gegen Gleiten ist hier ebenso:

$$\eta = \frac{R}{T} = \frac{l \cdot h \cdot \cos^2\beta \cdot (\gamma_r - \gamma_w) \cdot \tan\varphi'}{\gamma_r \cdot l \cdot h \cdot \cos^2\beta \cdot \tan\beta} = \frac{(\gamma_r - \gamma_w) \cdot \tan\varphi'}{\gamma_r \cdot \tan\beta} = \frac{\gamma' \cdot \tan\varphi'}{(\gamma' + \gamma_w) \cdot \tan\beta}$$

Bei der Annahme, dass $\gamma' \simeq \gamma_w$ ergibt sich schließlich für die Sicherheit:

$$\eta = \frac{\tan\varphi'}{2 \cdot \tan\beta}$$

Somit kann gefolgert werden, dass bei kohäsionslosen Lockergesteinsdecken mit einer hangparallelen Grundwasserströmung, von der auch KÄRCHER (1987) bei seinen Untersuchungen ausgeht, sowie beim Aufbau eines Porenwasserdruckes, sich die Sicherheit im Vergleich zum Modell „ohne Grundwasser" (Typ 1 in Abb. 8.1) halbiert.

Die Ergebnisse 1966 und 1975 in Oberkärnten in schwachbindigen und rolligen Lockergesteinsdecken legen eine solche Betrachtung nahe.

Bei der Annahme eines durchschnittlichen wirksamen Reibungswinkel von 38° (SCHOBER & HOHENSINN, 1980) ergeben sich Werte von $\beta = 22°$. Dieser theoretische Wert wurde auch durch die Beobachtung bestätigt, dass keine untersuchte Rutschung an Hängen < 20° auftrat.

Bei feinkörnigen Böden muss die Kohäsion berücksichtigt werden. Ohne Durchströmung wirken folgende Kräfte (Typ 4 in Abb. 8.1):

Treibende Kraft:

$$T = N \cdot \tan\beta$$

Rückhaltende Kraft:

$$R = N \cdot \tan\varphi' + C$$

Die Sicherheit gegen Gleiten kohäsiver Böden ist demnach:

$$\eta = \frac{R}{T} = \frac{N \cdot \tan\varphi' + C}{N \cdot \tan\beta}$$

8.2 Berechnungen für das Niederschlagsereignis 1997 in Sachseln/Kanton Obwalden

In Abschn. 7.1 wurden Abschätzungen der Scherparameter für die unterschiedlichen Lockergesteinstypen des Untersuchungsgebietes angegeben. Betrachtet man den Zustand der Vollsättigung einer Böschung und der damit verbundenen böschungsparallelen Strömung innerhalb einer kohäsionslosen Hangschuttdecke, so befindet sich nach VEDER (1979) eine Böschung mit einer Neigung von 19° bei einem Reibungswinkel von 35° im labilen Gleichgewicht ($\eta = 1$). Bei höheren Böschungsneigungen sinkt der Wert stark ab. Ein Großteil der Rutschungen von Sachseln ereigneten sich jedoch im Hangneigungsbereich zwischen 30 und 45°; daraus kann gefolgert werden, dass bei den Stabilitätsbetrachtungen weitere rückhaltende Kräfte wirken müssen. Demzufolge muss die Kohäsion berücksichtigt werden und die o. g. Stabilitätsberechnungsformel kann hier nicht verwendet werden.

Beruhend auf der Berechnungsgrundlage der [DIN 4084, 1991] bietet das Böschungsbruchberechnungsprogramm BOESCH die Möglichkeit, mit der Methode nach Janbu Böschungsbruchberechnungen an polygonalen Gleitflächen vorzunehmen. Dem Programm liegen folgende Berechnungsverfahren der Sicherheit η zugrunde:

$$\eta = \frac{\sum T_i + \sum M_s}{\sum G_i \cdot \tan\vartheta_i + \sum M}$$

mit

$$T_i = \frac{[G_i - (u_i + \Delta u_i) \cdot b_i] \cdot \tan\varphi_i + c_i \cdot b_i}{\cos^2\vartheta_i \cdot \left(1 + \frac{1}{\eta}\tan\varphi_i \cdot \tan\vartheta_i\right)}$$

η Böschungsbruchsicherheit
G_i Eigenlast der einzelnen Lamelle [kN/m]
M Momente der in G_i nicht enthaltenden Lasten und Kräfte um den Mittelpunkt des Gleitkreises (positiv, wenn antreibend) [kN·m/m]
M_s Momente um den Mittelpunkt des Gleitkreises, nicht in T_i berücksichtigt [kN·m/m]
T_i für die einzelne Lamelle vorhandene widerstehende tangentiale Kraft des Bodens in der Gleitfläche [kN/m]
ϑ_i Tangentenwinkel der betreffenden Lamelle zur Waagrechten [°]
b_i Breite der Lamelle [m]
φ_i der für die einzelne Lamelle maßgebende Reibungswinkel [°]
c_i die für die einzelne Lamelle maßgebende Kohäsion [kN/m^2]
u_i der für die einzelne Lamelle maßgebende Porenwasserdruck [kN/m^2]
Δu_i der für die einzelne Lamelle maßgebende Porenwasserüberdruck infolge der Konsolidierung des Bodens [kN/m^2]

Nach BUSS (1999) ist eine Berücksichtigung von Konsolidierungsvorgängen unter Verwendung der $\varphi_u = 0$-Analyse am exaktesten, wenn als Scherparameter φ_u und c_u, die Bodenkennwerte im Anfangszustand (UU-Versuch), zur Berechnung herangezogen werden. Dabei wird der Porenwasserdruckbeiwert auf Null gesetzt. Um die Sättigung der Lockergesteinsböschung berücksichtigen zu können, wurde in die Berechnungen die Lage einer Porenwasserdrucklinie bzw. Sickerwasserlinie miteinbezogen.

Aufgrund der Variationsbreite der Scherparameter wurden Stabilitätsberechnungen mit unterschiedlichen φ_u- und c-Werten an zwei Rutschungen mit unterschiedlichen Lagen der Sickerwasserlinie durchgeführt. Die Daten der beiden Rutschungen kommen in Tab. 8.1 zur Darstellung.

Während bei der Rutschung 3–87 eine Lockergesteinsprobe entnommen und im Labor untersucht wurde, wurden zwei Proben der Rutschung 3–1 bodenmechanisch analysiert. Da die Analysen der beiden Proben der Rutschung 3–1 zu geringfügig unterschiedlichen Ergebnissen führten, wurden bei den Berechnungen zwei verschiedene Schichten berücksichtigt.

Die Ergebnisse der Böschungsbruchberechnungen werden in der Tab. 8.2, die verwendeten Profile für die Erstellung der Berechnungsmodelle in der Abb. 8.2 wiedergegeben. Die Auswertung der Berechnungen zeigt hinsichtlich der Scherparameter, dass das 2-Schichtmodell der Rutschung 3–1 mit den Reibungskoeffizienten $\varphi = 33°$ und $c = 5$ kN/m² der Schicht 1 und $\varphi = 28°$ und $c = 7$ kN/m² der Schicht 2 am besten ($\eta = 1$) die Rutschungsdisposition simuliert. Die hierbei verwendeten Wichten der Lockergesteine wurden basierend auf den Ergebnissen der Kornverteilungsuntersuchungen und den untersuchten Plastizitätseigenschaften nach [von Soos, 1990] abgeschätzt. Die Rutschung 3–87 hat sich in Moränenmaterial mit einem φ-Wert von ca. 34° und einer Kohäsion von ca. 3,5 kN/m² ereignet. Bei beiden Rutschungen wurden die Werte bei einer Lage der Sickerwasserlinie an der Geländeoberkante (GOK) erreicht. Dies entspricht dem Fall der Vollsättigung der Lockergesteinsschicht. Tiefer liegende Sickerwasserlinien führten zu η-Werten weit über 1 und damit zu stabilen Böschungen. Ebenso hatten höhere Kohäsionswerte bei diesen Modellrechnungen zu hohe Standsicherheitswerte zur Folge.

Tab. 8.1 Rutschungsdaten zweier für die Böschungsbruchberechnungen herangezogener Rutschungen (* Hang-/Verwitterungsschutt mit umgelagerter Moräne), HAMBERGER (2007)

Rutschungsdaten	Rutschung 3–1	Rutschung 3–87
Lage (X/Y)	664.947/188.221	665.854/188.797
Höhe [m ü. NN]	915	1050
Länge l [m]	12,5	25,5
Breite b [m]	8,5	21,0
Tiefe t_{max} [m]	1,5	1,1
Tiefe t_{mean} [m]	0,5	0,8
Lockergesteinstyp	HS/VS + MOR*	Moräne
Lockergesteinsmächtigkeit [m]	0,3–2	>2

Tab. 8.2 Ergebnisse der Stabilitätsberechnungen der Rutschungen 3–1 (2-Schichtmodell) und 3–87 (1-Schichtmodell) mit Janbu bei Verwendung unterschiedlicher Scherparameter und verschiedener Lagen der Sickerwasserlinie [1] γ-Werte aus VON SOOS (1990), HAMBERGER (2007)

Rutschung	Sickerwasserlinie unter GOK [cm]	Schicht 1			Schicht 2			η
		γ^1 [kN/m³]	φ [°]	c [kN/m²]	γ^1 [kN/m³]	φ [°]	c [kN/m²]	
3–1	0	21,0	33,0	5,0	19,0	28,0	7,0	1,01
	50	21.0	33,0	5,0	19,0	28,0	7,0	1,38
	100	21,0	33,0	5,0	19,0	28,0	7,0	1,62
	Ohne/ unterhalb	21,0	33,0	5,0	19,0	28,0	7,0	1,68
3–1	0	21,0	33,0	10,0	19,0	28,0	13,5	1,75
	50	21,0	33,0	10,0	19,0	28,0	13,5	2,11
	100	21,0	33,0	10,0	19,0	28,0	13,5	2,36
	Ohne/ unterhalb	21,0	33,0	10,0	19,0	28,0	13,5	2,42
3–87	0	19,5	34,0	3,5	–	–	–	0,98
	50	19,5	34,0	3,5	–	–	–	1,41
	100	19,5	34,0	3,5	–	–	–	1,76
	Ohne/ unterhalb	19,5	34,0	3,5	–	–	–	1,85
3–87	0	19,5	28,0	7	–	–	–	1,35
	50	19,5	28,0	7	–	–	–	1,70
	100	19,5	28,0	7	–	–	–	1,97
	Ohne/ unterhalb	19,5	28,0	7	–	–	–	2,04

RICKLI (2001) hat im Rahmen der Felduntersuchungen ebenfalls bodenmechanische Berechnungen durchgeführt, um Aussagen über die Stabilität der Rutschungshänge von Sachseln zu machen. Die Verwendung von Bodenkennziffern nach VSS Vereinigung Schweiz (1959) bei der Methode der „unendlich langen Böschung" ohne Kohäsion führte zu dem Ergebnis, dass aufgrund des hohen Feinanteils der Lockergesteine im Rutschungsbereich keine realitätsnahen Aussagen bezüglich der Stabilität gemacht werden konnten. Des Weiteren versuchte er mit der Methode nach Janbu, welche die Kohäsion berücksichtigt, die Stabilität zu beurteilen. Auch dieses Modell wurde der Realität der aufgetretenen, flachgründigen Rutschungen nicht gerecht.

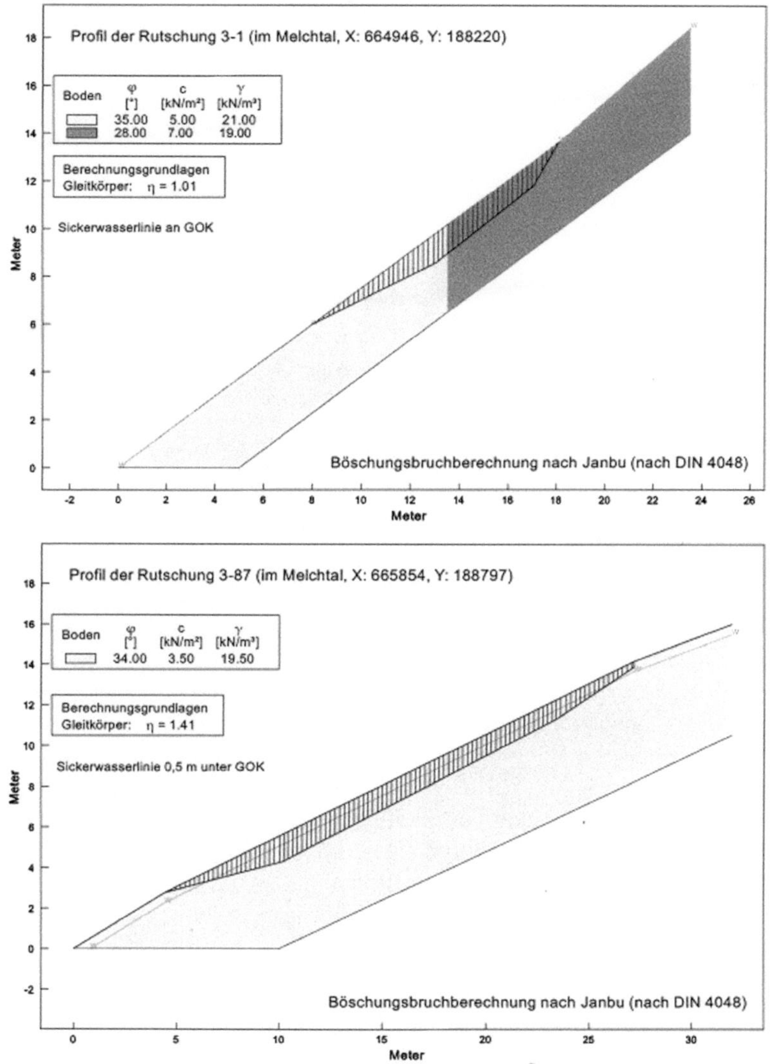

Abb. 8.2 Geotechnische Profile der Böschungsbruchberechnung nach Janbu. Oben: Zwei-Schichtmodell (30 Lamellen) der Rutschung 3–1 innerhalb der Hang-/ Verwitterungsschuttdecke mit umgelagerter Moräne. Unten: Ein-Schichtmodell (100 Lamellen) der Rutschung (3–87), entstanden im Lockergesteinstyp Moräne (Daten zu den Rutschungen s. Tab. 8.1)

8.3 Stabilitätsbetrachtungen für das Niederschlagsereignis 1975 in Oberkärnten

Vorbemerkung

Die bodenmechanischen Untersuchungen erfolgten an 16 Hangbewegungen anlässlich des Niederschlagsereignisses 1975 in Oberkärnten. Im speziellen wurde für eine Hangmure in Döbriach, Millstätter Seegebiet/Oberkärnten eine Stabilitätsanalyse

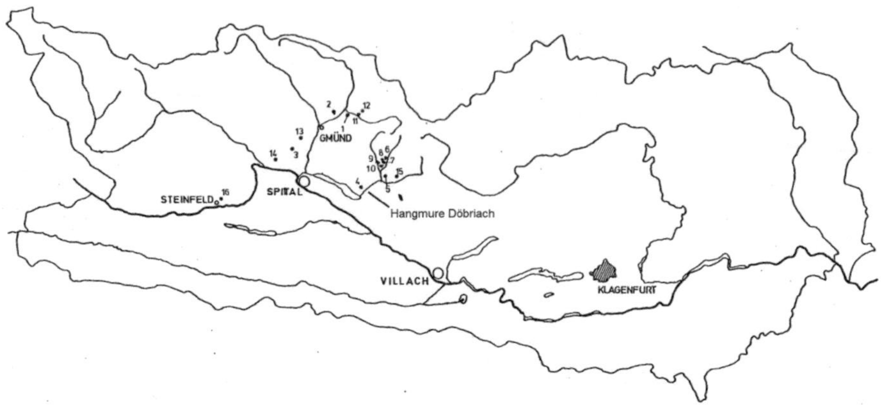

Abb. 8.3 Lage der untersuchten Hangmuren in Oberkärnten

durchgeführt. Die aufgenommenen Muren können der Abb. 8.3 entnommen werden. Texte und Diagramme beziehen sich auf die Veröffentlichungen von HOHENSINN (1979), SCHOBER & HOHENSINN (1980) und MOSER & HOHENSINN (1983).

Aufgrund der großen Anzahl von 16 untersuchten Anbrüchen waren statistische Auswertungen möglich. Es konnte ein Kriterium aufgestellt werden, mit dem es künftig möglich ist, den Grad der Bruchgefährdung, z. B. bei der Aufstellung von Gefahrenzonenplänen zu beurteilen. Der wesentliche Vorteil besteht darin, dass für die Beurteilung nur die Hangneigung sowie die Ergebnisse von einfach durchzuführenden Sondierungen mit der leichten Rammsonde (LRS) vorliegen müssen.

Das Untersuchungsprogramm umfasste neben Aufnahmen und Untersuchungen im Feld auch umfangreiche Laborversuche an entnommenen Bodenproben. Erst im Zusammenwirkungen von Feld- und Laborversuchen war eine genaue Klassifizierung der Böden und eine bodenmechanische Auswertung der Bruchursache möglich.

Voraussetzung für das Erfassen des Bruchmechanismus ist die genaue Kenntnis der Geländeverhältnisse. Alle Anbrüche wurden daher tachymetrisch aufgenommen. Für jeden Anbruch konnte ein Schichtenplan gezeichnet und in Schnitten die Anbruchsform dargestellt werden. Da das Gelände außerhalb des Bruchbereiches in die Vermessung mit einbezogen wurde, ließ sich aus dem Verlauf der Schichtenlinien das ursprüngliche Gelände rekonstruieren. Die Anbrüche waren durchwegs als flache Gleitungen mit durchschnittlichen Tiefen von 2–3 m einzustufen. Vereinzelte Anbrüche waren bis zu 4 m tief.

Bodenmechanische Ergebnisse an den untersuchten Hangmuren
Feldversuche

a) Dichtebestimmung durch Flüssigkeitsersatzverfahren:
   Diese Methode wurde ausgewählt, da sie wenig Gerätschaft erfordert und dennoch eine hohe Genauigkeit besitzt. Die Versuche kamen innerhalb und am Rand der Ausbrüche zur Ausführung. In Abb. 8.5 (rechtes Diagramm) ist der

Dichteverlauf aller Hangmuren dargestellt. Es zeigt sich eine Zunahme der Dichte von der Geländeoberfläche bis in den Bereich der Gleitfläche, darunter bleibt die Dichte im Allgemeinen konstant.

b) Sondierung mit der leichten Rammsonde:
Auch diese Untersuchungen wurde wie die Dichtebestimmung innerhalb und außerhalb der Anbrüche durchgeführt. Bei der Auswertung kamen die Beziehungen nach TEFERRA (1975) zur Anwendung. Diese gelten streng nur für Sande und Kiese. Sie brachten aber auch im vorliegenden Hangschutt brauchbare Ergebnisse. Nach TEFERRA ergibt sich für eine Tiefenlage unterhalb der kritischen Tiefe t_c „bezogene Lagerungsdichte" I_D aus

$$I_D = 0{,}340 + 0{,}270 \log \overline{N}_{20}$$

Oberhalb t_c lautet die Bezeichnung

$$I_D = -0{,}145 + 0{,}385 \log N_{20} - 0{,}385 \log \sigma_{ü}$$

Hierbei ist

$$\sigma_{ü} = \frac{\sigma_{ü}}{\sigma_{ü_0}}$$

$\sigma_{ü}$ Überlagerungsdruck, $\sigma_{ü_0}$ Einheitsüberlagerungsdruck $= 10$ N/cm^2, N_{20} Schlagzahl der schweren Rammsonde bei 20 cm Eindringung, $\overline{N}_{20}$ N_{20} bei der kritischen Tiefe (auch Grenztiefe) t_c.
Unter t_c wird jene Tiefe verstanden, ab der der Schwerwiderstand im homogenen, nicht bindigen Boden konstant bleibt. Bis t_c nimmt er linear von der Geländeoberfläche aus zu. t_c ergibt sich aus

$$\eta_d = \frac{t_c}{d}$$

$$\log \eta_d = 0{,}839 + 0{,}296 \log \overline{N}_{20} \pm 0{,}094$$

η_d Grenztiefenwert für die dynamische Sonde, d Sondendurchmesser.
Die Schlagzahl N_{20} der verwendeten leichten Rammsonde (LRS) sind auf die der schweren Rammsonde $N_{20\,SRS}$ umzurechnen, und zwar mit

$$N_{20\,SRS} = 0{,}6\, N_{20\,LRS}$$

In der Abb. 8.5 (linkes Diagramm) ist der Verlauf der bezogenen Lagerungsdichte I_D im Bezug zur Tiefe t aufgetragen- Wie ersichtlich, liegt I_D unter der Gleitfläche über 0,6, beim größten Teil der Anbrüche über 0,65. Das entspricht einer Schlagzahl $N_{10\,LRS}$ zwischen 8 und 11. Es ergab sich eine gute Übereinstimmung mit den Dichtebestimmungen (Abb. 8.4).

Untersuchungen im Labor
Kornverteilung und Plastizität
Von allen entnommenen Proben wurden die Korngrößenverteilungen bestimmt. Abb. 8.6 gibt die Hüllkurve aller untersuchten 61 Proben wieder. Drei „Ausreißer"

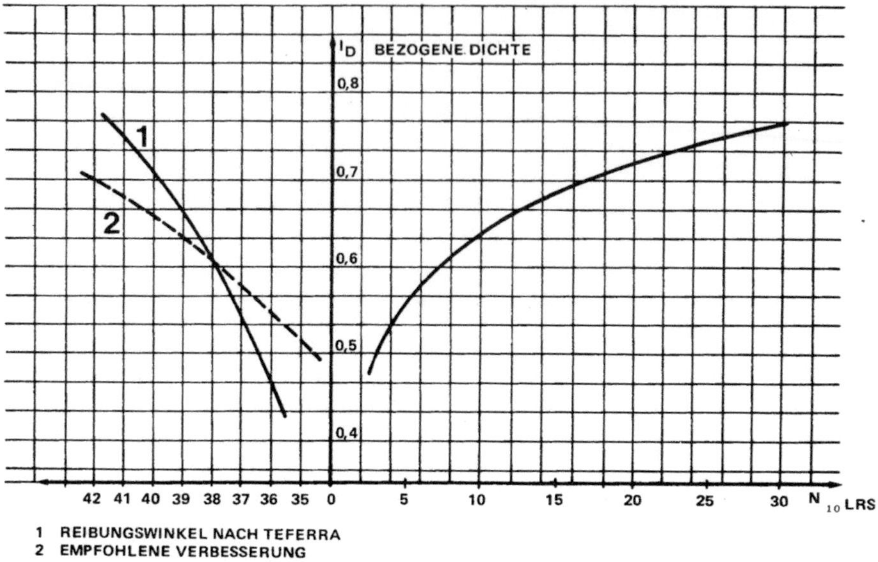

Abb. 8.4 Beziehung zwischen Schlagzahl $N_{10\,LRS}$, bezogener Dichte I_D und Reibungswinkel φ'

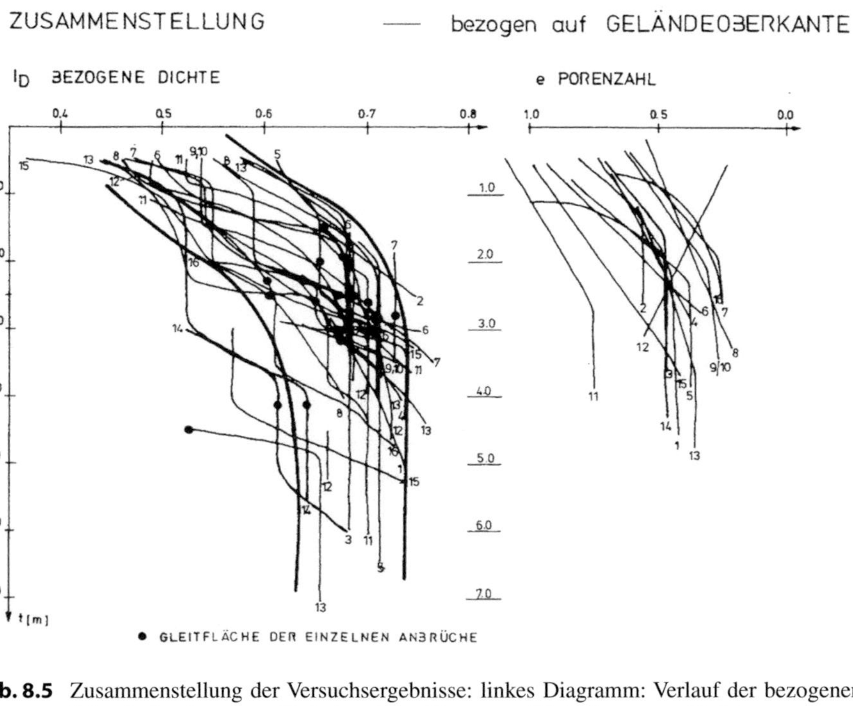

Abb. 8.5 Zusammenstellung der Versuchsergebnisse: linkes Diagramm: Verlauf der bezogenen Lagerungsdichte I_D im Bezug zur Tiefe t; rechtes Diagramm: Dichtebezug zur Tiefe t

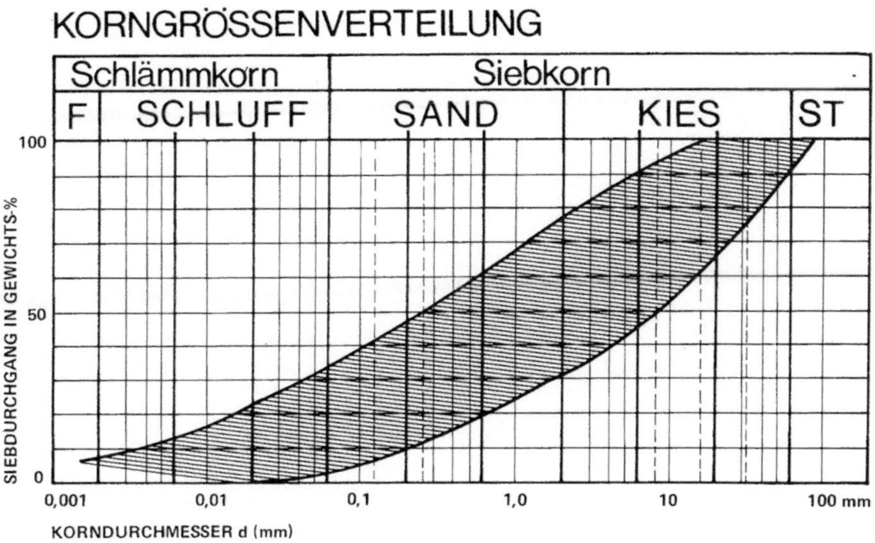

Abb. 8.6 Streuungsbereich der untersuchten Böden von 13 Hangmuren

wurden nicht berücksichtigt. Der Streuungsbereich liegt zwischen einem schwach schluffigen, sandigen Kies und einem schluffigen, kiesigen Sand. Die Ungleichförmigkeitszahlen betragen 79 bis 136.

Der Kornbereich unter 0,4 mm wurde von den Proben mit höheren Schluffgehalt auf seine Plastizität untersucht. Mit Ausnahme von zwei Proben erwies er sich als völlig unplastisch und ging somit bei Steigerung des Wassergehaltes unmittelbar vom festen in den flüssigen Zustand über.

Scherfestigkeit

Die Scherfestigkeit der untersuchten Böden wurde aus Triaxialversuchen in Anlehnung an BISHOP-HENKEL und an die ÖNORM B 4416 ermittelt. Um der Natur entsprechende Werte zu erhalten, durfte nur mit geringen Seitendrücken $\sigma 3$ gearbeitet werden. Bei Überlagerungen von 1,5 bis 3,5 m und Böschungsneigungen von ca. 30° liegen die wirksamen Spannungen in der Gleitfläche zwischen 2,6 N/cm^2 und 6 N/cm^2. Durch Porenwasserdruckwirkungen sinken diese Werte noch beträchtlich ab. Für die Versuche wurde die größte noch handelsübliche Triaxialzelle von 15 cm Porendurchmesser und 30 cm Probenhöhe gewählt. Bei diesen Abmessungen konnten Messfehler trotz der geringen Spannungen relativ klein gehalten werden.

Die Versuche wurden als CU-Versuche ausschließlich mit gestörten Proben gefahren. Da die Porenwasserdruckmessungen an beiden Probenenden erfolgten, konnte nach der Sättigung die Zeit des Porenwasserdruckausgleiches über die gesamte Probe gemessen werden. Danach wurde die Versuchszeit bestimmt. Alle Messgrößen (Stempelkraft, Porenwasserdruck, Probenvolumsänderung, Zelldruck) wurden elektronisch gemessen. Es konnten beliebige Vorschubsgeschwindigkeiten gewählt werden, ohne zeitliche Behinderung, wie sie bei Ablesungen auftreten. Die gefundenen wirksamen Reibungswinkel φ‘ sind in der Abb. 8.7 im Bezug zur Tiefe t dargestellt. Die einer Hangmure zugehörigen Werte sind miteinander verbunden. Bei den als „unter der Gleitfläche“ gekennzeichneten Probe handelt es sich auch um solche aus dem Randbereich, die weniger tief unter dem ursprünglichen Gelände lagen als die Gleitfläche in der Mitte des Anbruchs.

Von den 16 einander zugeordneten Reibungswinkeln nehmen 13 mit der Tiefe zu, 2 ab, und in einem Fall lässt sich keine eindeutige Richtung erkennen. Dies kann als gute Bestätigung der Feldversuche angesehen werden.

Neben der Scherfestigkeit ist auch das Verformungsverhalten eines Bodens während des Bruchvorganges von Bedeutung. Er wird sich

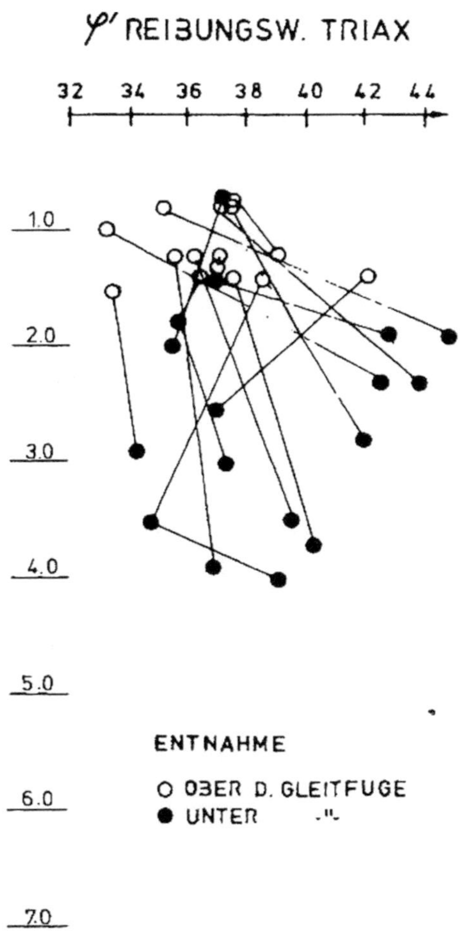

Abb. 8.7 Wirksamer Reibungswinkel φ′ zur Tiefe D

- bei dichter Lagerung (e kleiner $e_{krit.}$) auflockern,
- bei lockerer Lagerung (e größer $e_{krit.}$) verdichten und
- bei „kritischer Dichte" ($e = e_{krit.}$) die Dichte beibehalten.

Im gesättigten Boden über der kritischen Dichte (dichte Lagerung) baut sich durch die Auflockerung der Porenwasserdruck vorübergehend ab, und es entsteht ein Porenwasserunterdruck. Dadurch wird der Scherwiderstand erhöht. Im gesättigten Boden unter der kritischen Dichte (lockere Lagerung) wird beim Schervorgang ein Porenwasser-Überdruck aufgebaut, wodurch ein rascher Festigkeitsverfall eintritt.

Geotechnische Untersuchungen zur Stabilitätsanalyse der Hangmure Döbriach, Millstätter Seegebiet/Oberkärnten (zur Lage s. Abb. 8.5*).*

Kurzkennzeichnung

- Geometrie des Anbruches: B = 23 m, L = 25 m, T = 2–2,5 m, F = ≈ 600m^2, T/L = 0,1
- Ausgangspunkt der Hangbewegung: Terrassenkante
- Hangneigung: 35–40°
- Art des Lockergesteins: Hangschutt (schluffiger, sandiger Kies) auf kristallinen Schiefern
- Vegetation, Exposition: Wiese, Osten
- Tag der Auslösung der Hangmure: 10. April 1975

Die Untersuchungen im Feld betreffen einen tachymetrischen Plan, einen Längenschnitt, Probennahme für bodenmechanische Kennziffern, Dichte aus den Sondierungen und mit der Flüssigkeitsersatzmethode (Abb. 8.8, Abb. 8.9, Abb. 8.10 und Abb. 8.11).

Kriterium für die Beurteilung der Bruchgefährdung
Mit den Ergebnissen der Feld- und Laborversuche waren nun alle Voraussetzungen für eine bodenmechanische Analyse der Bruchursachen gegeben. Im Sinne der bekannten Einflüsse mussten nun für die 16 aufgenommenen Anrisse jede Belastungszustände gefunden werden, die den Bruch zur Auslösung brachten.

Wie aus der Abb. 8.12 ersichtlich wurde für die Stabilitätsuntersuche vereinfacht die „unendlich lange Böschung" herangezogen. Dies schien zulässig, da es sich ausschließlich um flache Gleitkörper mit ausgeprägter Längenerstreckung handelt. Eine weitere Vereinfachung stellt die hangparallele Annahme des Hangwasserspiegels dar. Bei starken Niederschlägen kann der Boden über dem Spiegel GW des strömenden Hangwassers praktisch gesättigt sein und γ zu γ_r werden. Diese Annahme wurde auch den Untersuchungen zugrunde gelegt. Es war nun möglich, den kritischen Hangwasserspiegel beim Bruch zu berechnen. Dieser stieg nur in wenigen Fällen bis nahe an die Oberfläche an.

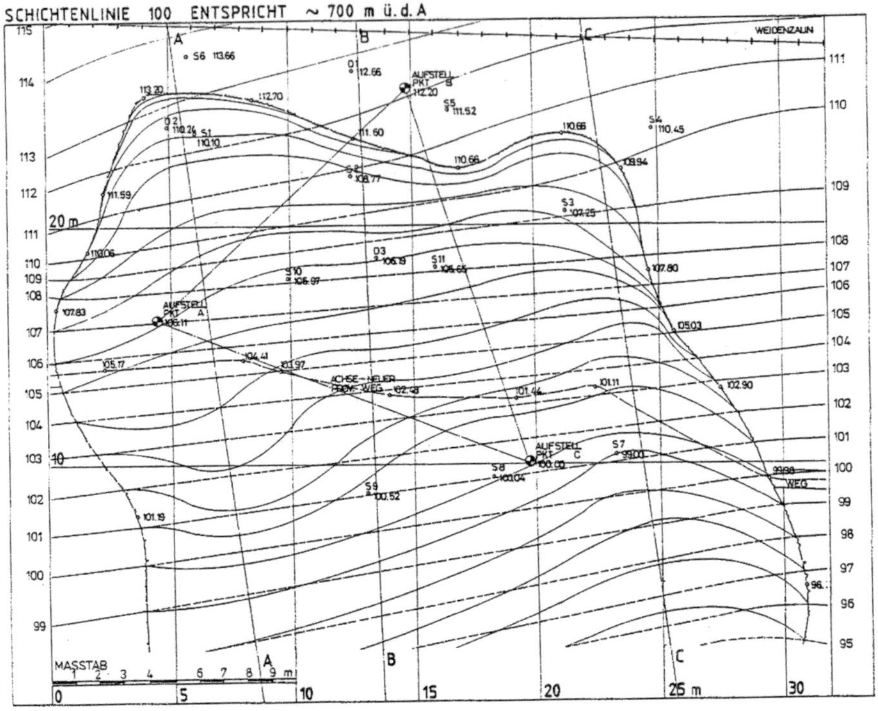

Abb. 8.8 Tachymetrischer Plan mit Lage der Sondierungen (S) und den Probennahmen (D)

Stabilitätsanalyse Hangmure Döbriach
Aus den Abb. 8.13 und 8.14 ist folgendes zu entnehmen:

- Die dichter eingebaute Probe aus dem Bereich der Gleitfläche hat einen hohen Reibungswinkel von $\varphi' = 43–44°$ und zeigt das Verhalten einer dichtgelagerten Probe oberhalb der kritischen Dichte. Die aus geringerer Tiefe entnommene Probe weist einen Reibungswinkel von $\varphi' = 36{,}5–37{,}5°$ auf und ist durch den Verlauf der Volumenänderungskurve sowie des Porenwasserdruckes locker gelagert (Abb. 8.13 rechts).
- Der errechnete Hangwasserspiegel liegt 2,11 m über der Gleitlinie. Da aus dem Verlauf der Sicherheiten auf die einzelnen Tiefen bei dem Hangwasserspiegel die Sicherheiten oberhalb der kritischen Gleitfläche bereits unter 1 sinken, muss ein niedererer Hangwasserspiegel den Böschungsbruch ausgelöst haben. Nach einer weiteren Annahme liegt der Spiegel etwa 1,6 m über der Gleitlinie. Bei dieser Annahme wird $\eta = 1$ etwa 0,5 m ober der tatsächlichen Gleitlinie erreicht. Die endgültige Gleitfläche dürfte sich durch Nachbrüche eingestellt haben (Abb. 8.14).

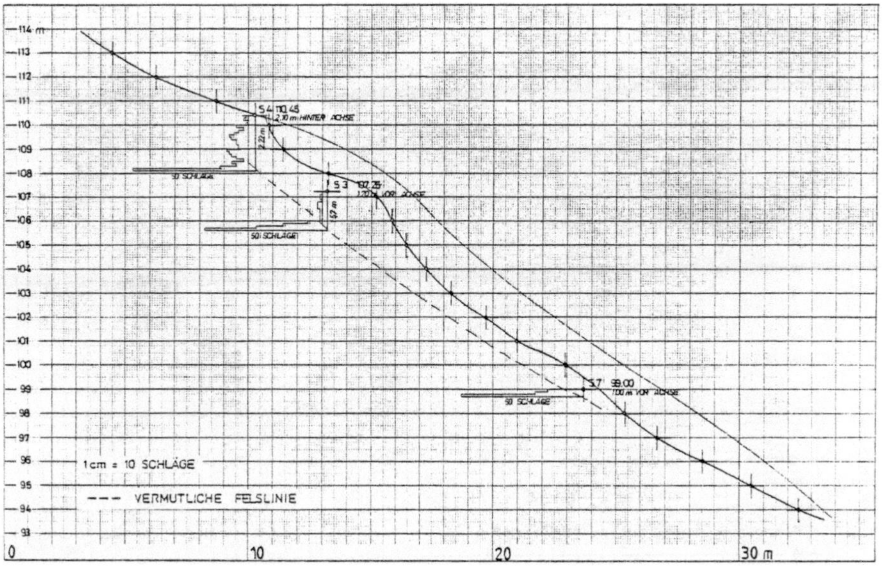

Abb. 8.9 Längenschnitt B mit Lage der Sondierungen (S) und den Probenentnahmestellen (D)

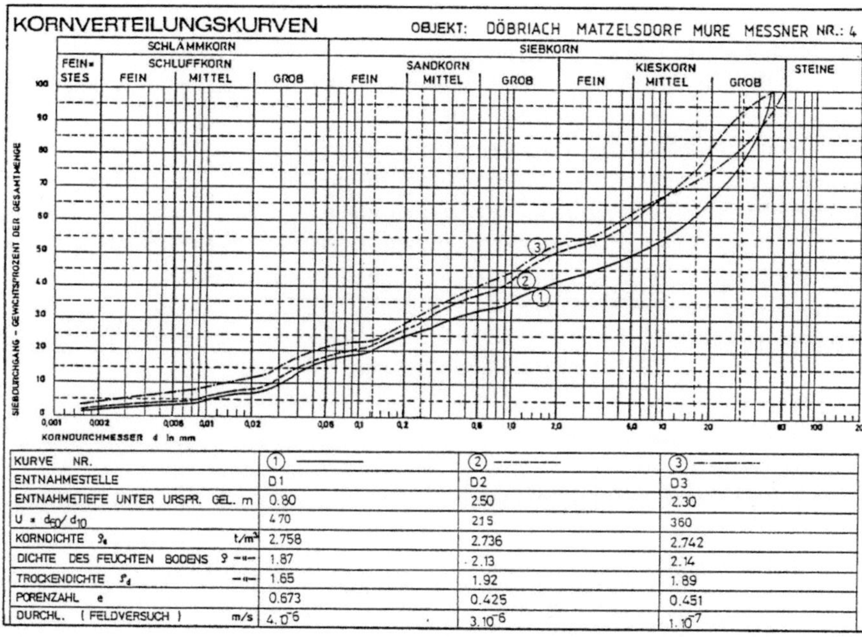

KURVE NR.	① ———	② - - - -	③ -·-·-
ENTNAHMESTELLE	D1	D2	D3
ENTNAHMETIEFE UNTER URSPR. GEL. m	0.80	2.50	2.30
$U = d_{60}/d_{10}$	470	215	360
KORNDICHTE ϱ_s t/m³	2.758	2.736	2.742
DICHTE DES FEUCHTEN BODENS ϱ -"-	1.87	2.13	2.14
TROCKENDICHTE ϱ_d -"-	1.65	1.92	1.89
PORENZAHL e	0.673	0.425	0.451
DURCHL. (FELDVERSUCH) m/s	4.10^{-6}	3.10^{-6}	1.10^{-7}

Abb. 8.10 Kornverteilungskurven D1, D2 und D3 mit bodenmechanischen Kennziffern (zur Lage s. Abb. 8.8)

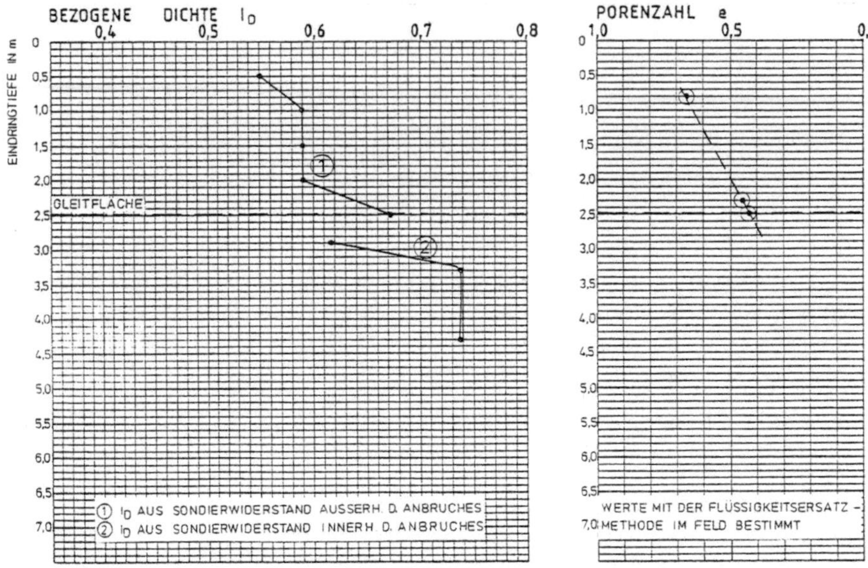

Abb. 8.11 Bezogene Dichte I_D aus den Sondierungen (links), Dichtebestimmung mit der Flüssigkeitsersatzmethode (rechts). Die Untersuchungen in der Gleitfläche von 2,5 m Tiefe zeigen gleiche Dichten

In weiteren Auswertungen der Bruchanalyse war es möglich, das Kriterium der Abb. 8.15 für die Beurteilung der Hanggefährdung aufzustellen. Für seine Anwendung müssen lediglich der Böschungswinkel sowie das Ergebnis von einfach auszuführenden Sondierungen mit der leichten Rammsonde (LRS) bekannt sein.

Für die Aufstellung des Kriterium wurde die in Abb. 8.4 dargestellte, gegenüber TEFERRA verbesserte Bezugskurve zwischen $N_{10\,LRS}$, I_D und φ' verwendet. Sie ist auch der Tab. 8.3 zugrunde gelegt, die Rechenwerte für genauere Untersuchungen angibt. Für diese müssten jedoch auch Beobachtungsdaten über mögliche Hangwasserspiegel vorliegen.

Es können 4 Bereiche

- nicht standsicher
- wahrscheinlich standsicher
- standsicher und
- standsicher auch bei voller Durchströmung

unterschieden werden.

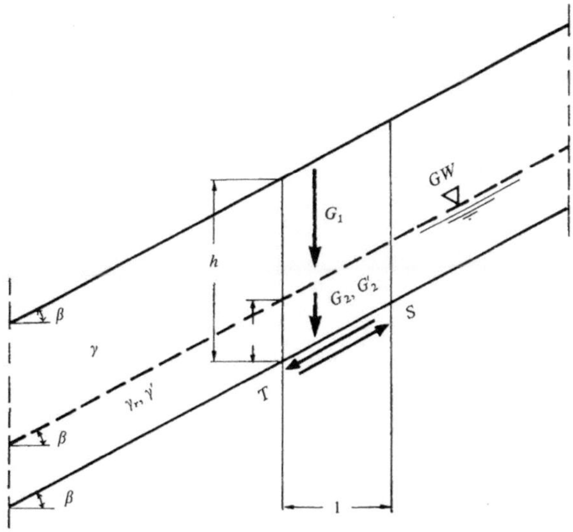

Abb. 8.12 Standsicherheit einer unendlich langen Böschung

$$T = (G_1 + G_2)\sin\beta$$

$$S = (G_1 + G'_2)\cos\beta \cdot \operatorname{tg}\varphi'$$

$G_1 = \gamma(h - h_w)$ γ = Wichte des feuchten Bodens

$G_2 = \gamma_r \cdot h_w$ γ_r = Wichte des gesättigten Bodens

$G'_2 = \gamma' \cdot h_w$ γ' = Wichte des Bodens unter Auftrieb

Für Grenzgleichgewicht gilt $T = S$

$$\text{Sicherheit } \eta = \frac{S}{T}$$

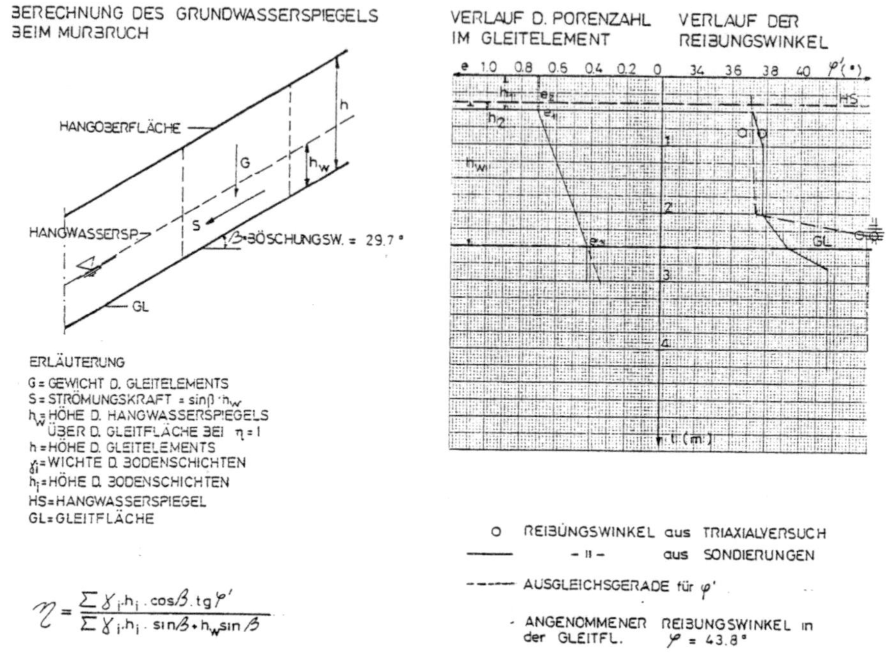

Abb. 8.13 Links: Stabilitätsanalyse; rechts: Verlauf der Porenzahl im Gleitelement sowie der Verlauf der Reibungswinkel

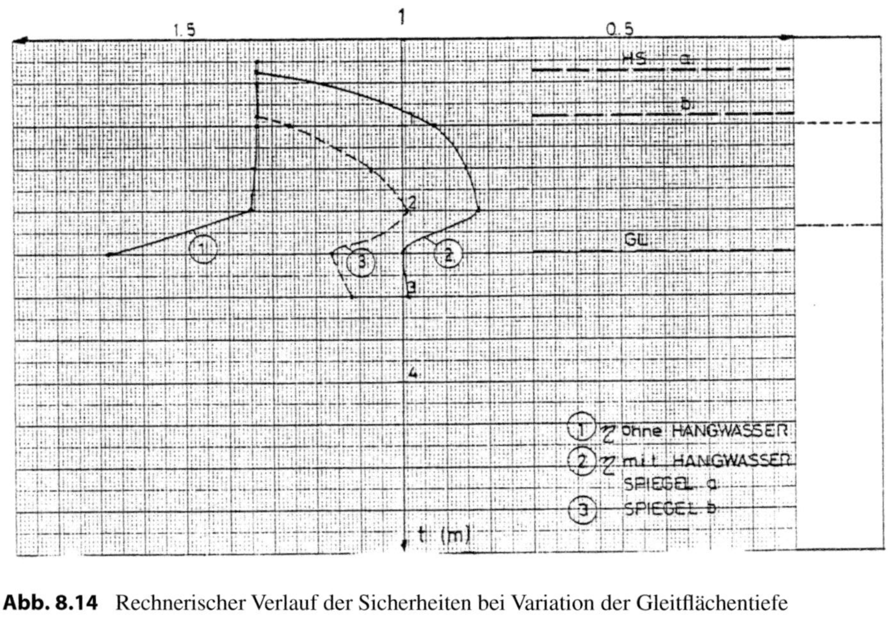

Abb. 8.14 Rechnerischer Verlauf der Sicherheiten bei Variation der Gleitflächentiefe

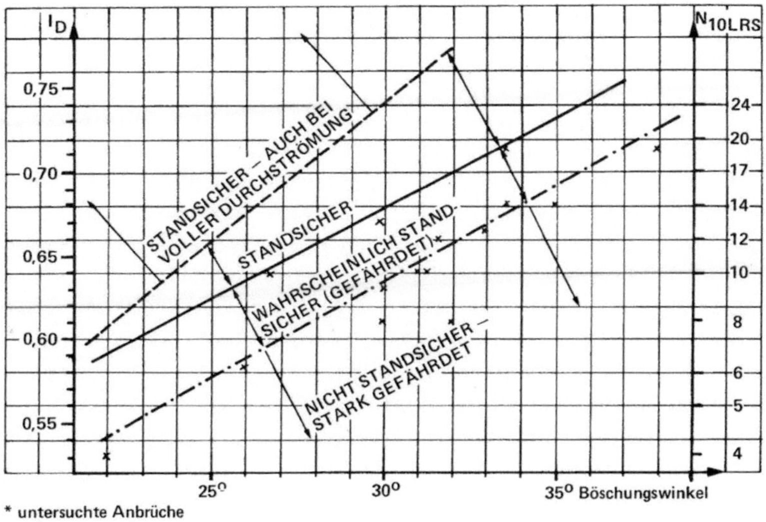

Abb. 8.15 Grobes Kriterium der Standsicherheit des Untergrundes in Abhängigkeit von Böschungswinkel und Rammwiderstand mit der leichten Rammsonde (LRS)

Tab. 8.3 Rechenwerte für die Ermittlung des kritischen Hangwasserspiegels aus den Sondierergebnissen

Schlagzahl N_{10} der leichten Rammsonde	Bezogene Lagerungsdichte I_D	Reibungswinkel φ (Grad)	Wichte des wassergesättigten Bodens γ_r (angen. $\rho_s = 2{,}75\,\mathrm{t/m^3}$)	Porenzahl e
3	0,49	34,3	19,5 kN/m³	0,84
4	0,53	35,5	20,0	0,76
5	0,56	36,5	20,4	0,69
6	0,58	37,1	20,6	0,65
7	0,59	37,5	20,8	0,63
8	0,61	38,2	21,1	0,58
9	0,62	38,6	21,2	0,56
10	0,64	39,3	21,5	0,52
11	0,65	39,7	21,7	0,50
12	0,66	40,2	21,9	0,47
13	0,67	40,6	22,0	0,45
14	0,68	41,1	22,2	0,43
15	0,69	41,6	22,4	0,41
17	0,70	42,2	22,6	0,39
19	0,71	42,7	22,8	0,37
20	0,72	43,2	23,0	0,35
22	0,73	43,8	23,2	0,32
24	0,74	44,4	23,4	0,30
26	0,75	45,0	23,7	0,28

8.4 Innere mechanische Suffosions- und Erosionsvorgänge

Bei der Stabilitätsbetrachtung von schwach bindigen und stark heterogen aufgebauten Lockergesteinen müssen neben den Wirkungen eines erhöhten Porenwasserdrucks und der Abnahme der scheinbaren Haftfestigkeit auch die Folgen von Suffosions- und Erosionsvorgängen in Betracht gezogen werden. Die Untersuchungen an Hangbewegungen in schwach bindigen Lockergesteinen legen die Vermutung nahe, dass durch solche Vorgänge die Stabilität der Hangschuttkörper erheblich herabgesetzt wird.

Bei den inneren Suffosionsvorgängen werden durch konzentrierte Sickerströmungen, ausgehend von Schwachstellen (z. B. Risse und Makroporen), die Feinanteile im Porenraum verlagert und transportiert, ohne dass das Stützskelett der gröberen Körner verändert wird.

Bei inneren Erosionsvorgängen werden dagegen auch, je nach Größe der Schleppspannung von Sickerströmungen, bis zu einer gewissen Größe sämtliche Kornanteile umgelagert, sodass sich im Bodenkörper Röhrensysteme ausbilden können, die sich sowohl im Querschnitt als auch in der Länge vergrößern können. Solche, auch als „piping“ bezeichneten Prozesse, können nach JONES (2010) bis zu 50 % des Wasserabflusses bei Starkniederschlägen ausmachen und stellen daher einen bedeutenden Faktor in der hydrogeologischen Reaktion eines Einzugsgebietes dar. Diese „pipes“ stellen die größte Kategorie von Makroporen dar und verursachen Netzwerke mit der größten Konnektivität (JONES, 2010). Sie sind daher oft ein Hauptfaktor bei der Entstehung von bevorzugten Fließwegen, die auch als „preferential flow“ bezeichnet werden. Die Abflussvorgänge können in diesen „pipes“ fast zeitgleich mit den Starkniederschlägen einsetzen, „quickflow“ nach JONES (2010). Wo es im Hangprofil zu Querschnittsverengungen dieser bevorzugten Fließwege kommt, können in kurzer Zeit lokal starke Porenwasserüberdrücke entstehen, die mit zu den verantwortlichen Auslösefaktoren für flachgründige Hangbewegungen gezählt werden müssen. Daher werden auch häufig kurz nach der Entstehung von flachgründigen Hangbewegungen noch Reste von Makroporen oder „pipes“ in den durch die Hangbewegung freigelegten Abrissflächen gefunden, aus denen oft noch Tage nach dem Niederschlagsereignis Wasser heraussickert.

Da durch innere Suffosionsprozesse eine Erhöhung des Porenvolumens resultiert, können in solch gestörten Erdstoffen nachträglich Erosionsvorgänge anschließen.

Wie das Studium der Abbruchswände zeigt, trocknen nicht nur die Grasnarben, sondern auch der feinkörnige Hangschutt besonders der S und SE exponierten Hänge stark aus. Die Austrocknung führt zu einer Schrumpfung, sodass einzelne Bodenschollen durch vertikale Risse getrennt werden. Durch die periodisch immer wiederkehrenden Starkregenfälle oder die Schneeschmelze dringt das Wasser durch die Risse in den Oberboden ein, die Feinanteile gehen in Suspension und die gröberen Partikel, die in der Schluffmatrix gehalten werden, werden durch das vorhandene Gefälle und den dadurch erzeugten Strömungsdruck nach unten transportiert. Einmal erweitert werden sich die Spalten nicht mehr schließen, sondern es wird sich vielmehr im Laufe der Zeit ein weit verzweigtes unterirdisches Netz von Röhren von erheblichen Durchmesser und Längenausdehnung bilden. CROZIER

(1969) kommt bei der Untersuchung von Rutschungen in Eastern Otago/Neuseeland zu der Überzeugung, dass neben vorherrschend horizontalen Bewegungen sich auch deutliche Hinweise auf vertikale Bewegungen finden, die sich durch das Nachsitzen der „Firstpartien" von solchen unterirdischen Erosionsröhren erklären lassen. Diese Röhren „subterranian erosionpipes" weisen Durchmesser bis zu 30 cm auf und lassen sich über mehrere 100 Yards hangabwärts verfolgen.

Einen Anhaltspunkt über die Mengen von Feinmaterial, die ausgespült bzw. unterirdisch verfrachtet werden, gibt BENDEL (1939) anlässlich der Untersuchung einer größeren Rutschung am Vierwaldstättersee. Nach den Messungen lieferte eine im unteren Teil der Rutschung gelegene Quelle eine Sandmenge von 17,5 g/l. Da die Ergiebigkeit 15 l/s betrug, errechnete sich die totale ausgewaschene Sandmenge pro Tag zu 14 m^3 Erde. Es wird gefolgert, dass mit Aushöhlungen des Bodens und mit gelegentlichen Nachrutschungen in Form von Erdtrichtern zu rechnen ist.

Beispiele anhand der untersuchten Niederschlagsereignisse

Niederschlagsereignis 1975 in Oberkärnten

In der Abb. 8.16 können die Wirkungen der unterirdischen Erosion näher studiert werden (s. Anbruch von Abb. 6.15, Abschn. 6.1). Durch die Ausspülung und den

Abb. 8.16 Details der auf der Abb. 6.15 gezeigten Massenbewegung. In der nur schwach bindigen Hang- und Verwitterungsschuttdecke (Kornverteilung: <0,06 mm 17–25 %, <2 mm 42–62 %, <60 mm 95–100 %) führten die Starkniederschläge im Zusammenhang mit der Schneeschmelze zu einer ausgeprägten unterirdischen Erosion. In einer Entfernung von ca. 20–25 m vor der Anbruchskante zeigen sich ca. 2–3 m2 große Einsturztrichter, wodurch ein vermehrter Wasserandrang in den Hangschuttkörper erfolgen konnte. Die Übersättigung und der starke Strömungsdruck führte zu einem explosionsartigen Bruch des Hangschuttkörpers („Hangexplosion"). Eine Austrittsstelle der zahlreichen unterirdischen Wasserwege, die durch den Bruch der Böschung angeschnitten wurde, kann auf der Abb. links studiert werden

unterirdischen Abtransport des Materials entstand ca. 30 m oberhalb des eigentlichen Abbruchgebietes ein erdfallähnlicher Einbruch. Diese bis an die Erdoberfläche reichenden Erdtrichter und Einbrüche ließen natürlich weit größere Mengen des sonst oberflächlich abfließenden Wassers in die Tiefe versitzen. Neben solchen erdfallähnlichen Einbrüchen, die sehr häufig bis an die Erdoberfläche reichten, kam es durch die Ausspülungsprozesse zu Entstehung großer unterirdischer Röhrensysteme. Besonders in den Hangbereichen, die auf steiler geneigten Partien eine geringere Schuttdecke aufweisen, kann die Überdeckung dem hydrostatischen Druck nicht standhalten, und das Hangwasser tritt als Quelle zu Tage. Diese zumeist im unteren Teil der Böschung austretenden Hangquellen bilden eine nischenartige Vertiefung im Hang und führen alsbald durch die Versteilung und Unterschneidung des Hanges zu größeren Massenbewegungen innerhalb der Überlagerung. Beim Bruch der Böschung werden sehr häufig die Querschnitte dieser unterirdischen Hangwassersysteme freigelegt. Auf Abb. 8.16 links ist ein solcher etwa 10 cm im Durchmesser betragender Austritt einer unterirdischen Röhre zu sehen. Das starke Freiwerden von Hangwässern beim Bruch der Böschung bewirkte nicht nur einen Abtransport des breiartigen und z. T. verflüssigten lehmigen Hangschuttes, sondern führte auch sekundär z. T. zu erheblichen Massenschurferscheinungen im Bereich des Unterhanges.

Niederschlagsereignis 1985 im Voldertal-Inntal/Tirol

Wie die Abb. 8.17 zeigt, wurden solche Vorgänge der Suffosion und Erosion auch bei diesem Niederschlagsereignis beobachtet.

An der im Oberhang gelegenen Hangböschung (Feldweg!) kam es zur Rissbildung, die dazu führte, dass dieser Hangbereich in einzelne Schollen aufgeteilt wurde. Die Risse zwischen den Schollen laufen trichterförmig auf ein Schluckloch

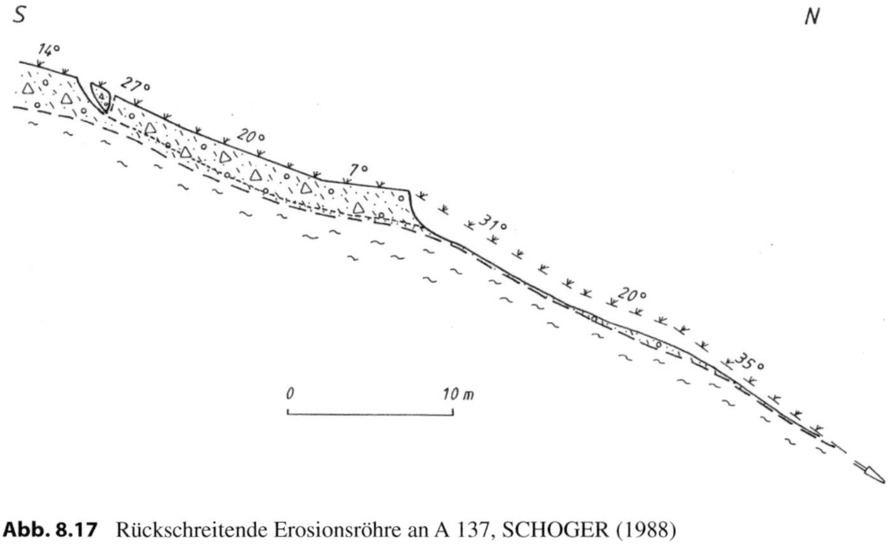

Abb. 8.17 Rückschreitende Erosionsröhre an A 137, SCHOGER (1988)

zu (25 cm Durchmesser). Dieses Schluckloch verengt sich zu einer elliptischen Röhre, die talwärts zieht und sich wahrscheinlich nach einigen Metern verzweigt hat. An dem steiler geneigten Anbruchshang hat dann das austretende Wasser seinen Weg unterhalb der Hangkante aus dem Hang gefunden und die Rutschung ausgelöst.

Zusätzlich muss man beachten, dass bei einer geringeren Wasserwegsamkeit, ausgelöst z. B. durch höhere Lagerungsdichte oder geringere Inklination, umgekehrt Kolmationsprozesse einsetzen können. Auf diesem „Pfropfenprinzip" beruhen sicherlich die urplötzlich ablaufenden „Hangexplosionen".

Ein Beweis, dass unterirdische Erosions- und Suffosionsvorgänge gerade bei tiefgreifenden Muschelanbrüchen beteiligt sind, ist die Fahne aus Schwebfracht, die oft auf dem oberen Teil der Rutschmassen abgelagert wird. Beim Bruch wird durch die plötzliche Druckentlastung das Wasser aus dem Hang schießen und einen beträchtlichen Anteil an Feinfraktion dem Oberhang entziehen.

Auch BOLLINGER et al. (2000) weisen bei der Ursachenanalyse der Hanginstabilitäten 1999 in der Schweiz darauf hin, dass die Ausbruchsnischen von Hangmuren oft mit Stellen sporadischer Hangwasseraustritte oder mit oberflächennahe verlaufenden, diskreten Wasserfließwegen im Untergrund korrespondieren.

Ähnliche Vorgänge konnten auch bei den Niederschlagsereignissen 1994–2001 im Schwarzwald beobachtet werden.

8.5 Weitere hydrogeologische Bedingungen

ALAOUI & GERMANN (1999) führten im Gebiet von Sachseln/Kanton Obwalden Beregnungs- und Färbversuche durch, um Kenntnisse zur Wassersättigung der Lockergesteinsschicht zu bekommen. Dabei wurde in unterschiedlichen Tiefen kontinuierlich der Wassergehalt bestimmt. Diese Versuche im Freiland sowie weitere Wassergehaltsmessungen bei zwei natürlichen Gewitterregen führten zu folgenden Einschätzungen:

- Bei einer Beregnungsintensität von 24 mm/h stieg nach weniger als einer Stunde der Wassergehalt in allen Profiltiefen an. Dies führt zu dem Schluss, dass vorwiegend Makroporen als Wasserwegsamkeiten benutzt werden
- Während im Wald nach 2 h Fliessprozesse in Makroporen bis in Tiefen von bis zu 130 cm nachgewiesen wurden, erreichte im Freiland die Feuchtigkeitsfront die Verwitterungsschicht der Mergel in einer Tiefe von 60 cm
- Aufgrund dieser Beobachtung kann man davon ausgehen, dass bei dem Starkregen 1997 im Untersuchungsgebiet Wasser über Makroporen bis in große Tiefen gelangte und weitgehend eine flächendeckende Vollsättigung der Lockergesteinsdecke erreicht wurde

Aus diesen Ergebnissen folgert RICKLI (2001), dass bei flachgründigen Rutschungen kein enger Zusammenhang zwischen der Wasserführung im Normalzustand, d. h. ohne Starkniederschläge, und der Rutschaktivität, wie sie während des Ereignisses vorlag, besteht. Auch die Ergebnisse von LIENER (2000), die keinen Zusammenhang zwischen kartierten Quellen und der Auslösung von Massenbewegungen feststellte, unterstützen diese These.

KÄRCHER (1987) hat umfangreiche Untersuchungen zu den Auswirkungen von Starkniederschlägen auf die Charakteristika der Hangsickerwässer in schluffig-sandigen Kiesen durchgeführt. Dabei kam er zu dem Ergebnis, dass die Hangneigung weder einen Einfluss auf die Anstiegsgeschwindigkeit der Sickerwasserspiegel noch auf die Zeit von Niederschlagsbeginn bis zur Sättigung besitzt. Dabei verlaufen die Hangsickerlinien böschungsparallel. Bei einer Niederschlagsintensität von 0,11 cm/h wurde auf der Felsoberfläche in 1 m Tiefe eine Bodensättigung bereits nach 8,5 h erreicht. Danach baute sich ein Sickerwasserspiegel auf, der bereits nach weiteren 2 h eine Höhe von 25 cm erreichte.

Gefahrenpotenzial und -beurteilung von Lockergesteinsrutschungen

9

Die Ergebnisse der Evaluierung der letzten Jahrzehnte zeigen, dass Lockergesteinsrutschungen nicht durch einen Parameter – morphologischer, geotechnischer, geologischer, hydrologischer und vegetationskundlicher Art – sondern durch eine Kombination vieler Faktoren ausgelöst werden (s. Abschn. 7). Trotzdem ergeben die Untersuchungen, dass das Gefahrenpotenzial durch flachgründige Lockergesteinsrutschungen besonders an die hydrographischen Gegebenheiten und geotechnischen Kennziffern der Lockergesteine gebunden ist und damit eine Angabe der Gefahrenstufe zulässt. Solche Gefahrenbeurteilungen sind z. T. Grundlagen für die Gefahrenkarten in der Schweiz. Die Gefahrenstufen werden dabei als Funktion von Intensität und Eintretenswahrscheinlichkeit definiert (KIENHOLZ, 1996). Nach KIENHOLZ (1996) müssen die Gefahrenkarten mindestens Auskunft geben über die Gefahrenart, d. h. den Prozess, der die Gefährdung bewirkt und über die Intensität und Wahrscheinlichkeit, mit welchen das Gefahrenereignis im betrachteten Flächenelement auftreten kann (Tab. 9.1).

Wie aus den Intensitäts-Wahrscheinlichkeits-Matrizen zu entnehmen ist, sind die flachgründigen Hangbewegungen („spontane Rutschungen“) den graduellen Prozessen zuzuordnen (Abb. 9.1). Die Wahrscheinlichkeit des Auftretens des Gesamtphänomens flachgründige Hangbewegung muss aber im Wesentlichen mit der hydrographischen und orographischen Charakteristik eines Gebietes gesehen werden.

9.1 Hydrographische und orographische Gegebenheiten im Hinblick auf das Auftreten von Hangbewegungen

Es erhebt sich die Frage, ob es bestimmte Gebiete gibt, die aufgrund ihrer hydrographischen und orographischen Gegebenheiten eine potenzielle Anbruchsneigung aufweisen. Aus Abb. 4.1 kann entnommen werden, dass für eine gehäufte Anbruchsbildung eine gewisse Intensität und eine bestimmte Niederschlagsmenge überschritten werden muss. Als Merkmale für eine erhöhte Anbruchsneigung

M. Moser et al., *Hangmuren,* https://doi.org/10.1007/978-3-662-70285-7_9

Tab. 9.1 Bedeutung der Gefahrenstufen für Siedlungsräume, KIENHOLZ (1996)

<table>
<tr><th>Gefahrenstufe</th><th>Kriterien bezüglich Gefährdung von Personen</th><th>Kriterien bezüglich Wirkung auf Gebäude</th><th>Allg. Bedeutung für Siedlungsgebiete</th></tr>
<tr><td rowspan="2">Erhebliche Gefährdung „rot“</td><td>Personen sind nicht nur außerhalb, sondern auch innerhalb von Gebäuden gefährdet.</td><td>Mit der Zerstörung von Gebäuden ist zu rechnen.
oder
Die Gebäudehülle bietet zu wenig Schutz.</td><td rowspan="2">Gebiete mit erheblicher Gefährdung sind im wesentlichen Verbotsbereiche.</td></tr>
<tr><td colspan="2">*oder*
Die Ergebnisse treten zwar in schwächerem Ausmaß, dafür aber einer hohen Wahrscheinlichkeit bzw. Häufigkeit auf.
In diesem Falle sind Personen vorwiegend außerhalb der Gebäude gefährdet.</td></tr>
<tr><td rowspan="2">Mittlere Gefährdung „blau“</td><td>Personen sind vorwiegend außerhalb der Gebäude gefährdet.
Innerhalb von Gebäuden sind sie kaum gefährdet.</td><td>Mit Schäden an Gebäuden ist zu rechnen. Plötzliche Gebäudezerstörungen sind in diesem Gebiet nicht zu erwarten, falls gewisse Auflagen bezüglich Bauweise beachtet werden.</td><td rowspan="2">Gebiete mit mittlerer Gefährdung sind im wesentlichen Gebotsbereiche, in welchen schwere Schäden durch geeignete Vorsorgemaßnahmen vermieden werden können.</td></tr>
<tr><td colspan="2">*und*
Bei „brutalen“ Prozessen (Lawinen, Steinschlag, Felssturz):
mittlere bis geringe Eintretens-Wahrscheinlichkeit bzw. Häufigkeit der Ereignisse.
Bei „graduellen“ Prozessen schwacher oder mittleren Intensität:
auch bei hoher Eintretens-Wahrscheinlichkeit bzw. Häufigkeit der Ereignisse.</td></tr>
<tr><td rowspan="2">Geringe Gefährdung „gelb“</td><td>Personen sind auch außerhalb der Gebäude kaum gefährdet.</td><td>Mit geringeren Schäden an Gebäuden bzw. mit Behinderungen ist zu rechnen.
Gebäudezerstörungen sind in diesem Gebiet bei üblicher Bauweise unwahrscheinlich.</td><td rowspan="2">Gebiete mit geringerer Gefährdung sind im wesentlichen Hinweisbereiche.</td></tr>
<tr><td colspan="2">*und*
Die Ereignisse treten nicht mit einer hohen Wahrscheinlichkeit bzw. Häufigkeit auf.</td></tr>
<tr><td colspan="4">Falls nach derzeitigem Kenntnisstand und menschlichem Ermessen einzig eine **Restgefährdung** (hohe Intensität, sehr geringe Eintrittswahrscheinlichkeit) ***oder*** **keine Gefährdung** besteht, wird der betreffende Bereich in der Regel nicht speziell gekennzeichnet, jedoch deutlich von nicht beurteilten Gebieten abgegrenzt.
Falls auf eine grundsätzlich bestehende, jedoch nur mit einer sehr geringen Wahrscheinlichkeit eintretende Gefahr hingewiesen werden muss, ist der betreffende Bereich in einer speziellen Farbe oder gelb-weiß gestreift dazustellen. Dies ist beispielsweise wichtig für die Planung besonderer Anlagen, bei welcher höhere Risiken berücksichtigt werden müssen als bei normalen Gebäuden. Im Weiteren kann damit auf mögliche Ereignisse hingewiesen werden, welche die Bemessungsgröße von Verbauungsmaßnahmen überschreiten.</td></tr>
</table>

können die maximal zu erwartenden Ein- bis Zweitagsniederschläge, die durchschnittlichen extremen Ein- oder Zweitagesniederschläge und die Zahl der extremen durchschnittlichen Tagesniederschläge gewertet werden. Als orographisches Merkmal wird die Seehöhe gewertet. Es stellt sich die Frage, welche Ausgangsgrößen diese Zielgrößen bestimmen.

Die Tab. 9.2 zeigt einen Überblick über die Beziehungen zwischen den einzelnen hydrographischen und orographischen Größen für Kärnten und Osttirol.

Die Untersuchung verschiedener hydrographischer und orographischer Merkmale von 62 Niederschlagsstationen im Bereich von Osttirol und Kärnten legt die Vermutung nahe, dass mehrere gemessene Variablen sehr eng zusammenhängen und stark miteinander korrelieren. Dies besagt wiederum, dass sie sich gegenseitig bestimmen und sich aus den Variablen hypothetische, nicht direkt messbare Größen ableiten lassen, die die beobachteten Zusammenhänge erklären.

Bei der gegebenen Anzahl von Stationen ($N = 62$) sind alle Korrelationskoeffizienten > 0,33 als signifikant anzusehen. Aus der Tab. 9.3 geht hervor, dass sich zwischen den einzelnen Kennwerten nur positive Korrelationen ergeben. Hohe positive Korrelationen ergeben sich zwischen den jährlichen Niederschlagssummen und den durchschnittlichen extremen Tagesniederschlagssummen (0,85), den extremen Tagesniederschlagssummen (0,59) und der Zahl extremer Tagesniederschlagssummen (0,71).

Wesentlich schwächer (0,24) ist der Zusammenhang zwischen Seehöhe und der jährlichen Niederschlagsmenge und liegt nur mehr zwischen den Werten für 0,1 % und 0,5 % Irrtumswahrscheinlichkeit. Besonders kann der Zusammenhang zwischen Seehöhe und den übrigen hydrographischen Kennwerten nicht mehr als signifikant angesehen werden.

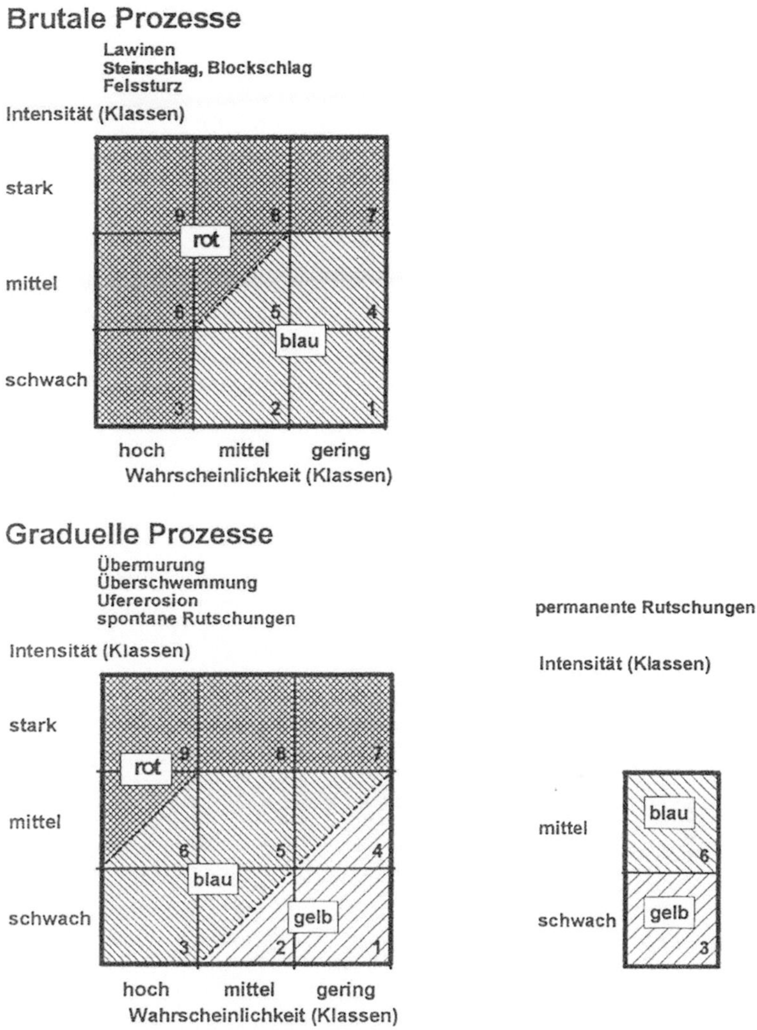

Abb. 9.1 Intensitäts-Wahrscheinlichkeits-Matrizen für verschiedene Naturgefahren, KIENHOLZ (1996)

Mithilfe der Faktorenanalyse kann nun nachgeprüft werden, welche Interpretationsmöglichkeiten sinnvoll sind. Bei einer Korrelationstabelle von 5 Variablen sollte die Anzahl der prüfbaren Hypothesen unter 2,3 liegen. Die aus der Korrelationkoeffizientenmatrix mittels der Hauptachsenanalyse berechneten Ladungen der einzelnen Kennwerte können aus der Tab. 9.4 entnommen werden.

Faktor 1 der Tab. 9.4 weist positive Ladungen für alle Variablen auf, wobei die Niederschlagssumme, die durchschnittlichen extremen Tagesniederschlagssummen, der in einem Zeitraum aufgetretene maximale extreme Niederschlag und

Tab. 9.2 Niederschlagscharakteristik von 62 Stationen in Kärnten und Osttirol (1901–1950)

Station	lfd. Nr.	Seehöhe [m]	ø Jahres-niederschl. [mm]	ø extreme Tagesnieder-schläge [mm]	Höchster Tagesnieder-schlag [mm]	Zahl der ext-remen Tages-niederschläge
Innervillgra-ten	1	1398	953	52	89	46
Anras	2	1261	1002	62	180	35
Prägraten	3	1340	846	45	83	50
Matrei/Ost-tirol	4	1003	902	51	115	42
St. Jakob/ Defreggen	5	1410	1008	55	117	38
Kals	6	1323	854	53	92	38
St. Johann im Walde	7	752	837	50	103	49
Lienz	8	680	960	63	139	35
Iselsberg	9	1205	1023	68	125	52
Oberdrau-burg	10	635	1244	78	192	83
Greifenburg	11	624	1234	69	113	66
Sachsenburg	12	552	1089	68	254	59
Heiligenblut	13	1378	859	50	100	46
Döllach i. Mölltal	14	1004	860	56	82	53
Stall	15	820	919	63	161	42
Mallnitz	16	1185	898	52	101	46
Obervellach	17	675	915	62	129	60
Teuchl	18	1260	1279	73	145	56
St. Peter ob Rennweg	19	1216	937	54	99	46
Innerkrems	20	1518	1014	53	104	36
Malta	21	830	916	58	100	47
Radenthein	22	685	990	56	105	47
Millstatt	23	575	915	52	98	50
Paternion	24	520	995	57	104	26
Techendorf	25	936	1326	72	168	71
Villacher Alpe	26	2167	1356	65	167	37
Bleiberg	27	904	1479	73	124	93

(Fortsetzung)

Tab. 9.2 (Fortsetzung)

Station	lfd. Nr.	Seehöhe [m]	⌀ Jahres-niederschl. [mm]	⌀ extreme Tagesnieder-schläge [mm]	Höchster Tagesnieder-schlag [mm]	Zahl der ext-remen Tages-niederschläge
Villach	28	538	1189	65	127	49
Afritz	29	715	1062	59	114	49
Ossiach	30	520	1021	57	100	47
Obertilliach	31	1430	1229	63	125	35
Luggau	32	1174	1289	75	191	79
Kornat	33	1025	1424	90	239	102
Laas	34	891	1377	77	197	43
Waidegg	35	635	1536	79	255	123
Naßfeld-hütte	36	1513	2430	90	235	116
Feistritz a. Gail	37	580	1311	70	188	74
Arnoldstein	38	579	1372	71	164	55
Rosegg	39	483	1260	68	170	32
Kappel a. Drau	40	441	1242	68	165	60
Neu St. Leonhard	41	700	2085	78	200	101
Hochobir	42	2044	1596	71	100	72
Seeberg	43	1075	1745	83	144	51
Eisenkappl	44	558	1388	70	123	65
Sirnitz	45	853	988	61	143	52
Deutsch-griffen	46	838	979	53	108	29
Weitensfeld	47	705	941	53	110	48
Friesach	48	620	768	46	73	37
Neumarkt i. Stmk	49	878	794	48	80	50
St. Stefan b. Althofen	50	690	774	44	72	25
Guttaring	51	642	729	40	92	26
Noreia	52	1060	865	53	100	47
Knappen-berg	53	1036	849	52	181	36

(Fortsetzung)

Tab. 9.2 (Fortsetzung)

Station	lfd. Nr.	Seehöhe [m]	ø Jahresniederschl. [mm]	ø extreme Tagesniederschläge [mm]	Höchster Tagesniederschlag [mm]	Zahl der extremen Tagesniederschläge
Radweg	54	634	1002	55	100	47
St. Veit a. Glan	55	476	911	52	93	50
Klopein	56	455	1027	58	90	43
Völkermarkt	57	461	949	53	95	45
St. Michael ob Bleiburg	58	500	1047	62	121	49
Reichenfels	59	796	870	49	91	41
Preitenegg	60	1067	963	62	268	41
Wolfsberg	61	459	788	44	73	41
St. Paul i. Lavanttal	62	409	819	47	75	48

Tab. 9.3 Korrelationskoeffizienten-Matrix der hypsographischen und hydrographischen Kennwerte für 62 Niederschlagsstationen im Bereich von Osttirol und Kärnten

		1	2	3	4	5
1	Seehöhe	1,00				
2	Niederschlagsumme	0,24	1,00			
3	Durchschnittliche extreme Tagesniederschlagssumme	0,12	0,85	1,00		
4	Extreme Tagesniederschlagssummen	0,07	0,59	0,75	1,00	
5	Zahl extremer Tagesniederschlagssummen	0,02	0,71	0,73	0,55	1,00

die Zahl der extremen Niederschläge mit Werten von über 0,7 eine direkte Abhängigkeit zu diesem Faktor erkennen lassen. Mit einer Ladung von 0,14 zeigt die Seehöhe keine direkte Abhängigkeit von diesem Faktor.

Bei der Bemühung herauszufinden, welche Hypothese diesem Faktor entspricht, liegt es nahe, die hydrometeorologische und orographische Beschaffenheit einer Region zu Rate zu ziehen.

Für den Faktor 2 der Tab. 9.4 sind nur mittlere positive Ladungen bei der Seehöhe vorhanden, alle übrigen Größen verhalten sich indifferent.

Die nach der Varimax-Methode rotierten Faktoren können aus Tab. 9.5 entnommen werden.

Durch die Rotation wurden neue Gewichtszahlen erzielt, die eine bessere Deutung der Faktoren erlauben. Faktor 1 könnte am besten als Hochwasser-, Lawinen-

Tab. 9.4 Unrotierte Faktorenmatrix der hydrographischen und hypsographischen Kennwerte für 62 Niederschlagsstationen im Bereich von Osttirol und Kärnten

		Faktor 1	Faktor 2
1	Seehöhe	0,143	0,346
2	Jährliche Niederschlagssumme	0,883	0,209
3	Durchschn. extreme Tagesniederschlagssumme	0,943	0,042
4	Extreme Tagesniederschlagssumme	0,742	0,160
5	Zahl extremer Tagesniederschlagssummen	0,769	0,010

Tab. 9.5 Orthogonal rotierte Faktorenmatrix der hydrographischen und hypsographischen Kennwerte für 62 Niederschlagsstationen im Bereich von Osttirol und Kärnten

		Faktor 1	Faktor 2
1	Seehöhe	0,050	0,371
2	Jährliche Niederschlagssumme	0,801	0,426
3	Durchschn. extreme Tagesniederschlagssumme	0,923	0,198
4	Extreme Tagesniederschlagssumme	0,759	0,333
5	Zahl extremer Tagesniederschlagssummen	0,769	0,099

und Murenkatastrophenanfälligkeit oder als potentielle Anbruchsneigung gedeutet werden; er wird durch die orographischen und hydrographischen Gegebenheiten einer Region kontrolliert. Faktor 2 kann die hypsographische Charakteristik genannt werden.

Aus Abb. 9.2 kann die Lage der Variablen innerhalb des Koordinatensystems (rotierter Faktor 1, rotierter Faktor 2) entnommen werden.

Man kann nun einen Schritt weitergehen, und jeder gemessenen Station einen Schätzwert (Faktorenwert) zuordnen in Bezug auf einen bestimmten Faktor. Aus der Abb. 9.3 können diese Schätzwerte für die 62 untersuchten Stationen entnommen werden.

Hohe Schätzwerte (Faktorenwerte) in Bezug auf den Faktor 1 (Katastrophenanfälligkeit, potentielle Anbruchsneigung) ergeben sich für alle die im Bereich des Tiroler Lesachtales, des Kärntner Lesachtales, des Gailtales und des Rosentales liegenden Stationen und des Drautales im Bereich von Lienz bis Sachsenburg. Geringe Faktorenwerte in Bezug auf Faktor 1 weisen gewisse Teile von Osttirol, das Lavanttal und die östlichen Bereiche der Gurktaler Alpen auf. Die Regionen mit hohen Faktorenwerten für den Faktor 1 sind, wie die Erfahrung gezeigt hat, von Hangbewegungen in Lockergesteinen in überdurchschnittlichem Maße betroffen. Aus der Höhe dieses Faktorenwertes kann die Anfälligkeit einer Region besonders gegen Hangbewegungen in Lockergesteinen einigermaßen abgeschätzt werden.

Sehr starke Anfälligkeiten gegen Hangbewegungen in Lockergesteinen zeigt z. B. Kornat-Birnbaum im Kärntner Lesachtal (Nr. 33 auf Tab. 9.2 und Abb. 9.3). Nach der Niederschlagskatastrophe 1966 waren perlschnurartig die Lockergesteinsrutschungen an den landwirtschaftlich genutzten Hangkantenbereichen aufgereiht (Abb. 9.4).

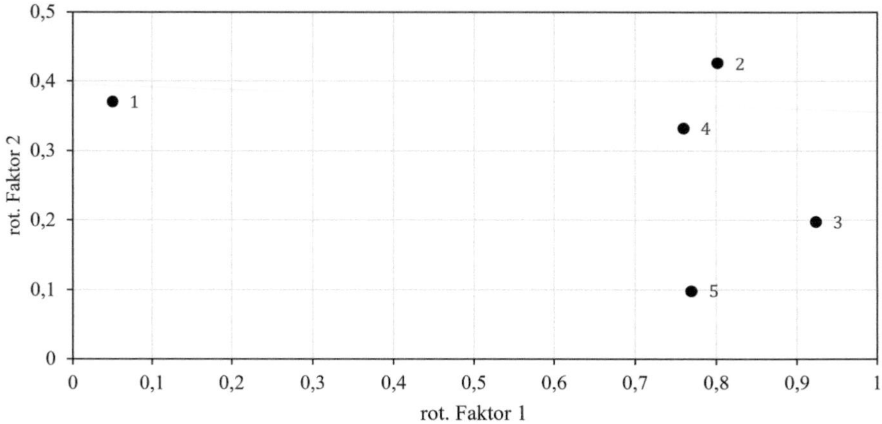

Abb. 9.2 Lage der 5 untersuchten Variablen innerhalb des Koordinatensystems „rotierter Faktor 1“ und „rotierter Faktor 2“; 1 = Seehöhe, 2 = Jährliche Niederschlagssumme, 3 = Durchschn. extreme Tagesniederschlagssumme, 4 = Extreme Tagesniederschlagssumme, 5 = Zahl extremer Tagesniederschlagssummen

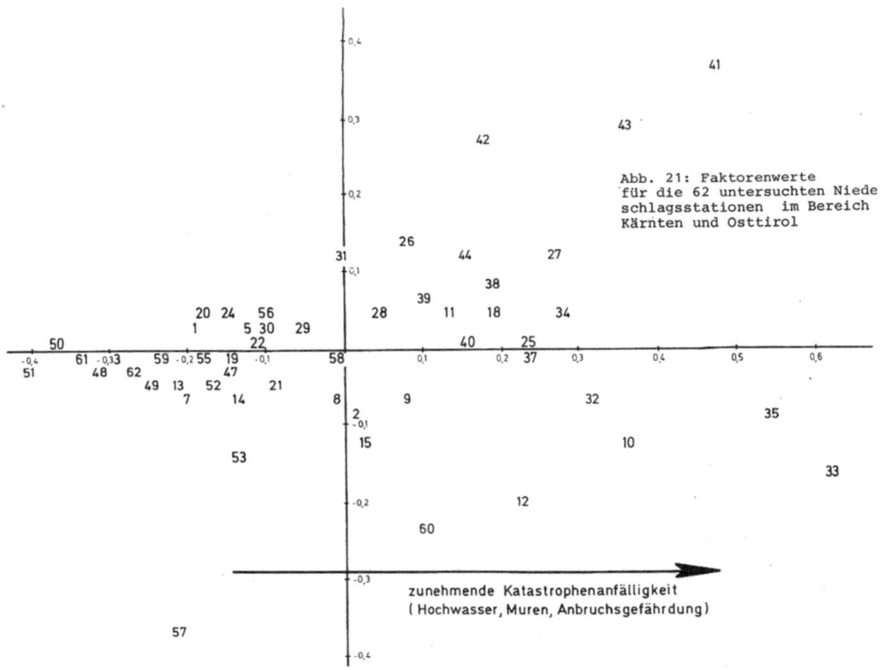

Abb. 9.3 Faktorenwerte für die 62 untersuchten Niederschlagsstationen im Bereich von Kärnten und Osttirol

Abb. 9.4 Auslösung von spontanen Lockergesteinsrutschungen an Terrassenkanten in Hang- und Verwitterungsschutt von kristallinen Schiefern anlässlich des Niederschlagsereignisses 1966, Siedlungsgebiet Kornat-Birnbaum/Lesachtal

9.2 Gefahrenhinweiskarten zur Ausscheidung potenzieller Hangbewegungen

Einleitung

In diesem Rahmen soll auf das Verfahren SLIDISP hingewiesen werden, dass seit Anfang der 90iger Jahre entwickelt wurde. Es verwendet bekannte Stabilitätsberechnungsmethoden in Kombination mit einem geographischen Informationssystem, um eine Gefahrenhinweiskarte für Lockergesteinsrutschungen zu erstellen (LIENER et al. 1996). Benötigt werden detaillierte Inputdaten wie die Topographie, die Scherparameter, Tiefe und Form der möglichen Gleitfläche und Angaben über die hydrologischen Verhältnisse. Solche Gefahrenhinweiskarten in mittlerem Maßstab (z. B. 1:25.000) sind als wichtige Grundlagen für die regionale Raumplanung anzusehen. Zur Erstellung flächendeckender Gefahrenhinweiskarten müssen die Inputdaten als Karten vorliegen (Abb. 9.5).

Erstellen der Gefahrenhinweiskarten
Die Parameter

Aus der Tab. 9.6 kann entnommen werden, wie die flächendeckenden Parameter für das Verfahren SLIDISP bestimmt werden.

Die Scherparameter werden von einer Substratkarte entsprechend einer Einteilung nach der USCS-Klassifikation abgeleitet. Die Lockermaterialschicht wird dabei als homogen angenommen.

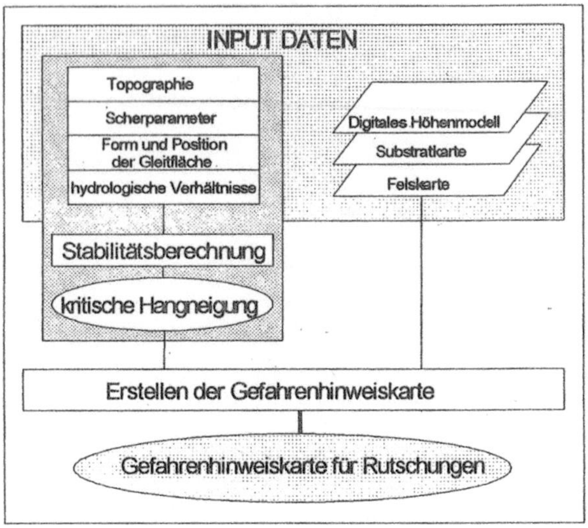

Abb. 9.5 Das Verfahren SLIDISP, LIENER et al. (1996)

Tab. 9.6 Bestimmung der flächendeckenden Parameter, LIENER et al. (1996)

Parameter	Bestimmungsmethode
Hangneigung	Berechnung aus dem DHM25
Scherfestigkeit	Abgeleitet von Substratkarte
Bodenschichten	Annahme: homogenes Lockermaterial
Tiefe und Form der Gleitfläche	Festlegung zweier Rutschungstypen: • Translationsrutschung (Tiefe der Gleitfläche < 2 m) • Rotationsrutschung (Tiefe der Gleitfläche zw. 2 und 10 m)
Wassersättigung	Abhängig von der Bodendurchlässigkeit

LIENER (2000) weist in diesem Zusammenhang auf folgende Schwierigkeiten und Unzulänglichkeiten hin:

- Heterogenität der Bodeneigenschaften für größere Hangbereiche
- Schwierigkeiten zu Angabe des Porenwasserdrucks
- Abschätzen des Einflusses der Vegetation
- Kleinräumige, oft vorkommende, instabile Moränenablagerungen werden in der Substratkarte nicht erfasst
- In der Substratkarte werden die Bacheinhänge geotechnisch nicht ausreichend gekennzeichnet
- Sehr häufig für größere Bereiche Ableitung der Bodenparameter aus den Eigenschaften des Festgesteins (Ableitung der Scherparameter aus der geologischen Karte)

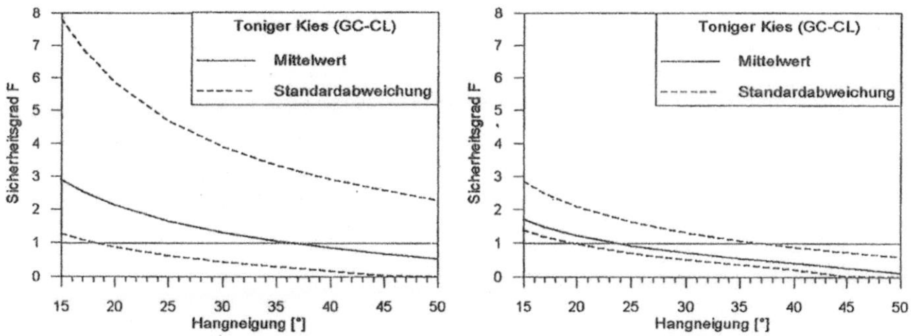

Abb. 9.6 Links: Sicherheitsgrad für flachgründige Rutschungen in gesättigtem tonigem Kies (GC-CL); rechts: Sicherheitsgrad für mittelgründige Rutschungen in gesättigten tonigem Kies (GC-CL), LIENER et al. (1996)

Berechnung der kritischen Hangneigung

Die Stabilitätsberechnung wird für jede Substratklasse für einen idealisierten Hang mit verschiedenen Hangneigungen (15°, 17°, 20°, 25°, 30°, 35°, 40°, 45°, und 50°) durchgeführt. Aus diesen Diagrammen kann die kritische Hangneigung für jede Substratklasse bestimmt werden. Ein Beispiel für einen tonigen Kies für flachgründige und mittelgründige Lockergesteinsrutschungen kann der Abb. 9.6 entnommen werden.

Als Grenze zur Ausscheidung der potentiellen Anrissgebiete wird die tiefste kritische Hangneigung jeder Substratklasse verwendet (z. B. toniger Kies GC-CL 18,5° Hangneigung).

Typen von Gefahrenhinweiskarten

Von LIENER et al. (1996) werden zwei Arten von Gefahrenhinweiskarten vorgestellt. Die einfache Gefahrenhinweiskarte (EGHK) zeigt nur potentielle Anrissgebiete von Lockergesteinsrutschungen ohne Differenzierung nach der Tiefe (Abb. 9.8). Bei der differenzierenden Karte (DGHK) werden die potentiellen Anrissgebiete nach der Tiefe (flach- und mittelgründig) unterschieden (Tab. 9.7).

Kritische Hangneigungen für potentielle Anrissgebiete bei zusätzlicher Unterteilung in flach- und mittelgründigen Lockergesteinsrutschungen für verschiedene Substrate können der Abb. 9.7 entnommen werden.

Eine Anwendung dieser Klassierungssysteme erfolgte auf die Untersuchungsgebiete Leissigen und die kleine Schliere.

Beim Untersuchungsgebiet Leissigen wurde beim Vergleich der EGHK mit der Rutschungskarte von HUNZIKER (1996) festgestellt, dass die Anrisse der im Feld kartierten Rutschungen mit wenigen Ausnahmen in der Klasse „potenzielle Anrissgebiete flach- und mittelgründiger Rutschungen“ liegen.

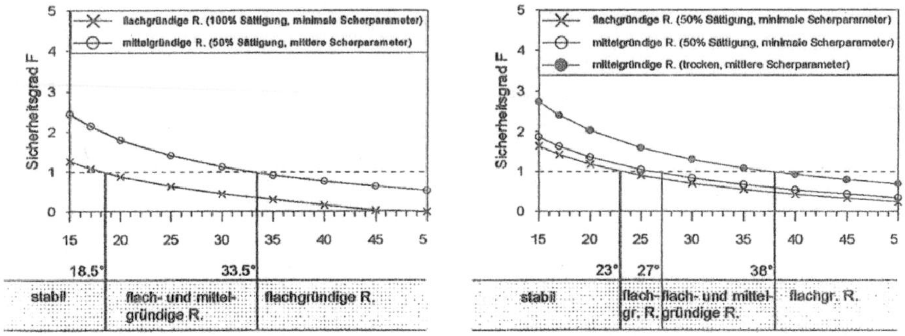

Abb. 9.7 Links: Klassierungssystem für die DGHK für tonigen Kies (GC-CL); rechts: Klassierungssystem für die DGHK für Kies mit wenig Ton (GC), LIENER et al. (1996)

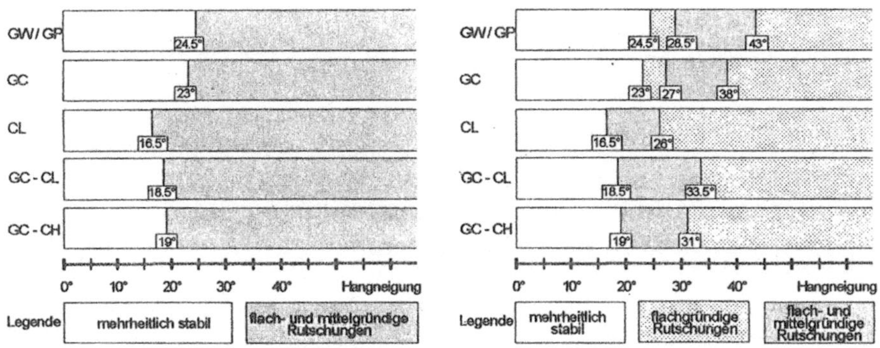

Abb. 9.8 Links: Hangneigungsklassen der EGHK; rechts: Hangneigungsklassen der DGHK, LIENER et al. (1996)

Tab. 9.7 Einfache und differenzierende Gefahrenhinweiskarte, LIENER et al. (1996)

EGHK	Einfache Gefahrenhinweiskarte	Zeigt potenzielle Anrissgebiete von Rutschungen
DGHK	Differenzierende Gefahrenhinweiskarte	Zeigt potenzielle Anrissgebiete von Rutschungen und unterscheidet zwischen flach- und mittelgründigen Rutschungen

LIENER (2000) konnte aufbauend auf dem Modell SLIDISP u. a. eine Gefahrenhinweiskarte für Sachseln/Kanton Obwalden erstellen (Abb. 9.9). Es bot sich die Gelegenheit, das Dispositionsmodell für vornehmlich flachschalige Rutschungen an einem Extremereignis zu testen.

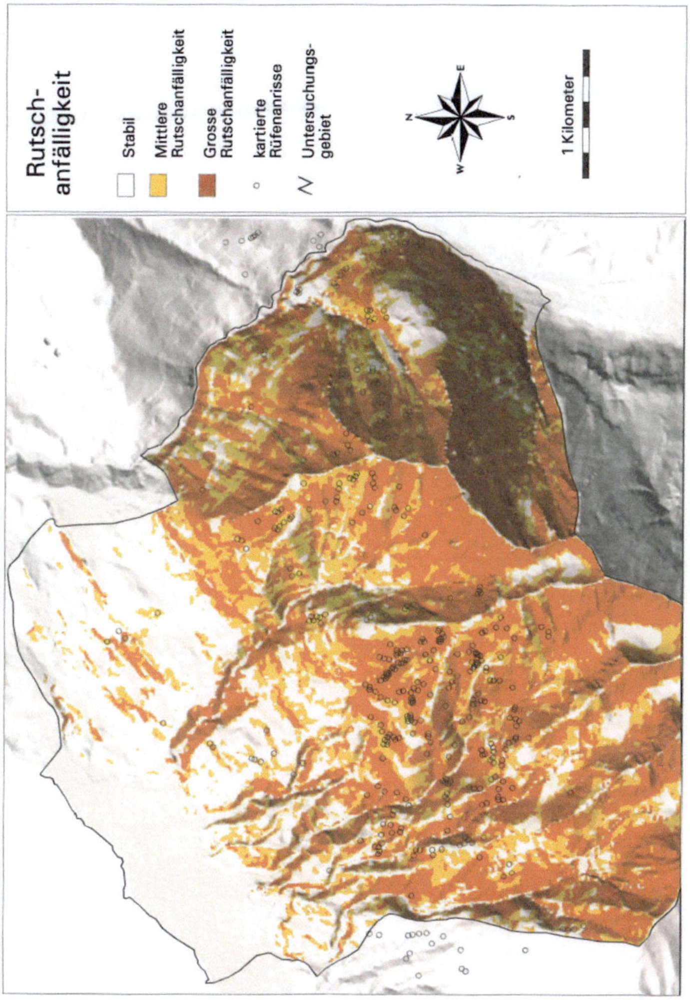

Abb. 9.9 Rutschanfälligkeit im Gebiet Sachseln, LIENER (2000)

Für die Modellierung der Rutschanfälligkeit für solche Hangbewegungen fanden folgende Modellparameter Verwendung:

- Hangneigung: aus dem digitalen Höhenmodell mit einer Auflösung von 10×10 m
- Scherparameter: aus der geotechnischen Karte, basierend auf der geologischen Karte 1:50.000 des Kanton Obwalden. Vereinfachend kamen zur Anwendung die Scherparameter von 3 Klassen des Verwitterungsmaterials des Felsuntergrundes und 2 Klassen des Quartärs. Die Klassen wurden so gewählt, dass

sie in Bezug auf die Scherparameter, der Durchlässigkeit sowie der Lockermaterialmächtigkeit als einheitlich angesehen werden können.

- Wassersättigung: bestimmt anhand der Durchlässigkeit und aus den lokalen topographischen Gegebenheiten. Aus der Durchlässigkeit kann eine Basissättigung abgeleitet werden. Die topographischen Gegebenheiten (Kuppen, Muldenlagen) werden mithilfe des Topoindex bestimmt.
- Lockergesteinsmächtigkeit: ohne detaillierte Felderhebungen werden für die Modellierung 3 Klassen (<0,5 m, 0,5–2 m und >2 m) festgelegt.
- Vegetation: keine Differenzierung der einzelnen Vegetationstypen → bewaldete und unbewaldete Flächen; außerdem eine Zuordnung der herrschenden Wurzelkräfte von 1,5 kPa.

Modellberechnung

Für die Bestimmung der Rutschanfälligkeit wurde für jede Rasterzelle 1000 Sicherheitsgrade mit den Variationen der Scherparameter und der Variation der Wassersättigung berechnet. Dabei wird die Anzahl der Fälle bestimmt, bei denen der Sicherheitsgrad < 1 ist. Fußend auf den gewählten Modellparametern wurde eine Gefahrenhinweiskarte erstellt, welche Gebiete mit großer und geringer Rutschwahrscheinlichkeit abgrenzt.

Trotz der Übereinstimmung der kartierten Rutschungen mit der erstellten Gefahrenhinweiskarte weist LIENER sinnvollerweise auf Unzulänglichkeiten hin, die besonders die Substrateigenschaften betreffen.

Karten von Lockergesteinsrutschungen 10

Die Darstellung von Sachverhalten der Erscheinungsformen von Lockergesteinsrutschungen erfolgt seit den 70er Jahren in verschiedenen Arten von morphologischen und ingenieurgeologischen Karten.

Nach ANON (1976) sollten ingenieurgeologische Karten folgenden Punkte erfüllen:

- Sie sollten objektive Informationen liefern, die dazu benötigt werden, die ingenieurgeologischen Merkmale für die regionale Planung auszuwerten.
- Es sollten die Änderungen der geologischen Situation bei etwaigen Eingriffen ersichtlich sein und notwendige Vorkehrungsmaßnahmen vorgeschlagen werden.
- Die Informationen sollten leicht verständlich sein, auch für Nichtgeologen.

So wird die ingenieurgeologische Karte als ein Typ einer geologischen Karte definiert, die eine generalisierte Darstellung all jener Komponenten eines geologischen Gebietes bietet, die von Wichtigkeit für die Planung sind.

Je nach Zweck, Maßstab und auch den finanziellen Möglichkeiten unterscheiden sich die seit den 80er Jahren vorgelegten Karten hinsichtlich des Informationsgehaltes erheblich.

Kleinmaßstäbige Karten mit relativ geringem geotechnischen und morphologischen Informationsgehalt.
Die Abb. 10.1 zeigt nur die Verbreitung von „soil slips“ und „rock block slides“ ohne weitere geotechnische und morphologische Angaben.

Karten mit der Einarbeitung von geotechnischen, morphologischen und vegetationskundlichen Teilaspekten
Auf der Abb. 10.2 können neben der genauen Lage der Rutschungen

M. Moser et al., *Hangmuren*, https://doi.org/10.1007/978-3-662-70285-7_10

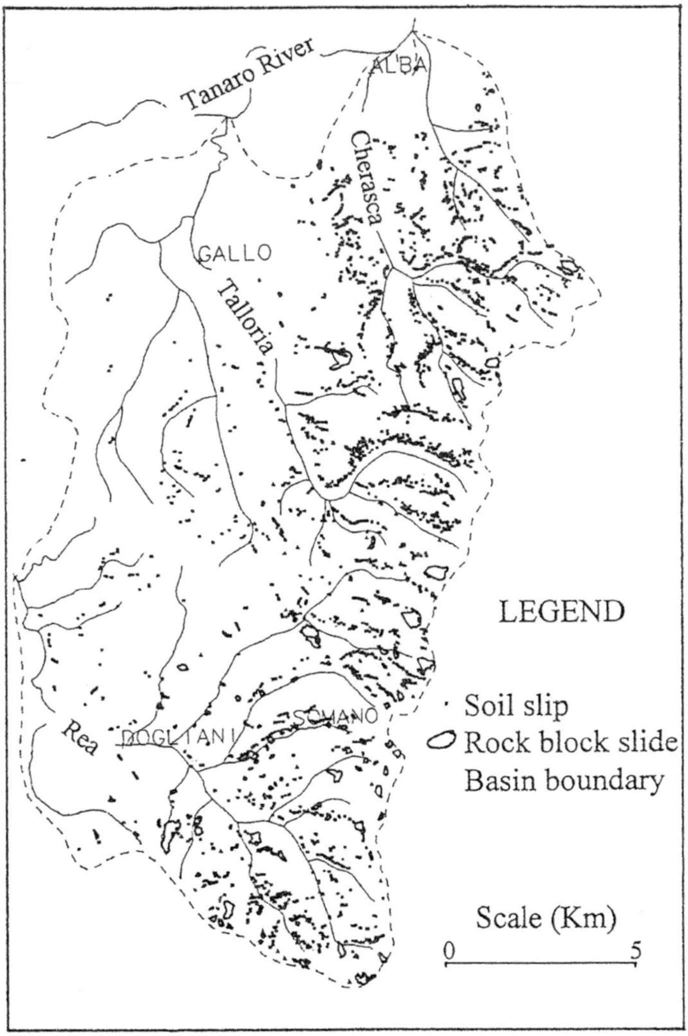

Abb. 10.1 Storm triggered phenomena, ALEOTTI (1996)

- die wichtigsten Gerinne (entscheidend für die Entstehung von Uferanbrüchen)
- und die Waldzustandsklassen

entnommen werden (Niederschlagsereignis 1997 Sachseln/Kanton Obwalden).

Die Abb. 10.3 zeigt ebenfalls für das Niederschlagsereignis Sachseln neben der Gerinneausbildung die Lage der Rutschungen zu den Gerinnen und die Hangneigung.

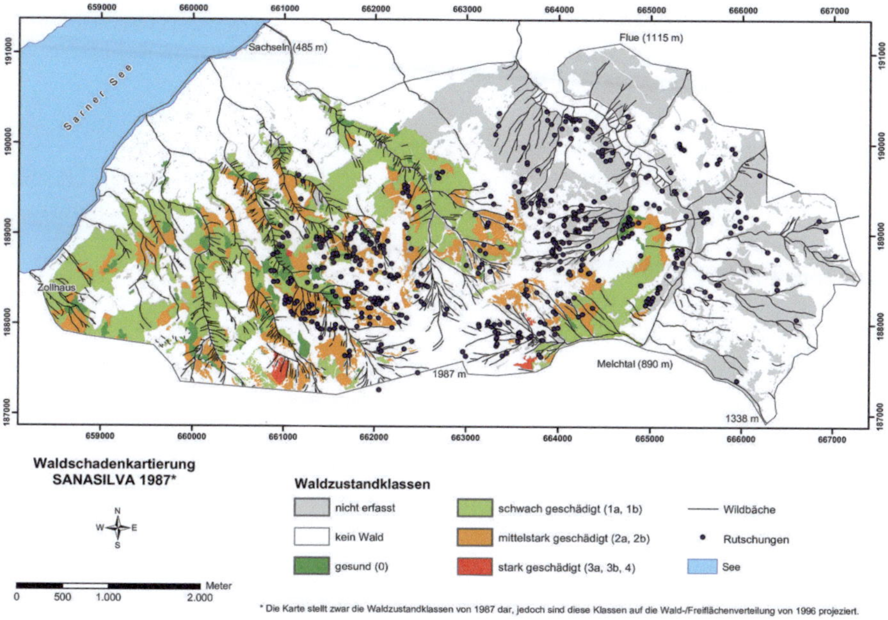

Abb. 10.2 Waldschadenkartierung SANASILVA von 1987 im Raum Sachseln/Schweiz. Die im Jahr 1987 kartierten Flächen wurden auf die Wald-/Freiflächenverteilung von 1996 projiziert. Die Werte in Klammern der Klassen in der Legende stellen die Klassennummer der Originalkarte dar, HAMBERGER (2007)

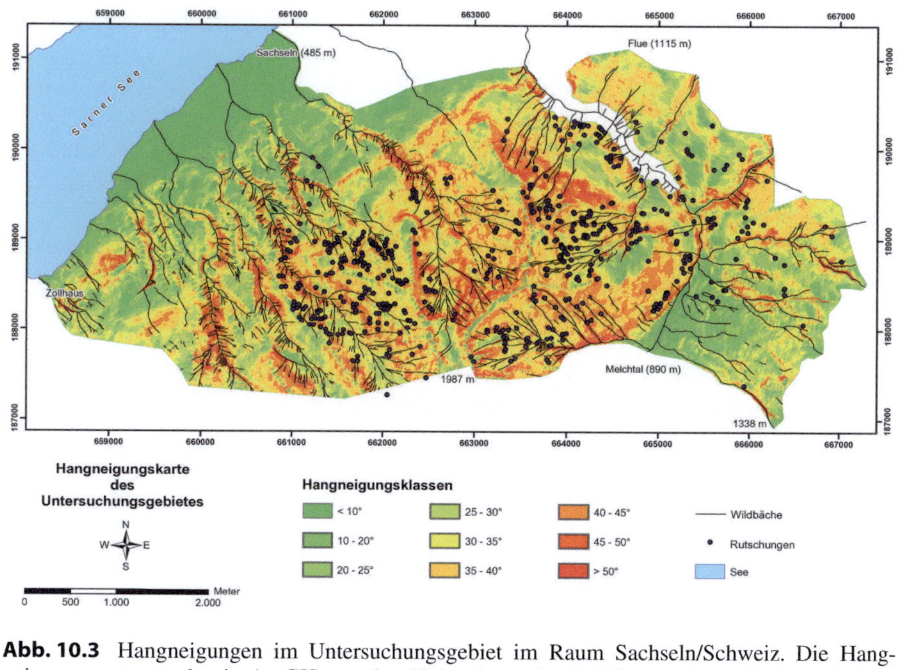

Abb. 10.3 Hangneigungen im Untersuchungsgebiet im Raum Sachseln/Schweiz. Die Hangneigungswerte wurden in ArcGIS aus den Höhendaten des DGMs berechnet. Zudem wird die Lage der Rutschungen dargestellt, HAMBERGER (2007)

Besonders aus der Abb. 10.3 ist ersichtlich, dass Bereiche mit Hangneigungen > 35° und Gerinne mit Unterschneidungstendenz und stärkerem Relief für das Entstehen von Lockergesteinsrutschungen verantwortlich sind.

Großmaßstäbige Karten mit umfassendem geotechnischen Inhalt
Beispiel Niederschlagsereignis 1966, Siedlungsgebiet Birnbaum-Kornat/Lesachtal Blatt 197 Kötschach; Untersuchungsschwerpunkt: Kartierung von Rutschungen in der Überlagerung (vorw. Verwitterungs- und Hangschuttdecken des Gailtalkristallins, Abb. 10.4).

a) **Art der Festgesteine**
   - anstehender Granatglimmerschiefer incl. Verwitterungsschutt < 0,5 m: hier geotechnisch nicht näher gekennzeichnet; besonders zu den Einhängen des Schmiedbaches und des Podlanigbaches.

b) **Art der Lockergesteine**
   - Verwitterungs- und Hangschuttdecken: vorw. geringmächtige (0,5–2 m): Überlagerung des Gailtalkristallins mit weit gespannter Kornverteilung, nur in Muldenzonen Ansteigen der Mächtigkeit > 2 m: besonders an steilen Hängen Ausgangspunkt zahlreicher, aber räumlich begrenzter Hangbewegungen
   - Terrassenschotter, untergeordnet Moränen des Wolayergletschers: sehr heterogene, vorwiegend steinig-blockige Lockersedimente von wechselnder Mächtigkeit (5–10 m) auf Terrassenniveaus von 900 bis 920 m und ca. 1000 m; nur untergeordnet Ausgangspunkt von begrenzten Hangbewegungen
   - Murenablagerungen: vorw. feinkörnige Lockersedimente, herrührend von Hangbewegungen des Kornater Siedlungsgebietes; kleinflächige Verbreitung im Bereich einer ehemaligen Schmelzwasserrinne

c) **Form, Vorgang und Größe schon z. T. verheilter und frischer Hangbewegungen**
   - vorw. Blattanbrüche in Verwitterungs- und Hangschuttdecken (seichtschalige, hauptsächlich translationsförmige Hangbewegungen < 200 m^2; fast alle verheilt, herrührend von der Hochwasserkatastrophe 1966)
   - untergeordnet Muschelanbrüche in Verwitterungs- und Hangschuttdecken (seichtschalige, z. T. rotationsförmige Hangbewegungen < 200 m^2, vornehmlich an Terrassenkanten und Muldenzonen; fast alle verheilt)
   - untergeordnet Rinnenanbrüche in Verwitterungs- und Hangschuttdecken (in z. T. nur periodisch fließenden Gerinnen und Muldenzonen)
   - untergeordnet kleinflächige Nischenanbrüche im Gailtalkristallin (an den übersteilten Einhängen des Schmiedbaches und des Podlanigbaches).

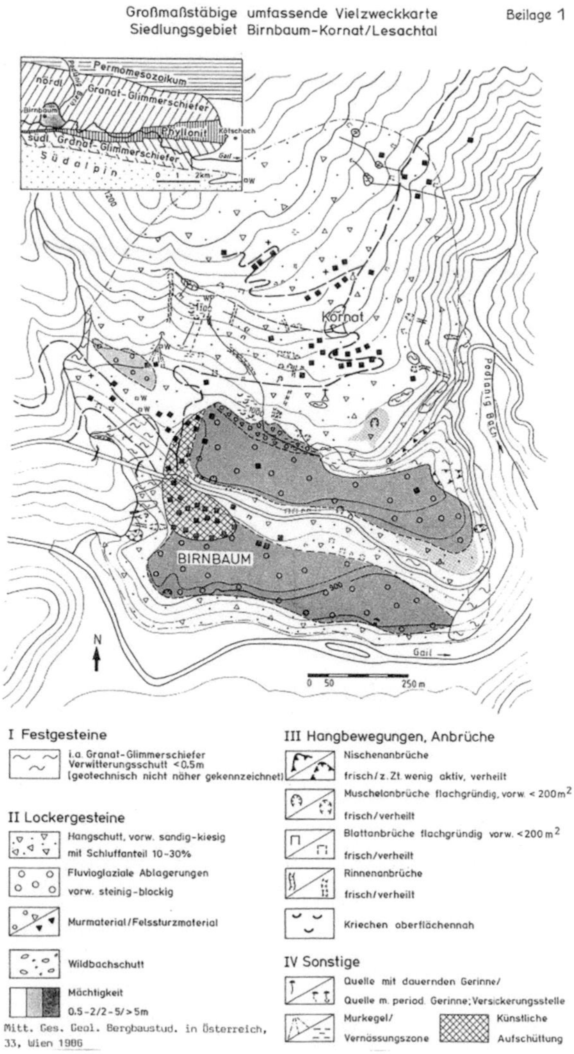

Abb. 10.4 Großmaßstäbige umfassende Vielzweckkarte; Siedlungsgebiet Birnbaum-Kornat/Lesachtal, MOSER (1986)

Großmaßstäbige ingenieurgeologische Zonenkarte; Inhalt: mögliche Anbrüche und Hangbewegungen

Fußend auf der großmaßstäbigen Grundlagenkarte (s. Abb. 10.4) und der Analyse der mittelbaren Faktoren (s. Abschn. 7) kann eine Zonenkarte erstellt werden, die auf potenzielle, d. h. in Zukunft wirksame Gefahrengebiete hinweist.

Aus der Karte können im einzelnen folgende Inhalte entnommen werden (Abb. 10.5):

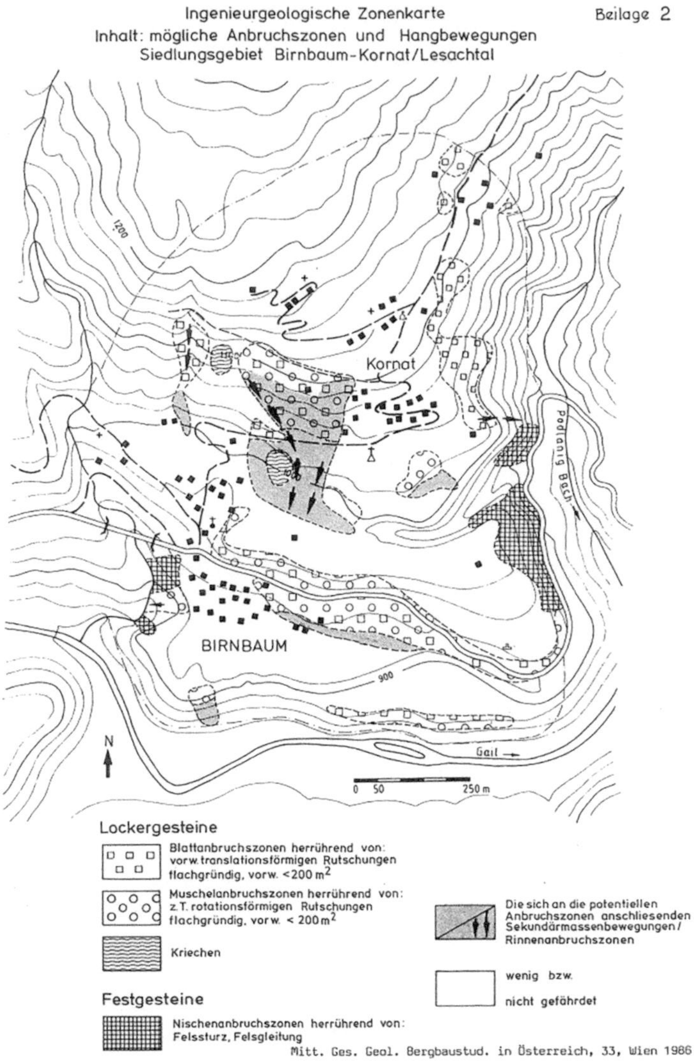

Abb. 10.5 Ingenieurgeologische Zonenkarte; Inhalt: mögliche Anbruchszonen und Hangbewegungen; Siedlungsgebiet Birnbaum-Kornat/Lesachtal, MOSER (1986)

a) der mögliche Ort der Entstehung von Massenbewegungen:
Bevorzugter Ausgangspunkt möglicher Hangbewegungen sind die steilen (35–40°), z. T. stark gegliederten Hangbereiche des Siedlungsgebietes von Kornat, die landwirtschaftlich als Wiese und Weide genutzt werden. Weiterhin sind hier die bei Extremsituationen übersteilten Böschungsbereiche der Lesachtaler Bundesstraße zu nennen. Ungegliederte, gut bestockte und <25° Neigung aufweisende Hangbereiche müssen dagegen als nur gering potenziell anbruchsgefährdet angesehen werden.

b) die mögliche Art der Anbrüche bzw. der Hangbewegungen getrennt nach Locker- und Festgesteinen:
Zu erwarten sind vorwiegend seichtschalige Blattanbruchszonen und untergeordnet Muschelanbruchszonen in Verwitterungs- und Hangschuttdecken, wobei aber aufgrund der Art der Lockergesteine, der Steilheit des Geländes und der hydrologischen Gegebenheiten nicht nur ein Bruch, sondern auch ein Abtransport des sich in ein Schollenmosaik auflösenden Gleitkörpers erfolgt. An den übersteilten Einhängen des Schmiedbachgrabens und des Podlaniggrabens sind kleinflächige Nischenanbruchszonen (Festgesteine) möglich.

c) Lage und Form der Sekundärmassenbewegungen:
Die sich an den engeren Ausgangspunkt möglicherweise anschließenden Sekundärmassenbewegungen sind besonders für die Einschätzung der Dynamik der Prozesse wichtig. Wie die Karte zeigt, kommt es nicht nur zu einer breiten Ausfächerung des Schuttes in Form von Schuttgängen, sondern auch zu Murgängen in vorgezeichneten Muldenzonen und zu Rinnenanbrüchen bei verstärkter Konzentration der Hangwässer.

Durch die Klassifikation potenzieller Hangbewegungen wird es nun möglich sein, eine direkte Beurteilung und Einstufung der Gefahr bzw. des Risikos anzugeben, d. h. Aussagen über die Dynamik der Prozesse zu treffen. Diese Zusammenhänge können in einer Gefahrenstufenkarte (hier nicht dargestellt) erläutert werden. Letztgenannte Karte stellt nun eine wissenschaftliche Grundlage für die Gefahrenzonenpläne dar, die auf Nutzungsbeschränkungen hinweisen, die sich aus den festgestellten Gefahren ergeben.

Im Voldertal-Inntal wurde anlässlich des Niederschlagsereignisses 1985 ausgehend von einer Übersichtskarte und einer geotechnischen Grundlagenkarte über weitere Karten (z. B. Hangneigung, Hangneigungswechsel) versucht, eine Gefahrenstufenkarte zu erstellen.

Im Einzelnen sind aus den Abb. 10.6, 10.7, 10.8, 10.9, 10.10 und 10.11 folgende Karten zu entnehmen:

- Übersichtskarte der vorhandenen Massenbewegungen (Abb. 10.6)
  Um eine schnelle Vorstellung über das Ausmaß und die Arten von Massenbewegungen zu erhalten, wurde eine großmaßstäbliche Übersichtskarte (1:5000) erstellt, in die sämtliche beobachtete Hangbewegungen, unterteilt in wenige Größenkategorien, eingetragen wurden. Soweit es aus Platzgründen möglich war, wurden die Registriernummern der einzelnen Anbrüche angegeben, um so die Profil- und Grundrisszeichnungen im Gelände einordnen zu können (95 Anbrüche näher untersucht, hier nicht dargestellt).
- Großmaßstäbliche (1:5000) umfassende Vielzweckkarte
  Geotechnische Grundlagenkarte (Abb. 10.7)
  In ihr sind die unterschiedlichen Locker- und Festgesteine ausgeschieden und die aufgetretenen Hangbewegungen, unterschieden nach der Art der Bewegung bzw. der Anbruchsart und die daraus resultierenden vermurten Bereiche. Diese Karte dient als geotechnische Grundlagenkarte.

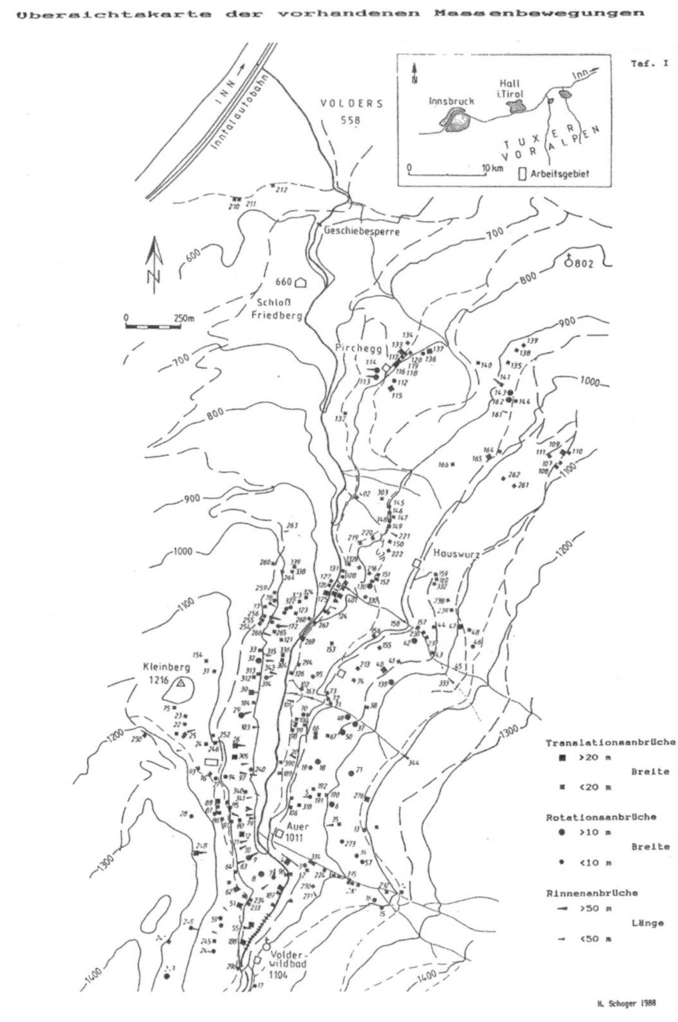

Abb. 10.6 Übersichtskarte der vorhandenen Massenbewegungen, SCHOGER (1988)

Die Mächtigkeiten der einzelnen Lockergesteine wurden aus Übersichtsgründen nicht in die Karte aufgenommen.

Allein aus dieser Darstellung lassen sich schon gezielte Aussagen machen, so zeigte schon NILSEN (1986), dass allein mithilfe von „landslide inventory maps", die ausschließlich Gebiete rezenter und fossiler Anbruchsgebiete erfassen, eine Basiskarte für potenzielle Katastrophenkarten gegeben ist.

Mit der Darstellung von periodischen und permanenten Gerinnen, sowie von Vernässungszonen werden die wichtigsten hydrogeologischen Aspekte berücksichtigt.

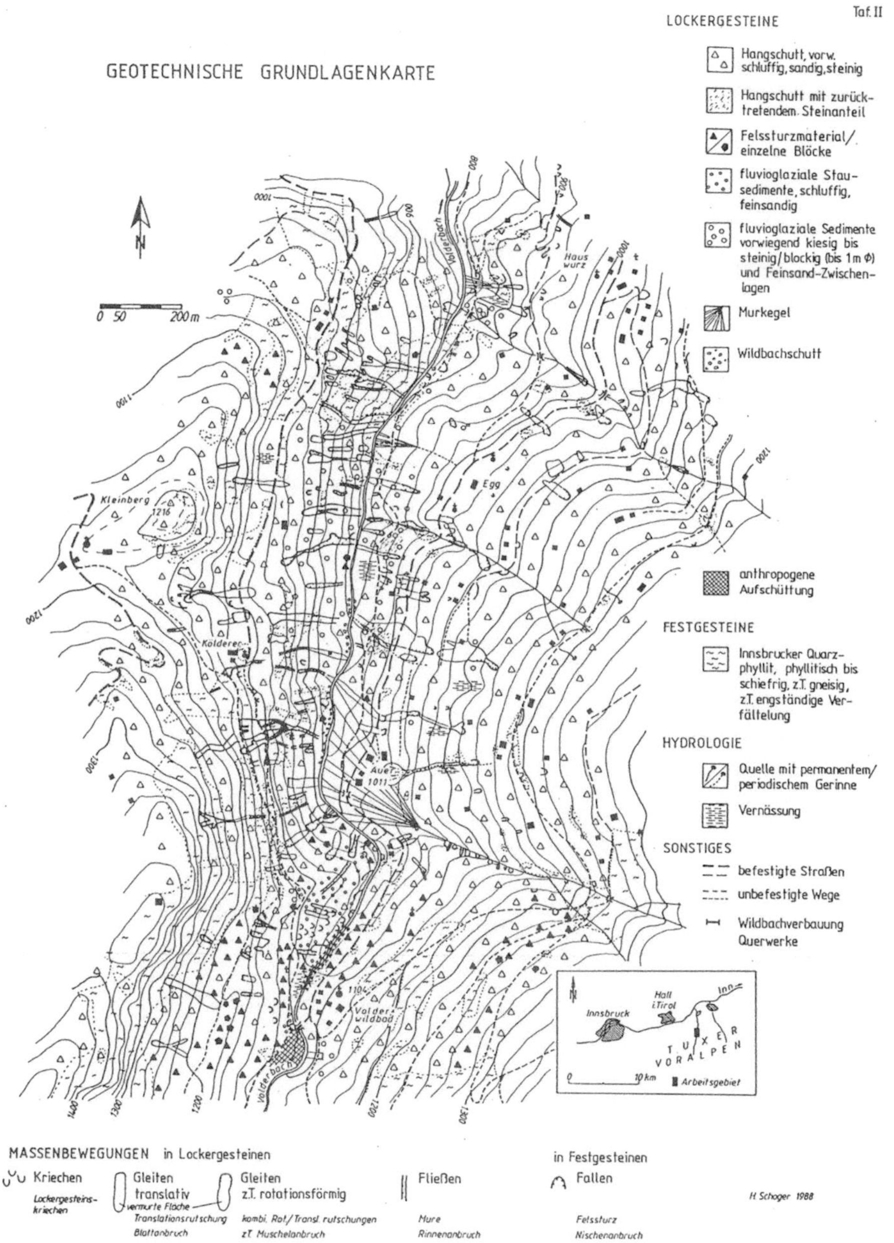

Abb. 10.7 Geotechnische Grundlagenkarte, SCHOGER (1988)

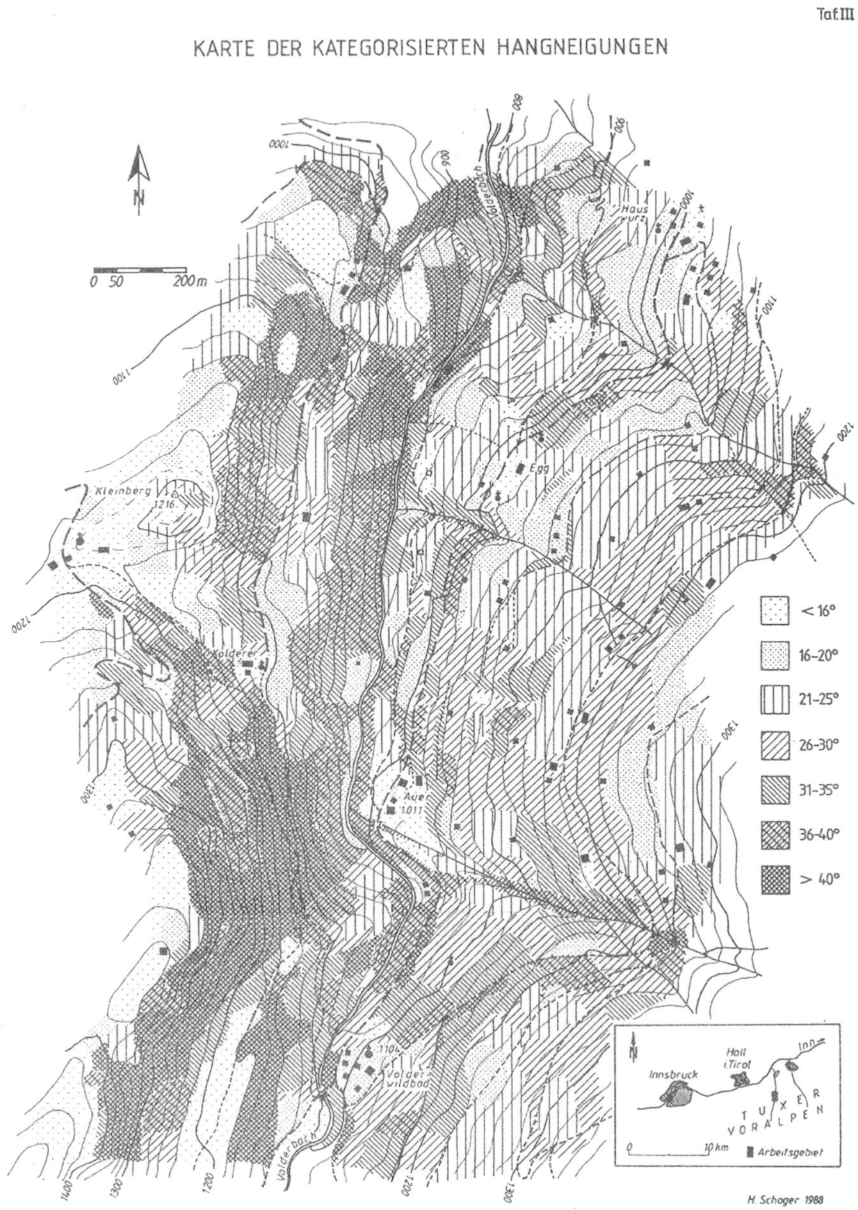

Abb. 10.8 Karte der kategorisierten Hangneigungen, SCHOGER (1988)

Taf. IV

KARTE DER HANGNEIGUNGSWECHSEL UND DER MÄCHTIGKEITEN

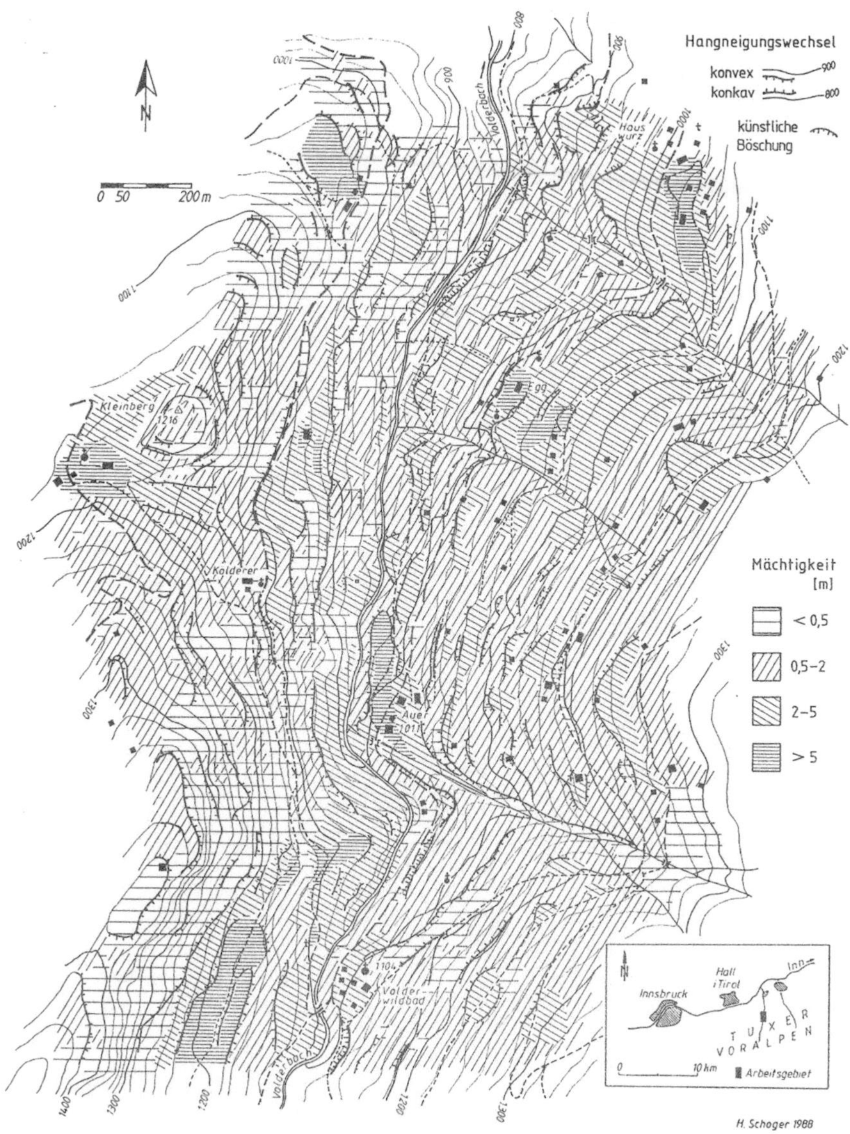

Abb. 10.9 Karte der Hangneigungswechsel und der Mächtigkeiten, SCHOGER (1988)

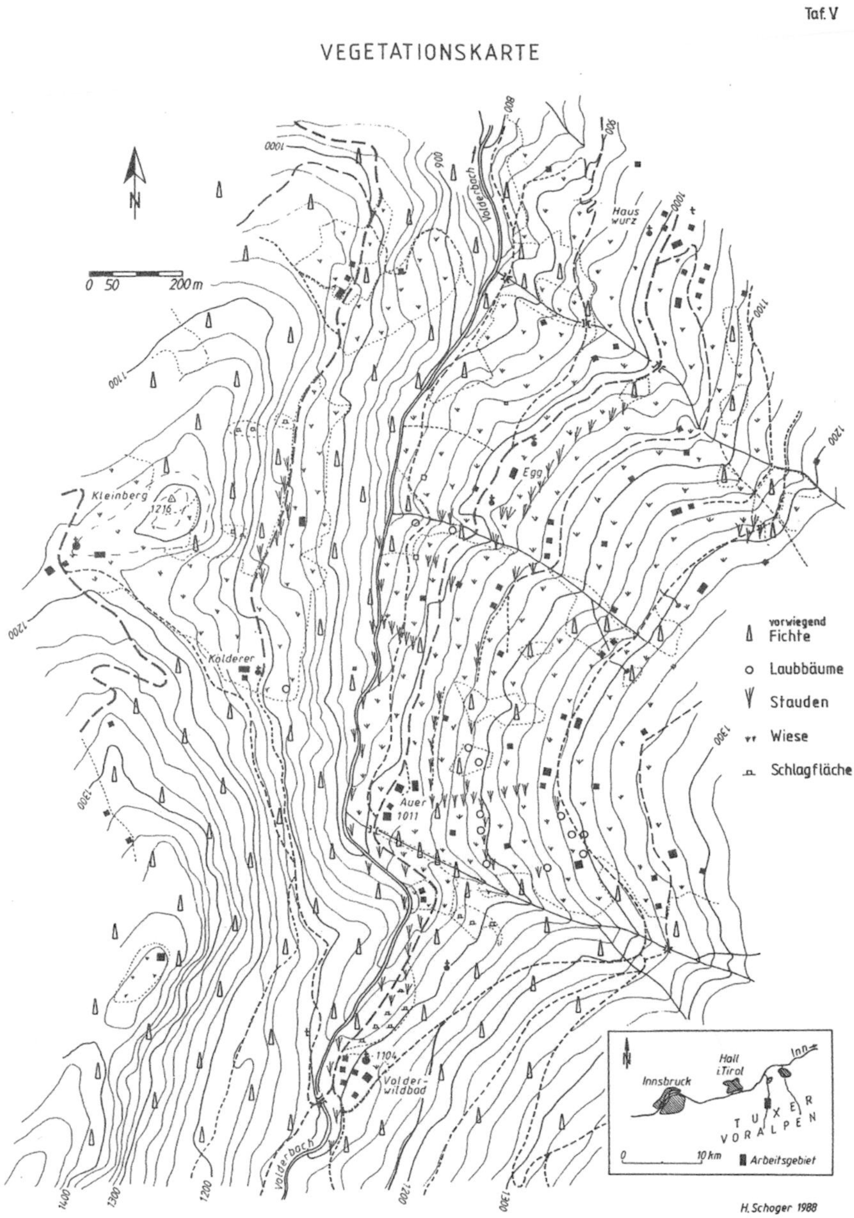

Abb. 10.10 Vegetationskarte, SCHOGER (1988)

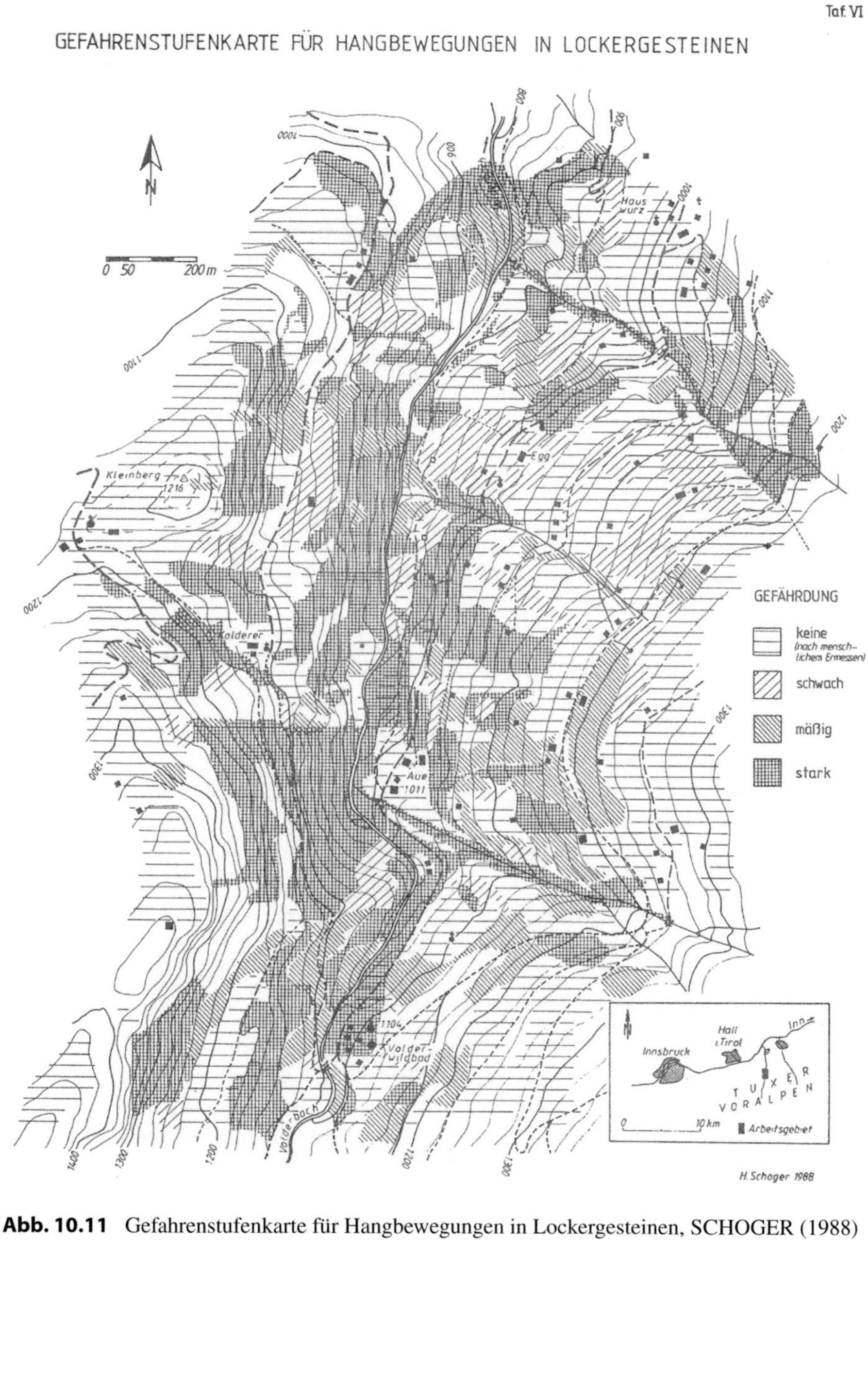

Abb. 10.11 Gefahrenstufenkarte für Hangbewegungen in Lockergesteinen, SCHOGER (1988)

- Karte der kategorisierten Hangneigungen (Abb. 10.8)
  Sie zeigt als analytische Karte die Verteilung der einzelnen, in 5°-Intervalle gestuften Hangneigungen. Ähnliches Kartenmaterial existiert von BRUNSDEN & JONES (1972). Durch eine Kategorisierung wird zwar der ursprüngliche Inhalt der Geländeblätter, die die Morphologie in einer dem Maßstab entsprechenden (1:5000) Genauigkeit wiedergeben, zu einem gewissen Grad pauschalisiert, doch gewinnt die Karte an Übersichtlichkeit.
- Karte der morphologischen Hangneigungswechsel und Mächtigkeiten (Abb. 10.9)
  Aus Gründen der Überschaubarkeit wurde die Mächtigkeit der Lockergesteine zusammen mit den morphologischen Hangneigungswechseln dargestellt, was aber nicht in thematischem Widerspruch steht. Die Mächtigkeit wird sehr stark von der Morphologie beeinflusst. An vielen konvexen Hangneigungswechseln ist ein Übergang von mächtigeren zu geringmächtigeren Hangschuttauflagen zu bemerken.
- Karte der Vegetation (Abb. 10.10)
  Hier wurde nur in, für eine ingenieurgeologische Beurteilung, relevante Arten unterschieden: Bereiche mit vorwiegendem Fichtenbewuchs (flachwurzelnd), Stauden und Sträucher (meist tiefwurzelnd) und Wiesen- und Weidegelände.
- Gefahrenstufenkarte (Abb. 10.11)
  Basierend auf der statistischen Auswertung der Erhebungsbögen, den „stummen Zeugen", der geotechnischen Grundlagenkarte, der Karte der kategorisierten Hangneigungen, der Karte der Hangneigungswechsel und der Mächtigkeiten und der Karte der Vegetation wurde eine Karte der Anbruchswahrscheinlichkeit, ausgedrückt als Gefahrenstufen, erarbeitet.
  Aussagen über die Art und Größe der potenziellen, d. h. auch in Zukunft auftretenden Massenbewegungen werden nicht gemacht.
  Durch Zuhilfenahme der geotechnischen Grundlagenkarte kann allerdings davon ausgegangen werden, dass sich schon einmal abgelaufene und damit auch registrierte Hangbewegungen, mit ähnlichem Mechanismus und in vergleichbarer Dimension wiederholen können. Das Gleiche gilt natürlich auch für die vermurten Bereiche. So werden sich an den steilen, bewaldeten W' Einhängen des Vordertales bevorzugt Rinnenanbrüche ausbilden, deren Murmaterial bis in das Gerinne des Wildbaches gelangen kann.
  Da die Karte der kategorisierten Hangneigungen mit als Basiskarte benutzt wurde, ist die Ausscheidung der Gefahrenzonen nicht so differenziert, wie der Maßstab (1:5000) es eigentlich zulassen würde, dafür sind aber die gefährdeten Bereiche klar abgegrenzt und können so weiterer spezieller Untersuchung unterzogen werden.
  Steil geneigte Hänge sind nicht ausreichende Gründe, diese Bereiche als gefährdet zu sehen (z. B. bewaldete Hangrücken mit geringer Mächtigkeit und ohne Oberflächenwasserzufuhr). Andererseits können auch flachgeneigte Hänge durch Kombination ungünstig wirkender Faktoren gefährdete Bereiche darstellen.

Aus der Beurteilung der waldfreien Oberhänge und deren Morphologie bzw. der muldenförmig ausgebildeten Waldhänge wurden die erreichbaren Hangwasserspiegelhöhen abgeschätzt und für Hangneigungen der entsprechenden Kategorie in eine Standsicherheitsberechnung einbezogen.
Bei Hängen mit z. B. 32° Hangneigung (Klasse 31–35°) wurden 35° Hangneigung in Rechnung gestellt, sodass diese Hangneigungsklasse ab 31° auch ohne stärkere Wasserzufuhr schon im mäßig gefährdeten Bereich liegt. Bei waldfreien Oberhängen > 100 m Länge sind diese Bereiche als stark gefährdet anzusprechen. Die mäßig gefährdeten Bereiche werden hauptsächlich von Hangteilen gestellt, die in der Hangneigungsklasse 26–30° liegen und von 300–400 m langen Oberhängen mit Oberflächenwasser versorgt werden.
Bereiche leichter Gefährdung stellen Hänge in der Hangneigungsklasse 26–30° dar, die über 200–300 m lange Wiesenoberhänge verfügen. Hänge in der Klasse 21–25° werden erst bei Oberhanglängen > 500 m und Muldenbreiten in der Größenordnung von ca. 10 m, wie sie häufig vorkommen, leicht gefährdet.
Wie zu ersehen ist, wurden für die einzelnen Gefährdungsgrade modellhafte Überlegungen eingebaut, die den Einfluss der Oberhanglänge, morphologischer Mulden, konkaver und konvexer Hangneigungswechsel und der Vegetation für den ermittelten Standsicherheitsbeiwert berücksichtigen.

Gefährdung	η
Stark	<1,00
Mäßig	1,00–1,10
Schwach	1,11–1,20
Nach menschlichem Ermessen nicht gefährdet	>1,20

Die Aussagen dieser Gefahrenzonenkarte basieren auf der Annahme des Eintretens von Niederschlagsereignissen, die in Dauer und Intensität vergleichbar mit dem Ereignis des Jahres 1985 sind.

11 Klassifikationssysteme zur Rutschungserkennung flachgründiger Lockergesteinsrutschungen

Einleitung
Obwohl seit nunmehr über 50 Jahren Verordnungen zur Erhebung von Naturgefahren existieren, gibt es auch zurzeit noch Bereiche im Alpenraum, in denen noch keine Naturgefahrenbeurteilung vorgenommen wurde. Dazu zählen auch Gebiete, die eine dichte Besiedlung aufweisen. Das Problem der flächendeckenden Gefahrenbeurteilung liegt im damit verbundenen hohen Zeitaufwand und der Komplexität verschiedener Naturgefahren, die durch unterschiedliche Faktoren ausgelöst werden können. Die Veränderungen an alpinen Hängen im Laufe der Zeit erfordern es, Gefahrenkarten nach einigen Jahren neu zu überarbeiten und zu verifizieren – was ebenfalls sehr zeitaufwendig ist.

Zudem zeigt eine Literaturrecherche der letzten Jahre, dass das Interesse immer größer wird, ein Verfahren zu entwickeln, welches mit einem möglichst geringen Aufwand effizient auf die einzelnen Typen von Naturgefahren hinweist. Dazu werden vermehrt Methoden aus dem Bereich der Statistik und Mustererkennung herangezogen.

Am Beispiel der Niederschlagskatastrophe 1997 in Sachseln/Kanton Obwalden, Schweiz wird dargestellt, wie mit Klassifikationssystemen flachgründige Rutschungen erkannt werden können, die durch Starkniederschläge ausgelöst wurden. Das Projekt wurde in einer interdisziplinären Zusammenarbeit mit dem Lehrstuhl für Mustererkennung der Universität Erlangen-Nürnberg durchgeführt.

11.1 Klassifikationssysteme

Bei Klassifikationssystemen muss generell zwischen überwachten und unüberwachten Verfahren unterschieden werden. Beide Verfahren sind lernende Systeme, wobei innerhalb des Trainings eine Klassifikationsregel zur Lösung des Klassifikationsproblems entwickelt wird. Während bei unüberwachten Verfahren die

M. Moser et al., *Hangmuren,* https://doi.org/10.1007/978-3-662-70285-7_11

Klassen der Daten nicht vorgegeben, sondern erst erlernt und erstellt werden müssen, verwenden Klassifikatoren überwachter Verfahren vorab festgelegte Klasseneinteilungen. Bei der automatischen Rutschungserkennung, wie sie hier durchgeführt wurde, wurden vorwiegend für die Lösung von Zwei- bzw. Drei-Klassenproblemen überwachte Verfahren eingesetzt. Unüberwachte Verfahren sind z. B. die Clusteranalyse, die Faktorenanalyse aber auch verschieden Algorithmen von Künstlichen Neuronalen Netzen. Zur Reduktion der Datenmenge wurde hier das Clusteringverfahren K-Means angewendet. Aufgrund der Problemstellung wurden folgende Klassifikatoren getestet, die außer dem K-Means-Verfahren zu den überwachten Lernverfahren zählen:

- Lineare Diskriminanzanalyse
- Klassifikationsbäume
- Support Vector Machines
- K-Means

Bei Merkmalsauswahl und -extraktion mit Klassifikationssystemen können zwei verschiedene Verfahren herangezogen werden. Zum einen können alle Merkmale bzw. Variablen des Datensatzes verwendet werden, zum anderen ist es möglich, bei der Klassifikation schrittweise vorzugehen. Während bei der ersten Methode eine Reduktion der Anzahl der Variablen erfolgt, wobei versucht wird, die Erkennungsrate hochzuhalten, werden beim zweiten Verfahren die Variablen gesucht, die signifikant zur Verbesserung der Trennkraft beitragen. Diese Suche der relevanten Merkmale ist bei einer hohen Anzahl von Merkmalen nur mit einem Klassifikator möglich, der sehr schnell ein Klassifikationsproblem lösen kann. Hierbei eigenen sich herkömmliche Verfahren, wie die Lineare Diskriminanzanalyse oder Klassifikationsbäume. Black-Box-Verfahren wie Künstliche Neuronale Netze oder Support Vector Machines sollten dafür nicht herangezogen werden.

Klassifikationssysteme werden in vielen Bereichen der Datenanalyse eingesetzt, um Zusammenhänge von Parametern zu verstehen. Auf dem Feld der Naturgefahrenanalyse gibt es mittlerweile einige Autoren, die mithilfe von Klassifikationssystemen Naturgefahren modelliert haben. JAKOB & WEATHERLY (2003) und KORUP (2004) verwendeten Diskriminanzanalysen für Vorhersagen von Massenbewegungen; SHRESTHA et al. (2004) setzte für derartige Analysen Entscheidungsbäume ein. FERNANDEZ-STEEGER (2002), NEAUPANE & ACHET (2004), ERMINI et al. (2005) und GOMEZ & KAVZOGLU (2005) haben künstliche neuronale Netze eingesetzt, um Hangbewegungen zu analysieren oder zu erkennen. Support Vector Machines fanden dagegen bisher weitestgehend nur auf dem Gebiet der Spracherkennung und der Medizin ihren Einsatz (näh. zu den eingesetzten Klassifikatoren s. HAMBERGER (2007)).

11.2 Rutschungserkennung

In diesem Kapitel werden die Schritte der automatischen Rutschungserkennung aufgezeigt, bei der Rutschungsbereiche von Nicht-Rutschungsbereichen unterschieden werden. Die Grunddaten hierfür bilden nicht nur die Daten der erhobenen Rutschungen, sondern es musste ein flächendeckender Datensatz erzeugt werden. Diese Daten wurden, fußend auf den Untersuchungen verschiedener Institutionen, im Gelände auf Karten erfasst. Mit diesem gesamten Datensatz wurde sodann die Rutschungserkennung durchgeführt.

Die Rutschungserkennung kann in folgende drei Prozesse unterteilt werden:

- Vorverarbeitung (Preprocessing)
- Analyse (Analyse)
- Nachbearbeitung (Postprocessing)

Die Abb. 11.1 zeigt die einzelnen Arbeitsschritte, die bei der Rutschungserkennung notwendig sind. Jeder der drei Schritte beinhaltet Teilschritte, die in den nachfolgenden Abschnitten erläutert werden.

Innerhalb des Preprocessings werden all die Schritte vereinigt, die erforderlich sind, um die Analyse im Rahmen der Rutschungserkennung einzuleiten. Dabei werden die im Gelände erhobenen Daten und weitere Daten in ein Format gebracht, das von den verwendeten Klassifikationssystemen während der Analyse verarbeitet werden kann.

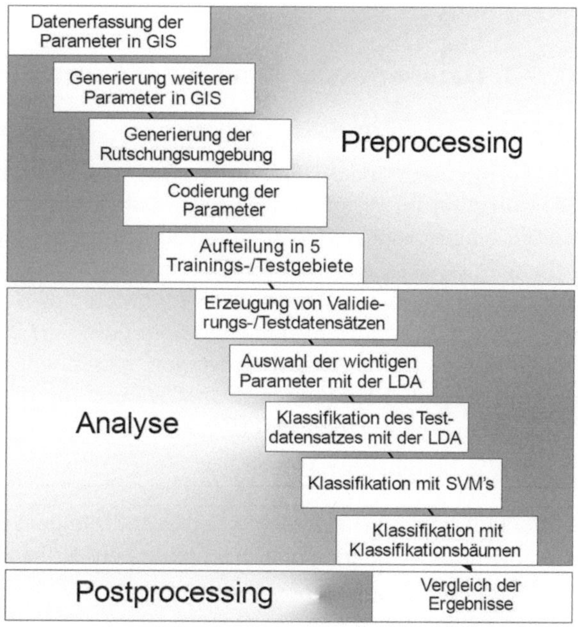

Abb. 11.1 Arbeitsschritte bei der Rutschungserkennung mit unterschiedlichen Klassifikationssystemen, HAMBERGER (2007)

Das Preprocessing untergliedert sich in sieben Teilschritte (Abb. 11.1):

1. Datenerfassung und -verwaltung der bei den Evaluationen erhobenen und weiterer zur Klassifikation herangezogener Parameter mit Geoinformationssystemen (GIS)
2. Generierung weiterer relevanter Parameter aus bestehenden Parametern in GIS
3. Export der Parameter
4. Erzeugung und Miteinbeziehung der Rutschungsumgebung/Zellennachbarschaft
5. Codierung der Parameter
6. Aufteilung des Datensatzes in Trainings- und Testgebiete
7. Erzeugung von Validierungs- und Testdatensätzen

Bei den ersten beiden Schritten des Preprocessing kamen die Geographischen Informationssysteme ArcGIS und ArcInfo der Firma Esri zum Einsatz. In einem GIS können Daten nicht nur erfasst werden. Sie werden dort verwaltet und können in weiteren Schritten geostatistisch ausgewertet werden. Des weiteren bietet GIS die Möglichkeit, aus bestehenden Daten neue Daten zu generieren, die später in die Analyse einbezogen werden. Geographische Informationssysteme bieten zum einen die umfangreichen Möglichkeiten des Datenmanagements und der Datenanalyse, wie sie bei herkömmlichen Datenbanksystemen bekannt sind. Zum anderen besitzen sie ausgeprägte CAD-Fähigkeiten, die bei der Visualisierung von Geodaten umgesetzt werden. Während die Generierung der Nachbarschaft mit einem Perl-Skript erfolgte, wurde die Codierung und die Aufteilung des Datensatzes in dem z. T. auch zur Analyse verwendeten Programm SPSS durchgeführt.

11.2.1 Datenerfassung und Datenverwaltung

Bei der Datenerfassung wurden die im Gelände erhobenen Daten in eine digitale Form umgewandelt. Zudem wurden weitere Daten digital erfasst, die bei der Klassifikation mitverarbeitet wurden. Dabei wurden die im Gelände entworfenen Karten eingescannt und georeferenziert, um eine lagegetreue Darstellung zu erhalten. In ArcGIS konnten die Daten unter Verwendung einer winkeltreuen und azimutalen Projektion (Hotline Oblique Mercator Azimuth Center) und des nationalen geographische Koordinatensystem *GCS_CH1903,* welches das *Bessel_1841* Spheroid verwendet, dargestellt werden. Anschließend erfolgte die Digitalisierung der eingescannten Feldkarten. Dabei wurden die digitalisierten Informationen im Vektorformat gespeichert. ArcGIS verwendet für die Informationsverwaltung folgende drei Typen (Abb. 11.2):

- Punktinformationen (z. B. Quellen oder Mittelpunkte der oberen Anbruchskanten)
- Linieninformationen (z. B. Bachläufe oder Höhenlinien)
- Polygoninformationen (z. B. Flächen mit gleichen Lockergesteinseigenschaften oder Rutschungsflächen)

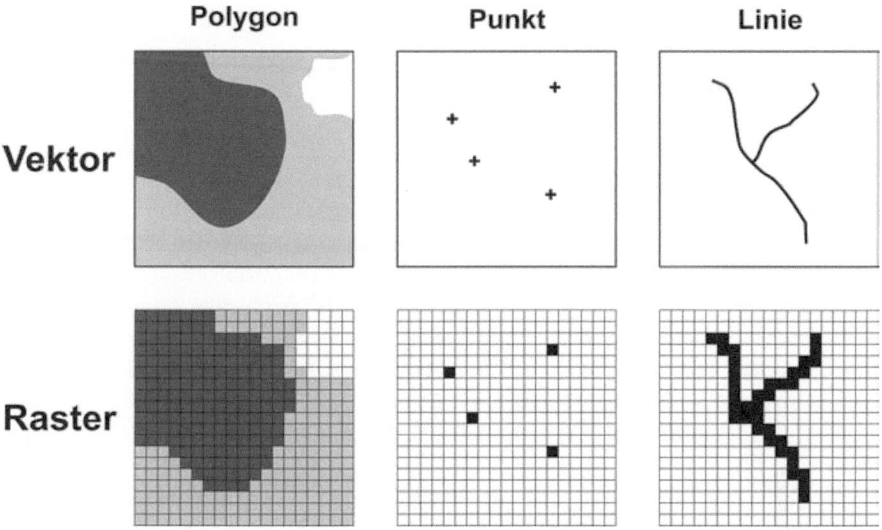

Abb. 11.2 Umwandlung von Vektordaten in Rasterdaten und der durch diese Vergröberung verbundene Informationsverlust. (Mod. n. FERNANDEZ-STEEGER (2002))

Folgende Informationen wurden in ArcGIS eingelesen, deren Beschreibung in den sich anschließenden Kapiteln erfolgt:

- Digitale Höhendaten, als Basis zur Erzeugung eines digitalen Geländemodells (DGM) und weiterer morphologischer und hydrogeologischer Parameter
- Lage der Rutschungen, die nach dem Unwetterereignis erhoben wurden (Abb. 10.2)
- Verteilung der Locker- und Festgesteine; erhoben im Rahmen der geotechnischen Aufnahmen (Abb. 11.6)
- Lockergesteinsmächtigkeiten im Untersuchungsgebiet; erhoben im Rahmen der geotechnischen Aufnahmen (s. Abschn. 7.1)
- Geologische Verhältnisse basierend auf den Grundlagen der (Abb. 11.4):
  - geologischen Karte von (BENTZ, 1949, 1:25.000)
  - geologischen Karte des Kanton Obwalden (1980, 1:50.000)
  - geologischen Aufnahmen von (BICKER, 2000)
  - eigenen geologischen Aufnahmen im Rahmen dieser Arbeit
- Verteilung der Wald- und Freiflächen auf der Basis der Orthophotos von 1996 (Abb. 11.5)
- Beurteilung des Waldzustandes im Rahmen des Projektes „Waldschadenkartierung SANASILVA 1987“ (Abb. 10.2)
- Gesamtniederschlagsmengen des Unwetterereignisses vom 15. August 1997; erfasst durch die MeteoSchweiz (Abb. 3.3)

- Hydrogeologische Verhältnisse im Untersuchungsgebiet; erhoben im Rahmen der geotechnischen Aufnahmen
- Anthropogene Beeinflussung durch Bauwerke; die Lage der Bauwerke wurde aus den Orthophotos ermittelt

Diese Daten mussten flächendeckend für das gesamte Modellgebiet vorliegen. Weiterhin mussten die bei den verschiedenen Evaluationen erreichten unterschiedlichen Bearbeitungstiefen berücksichtigt und angeglichen werden. Die damit z. T. verbundene Generalisierung wurde ebenfalls in ArcGIS durchgeführt.

Zur weiteren Verarbeitung wurden die Daten, die nach dem Digitalisieren als Vektordaten vorlagen, in Rasterdaten umgewandelt. Um die morphologischen Gegebenheiten der Hänge zu berücksichtigen, wurde die Rasterzellengröße auf 5×5 m festgelegt. Dadurch wurde das Gebiet in über eine Million Zellen (exakt 1.003.892 Zellen) zerlegt, wobei an jede Zelle eine feste Nummer (ID) vergeben wurde.

Alle Informationen werden in unterschiedlichen Ebenen im Rasterformat in GIS verwaltet. Dies bedeutet, dass für jede Information eine neue Ebene angelegt wird. So werden z. B. in der Ebene „Rutschung" alle Lokalitäten der entstandenen Rutschungen verwaltet. Hierbei besitzen beispielsweise Rutschungszellen die Ziffer 1, wohingegen Nichtrutschungszellen die Ziffer Null zugeordnet ist. In der Ebene „Geologie" werden die unterschiedlichen stratigraphischen Einheiten gespeichert. Da im Untersuchungsgebiet 17 unterschiedliche stratigraphische Einheiten auftreten, kann eine Zelle eine Zahl zwischen 1 und 17 annehmen. Die Abb. 11.3 zeigt die in ArcGIS verwendete Ebenenverwaltung, die sowohl für Vektordaten als auch für Rasterdaten herangezogen wird.

Digitales Geländemodell (DGM)

Die Höheninformationen, welche zur Herstellung eines digitalen Geländemodells (DGM) eingesetzt wurden, wurden vom Amt für Wald und Raumentwicklung des Kantons Obwalden zur Verfügung gestellt. Sie setzen sich aus zwei Komponenten zusammen. Neben punktuellen Höhendaten, die in einer hohen Dichte die Höhenlagen der Talbereiche, der unteren Hangabschnitte sowie flacher Gebiete auch in den mittleren Lagen wiedergeben, wurden die Höhenverhältnisse der oberen Hangbereiche, sowohl der Sachsler Berge als auch der Hänge des Melchtales, mithilfe von digitalisierten Höhenlinien (Isolinienabstand 20 m) beschrieben. Aufgrund dieser Konstellation war zu erwarten, dass in den Talbereichen ein genaueres Höhenmodell als in den oberen Hangbereichen entwickelt werden konnte.

Es wurden zwei verschiedene Verfahren mit unterschiedlichen Einstellungen zur Erzeugung eines DGM getestet. Die qualitative Bewertung des DGM wurde durch den Vergleich der Hangneigungen und Expositionen des DGM mit den Hangneigungen und Expositionen der Rutschungen ermittelt. Dabei mussten in einem zusätzlichen Schritt die Hangneigungen und Expositionen basierend auf den Höhendaten des DGM berechnet werden. Das beste DGM wies die geringsten Abweichungen zu den im Feld bestimmten Hangneigungen und Expositionen auf (s. Abschn. 11.2.2).

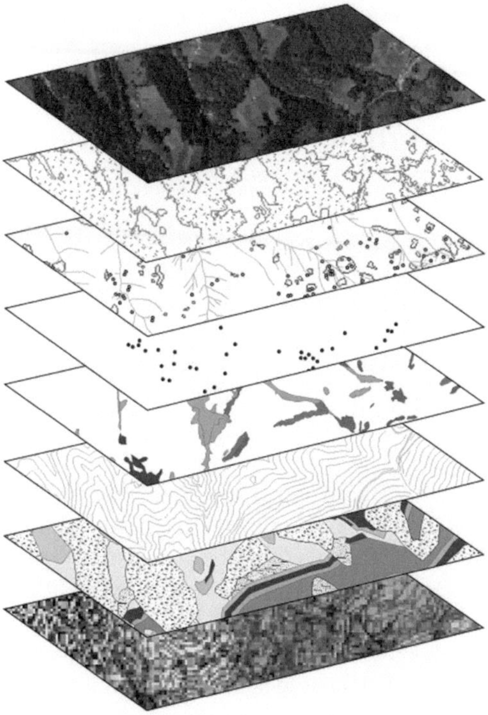

Abb. 11.3 Ebenenverwaltung in ArcGIS, HAMBERGER (2007)

Bei der qualitativen Beurteilung wurden die Abweichungen bei den Hangneigungen als das entscheidende Kriterium herangezogen. Die Abweichungen der Expositionen wurden nur bei den vier besten DGMs errechnet, nachdem sie durch das Hangneigungskriterium bewertet wurden. In beiden Verfahren wurden die Bereiche mit unterschiedlichen Algorithmen interpoliert, für die keine Höheninformationen zur Verfügung standen. Die Interpolationen der DGMs wurde mit ArcInfo durchgeführt.

Das erste Verfahren *Inverse Distance Weigthed (Idw)* verwendet eine sehr einfache Interpolationsmethode. Bei diesem Verfahren können jedoch nur Punktdaten bei der Interpolation einbezogen werden. Daher mussten die Höhenliniendaten in ArcGIS in Punktdaten umgewandelt werden. Bei der Interpolation wird eine bestimmte Anzahl der Höhenpunkte der Nachbarschaft betrachtet. Aus diesen wird ein gewichteter Mittelwert berechnet, wobei die Gewichtung durch eine abnehmende Funktion der Entfernung der Nachbarschaftspunkte vom errechneten Wert ermittelt wird. In ArcGIS war es möglich, entweder die Anzahl der Zellen der Nachbarschaft oder deren Radius einzustellen. Ausführliche Informationen zu diesem Verfahren geben SHEPARD (1968) und FISHER et al. (1987). Insgesamt wurden drei unterschiedliche Einstellungen getestet, wobei die Anzahl der Punkte der Nachbarschaft variiert wurde (12 Punkte, 25 Punkte, 100 Punkte).

Als zweites Interpolationsverfahren wurde das *topogrid*-Tool in ArcInfo eingesetzt und getestet. Für die Interpolation verwendet dieses Verfahren einen Spline-Algorithmus, der von WAHBA (1990) entwickelt wurde. Es basiert weitestgehend auf den Funktionen und Möglichkeiten, die im Programm ANUDEM zusammengefasst sind (HUTCHINSON, 1988, HUTCHINSON, 1989). Bei der Generierung eines DGM besitzt es folgende Vorteile:

- Das DGM ist hydrologisch korrekt; d. h. es gibt keine Senken im Modellgebiet, da diese bei der Interpolation verfüllt werden. Bekannte Senken können jedoch angegeben werden. Die bei der Interpolation verfüllten Senken können zur Verifizierung ausgegeben werden
- Es können nicht nur Höhenpunkte, sondern auch Höhenlinien in die Berechnung miteinfließen
- Gerinne, Bäche und Seen werden berücksichtigt

Innerhalb des *topogrid*-Tools konnte zum einen ein Toleranzwert (tol), der die Genauigkeit und Dichte der Höhenangaben repräsentiert, und zum anderen die maximale Anzahl der Iterationen (iter) bei der Interpolation festgelegt werden. Außerdem konnte der primäre Datentyp der Höhenangaben (Höhenlinien (c), Höhenpunkte (s); Angabe welcher Datentyp bevorzugt zur Interpolation verwendet werden soll) sowie die Rasterzellengröße der Ausgabe angegeben werden.

Die Qualität der DGMs, die mit den verschiedenen Verfahren und unterschiedlichen Einstellungen generiert wurden, kommen vergleichend in der Tab. 11.1 zur Darstellung. Das beste DGM (*„topo11"* in Tab. 11.1) wurde mit dem *topogrid*-Verfahren entwickelt. Es verwendet eine Rasterzellengröße von 2×2 m, einen Toleranzwert von 2,5 und maximal 30 Iterationen zur Interpolation. Bei diesem Modell kamen zum einen die ursprünglichen Höhenpunkte (der Talbereiche), zum anderen die Höhenlinien, die vorher in Höhenpunkte umgewandelt wurden, zum Einsatz, sodass der primäre Datentyp in Form von Höhenpunkten vorlag.

Die Tab. 11.1 zeigt auch, dass sowohl die Toleranzwerte als auch die Anzahl der Iterationen die Abweichungen nur unwesentlich veränderten. Dagegen spielt der Datentyp des inputs sowie der primäre Datentyp eine viel wichtigere Rolle. Weiterhin ist es vorteilhaft, vorerst höher auflösendes DGM zu berechnen, das in einem zweiten Schritt sodann vergröbert wird. Das hier verwendete Modell wurde, nachdem es mit einer Rasterzellengröße von 2×2 m generiert wurde, schließlich auf eine Rasterzellengröße von 5×5 m vergröbert. Diese wurde für die Betrachtungen im weiteren Verlauf herangezogen. Ferner hat sich herausgestellt, dass nur eine Bewertung der Qualität durch den Vergleich der Expositionen wenig Sinn macht. Zudem besitzen die Höhenmodelle, die mit dem IDW-Algorithmus entwickelt wurden, starke Defizite.

Lage der Rutschungen

Die Rutschungen, die infolge der Starkniederschläge am 15.08.1997 entstanden sind, wurden bei den Evaluationen lagegerecht in topographische Karten ein-

Tab. 11.1 Qualitative Bewertung der erzeugten digitalen Geländemodelle unter Verwendung der Abweichung a_h und a_e (Differenz der im Feld gemessenen und im DGM errechneten Hangneigungswerte/Expositionswerte; [1]bevorzugter Datentyp für Berechnung/Datentyp input [c = Höhenlinien, s = Höhenpunkte]; [2]tol = Toleranzwert; [3]iter = Iterationswert s. Abschn. 11.2.1). Grau hinterlegte Felder geben die besten Werte an, HAMBERGER (2007)

Hangneigungen														
Modell	Einstellungen des Modells				Statistik von $\|a_h\|$ [°]				Abweichungsklassen von $\|a_h\|$ [°]					
	Zellengröße [m²]	Datentyp[1]	tol[2]	iter[3]	Max	Sum	Mean	St.Dev	≤ 2	≤ 4	≤ 6	≤ 8	≤ 10	> 10
topo1	25	s/c+s	2,5	30	27,8	2608,2	4,777	3,982	157	287	378	452	493	54
topo2	25	s/s	2,5	30	23,7	2354,7	4,305	3,907	186	315	412	471	504	43
topo3	25	s/s	5	30	23,7	2356,3	4,308	3,915	186	314	412	471	504	43
topo4	25	s/s	2,5	1000	23,7	2354,7	4,305	3,907	186	315	412	471	504	43
topo5	25	s/s	10	30	23,7	2357,8	4,310	3,915	186	314	412	471	504	43
topo6	25	c/c+s	10	30	27,3	2632,0	4,812	3,979	156	282	373	449	494	53
topo7	25	c/c+s	2,5	100	27,3	2660,8	4,864	4,035	154	281	377	446	488	59
topo8	25	c/c+s	2,5	30	27,3	2660,8	4,864	4,035	154	281	377	446	488	59
topo9	25	s/s	1	30	23,7	2354,7	4,305	3,907	186	316	412	471	504	43
topo10	25	s/s	2	30	23,7	2354,6	4,305	3,907	186	315	412	471	504	43
topo11	4	s/s	2,5	30	23,5	2224,5	4,067	3,801	194	341	430	477	504	43
topo12	2,25	s/s	2,5	30	22,8	2294,0	4,202	3,840	174	335	420	478	507	40
topo13	12,25	s/s	2,5	30	22,1	2744,0	4,835	4,099	164	286	378	445	489	58
topo14	6,25	s/s	2,5	30	27,5	2268,3	4,147	3,900	198	329	426	475	502	45
topo15	5,06	s/s	2,5	30	29,1	2573,7	4,705	4,023	151	281	395	462	507	40
topo16	25	c/s	5	30	22,5	2341,7	4,281	3,924	190	317	416	463	497	50
topo17	4	s/s	5	30	23,5	2224,8	4,067	3,803	194	341	430	477	504	43
topo18	4	s/s	10	30	23,5	2224,7	4,067	3,801	194	341	430	477	504	43
idw1	25	12 Nachbarn			37,3	5105,3	9,333	7,195	82	153	204	268	347	200
idw2	25	25 Nachbarn			41,3	4645,6	8,493	6,891	89	172	240	306	364	183
idw3	25	100 Nachbarn			37,3	4442,6	8,122	7,015	101	191	272	331	384	163
Hangexpositionen														
Modell	Einstellungen des Modells				Statistik von $\|a_e\|$ [°]				Abweichungsklassen von $\|a_e\|$ [°]					
	Zellengröße [m²]	Datentyp[1]	tol[2]	iter[3]	Max	Sum	Mean	St.Dev	≤ 10	≤ 20	≤ 30	≤ 40	≤ 50	> 50
topo11	4	s/s	2,5	30	176,9	18507,7	33,835	38,338	176	291	355	390	417	130
topo17	4	s/s	5	30	176,9	18507,4	33,834	38,338	176	291	355	390	417	130
topo14	6,25	s/s	2,5	30	174,1	18650,3	34,096	38,287	170	287	354	387	414	133
topo18	4	s/s	10	30	176,9	18506,1	33,832	38,340	176	291	355	390	416	131

getragen. Da jedoch in den Sachsler Bergen und im N' Melchtal die Rutschungen nur als Punkte vorlagen, im S' Melchtal dagegen als Punkte und als Flächen, wurden alle Rutschungen zunächst als Punkte digital erfasst. Die Punkte stellen die Mittelpunkte der oberen Anbruchskante dar. Die dazugehörigen Rutschungsflächen bzw. die restlichen Abschnitte der oberen Anbruchskante wurden mithilfe der geometrischen Daten der Rutschungen in ArcGIS erzeugt. Während für die Erzeugung der Anbruchskante die Breite und die Exposition der Rutschung herangezogen wurde, wurde bei der Rutschungsfläche zusätzlich die Länge der Rutschung berücksichtigt. Somit wurde für die gesamte obere Rutschungskante eine obere Anbruchslinie generiert, deren Verlauf böschungsparallel ausgerichtet war. Unterhalb schließt sich die rechteckige Rutschungsfläche an, wobei hier neben der Länge zusätzlich die Hangneigung berücksichtigt werden musste. Hierbei wird bemerkt, dass bei einer geometrischen Darstellung der Rutschungen in den Karten, wie sie im S' Melchtal erfolgte, exaktere und nicht nur rechteckige Flächen hätten digital erfasst werden können.

Bei der späteren Verarbeitung gibt dieser Faktor die Klassen wieder, für die der Klassifikator die optimalen Parameterkonstellationen sucht. Dabei wurden unterschiedliche Zwei- bzw. Drei-Klassenprobleme gelöst, die im Abschn. 11.2.6 aufgeführt sind. Es wurde nachfolgenden Ausprägungen klassifiziert:

- Obere Anbruchskanten (Kanten)
- Rutschungsflächen (Flächen)
- Nichtrutschungszellen (Nichtrutschungen)

Locker- und Festgesteine

Die Verteilung der Locker- und Festgesteine sowie deren Ausprägung und Mächtigkeiten können ausführlich aus HAMBERGER (2007) entnommen werden. Insgesamt wurden die Flächen des Untersuchungsgebietes nach folgenden 12 Locker- und Festgesteinsklassen sowie 3 Mächtigkeitsklassen charakterisiert:

Typ	Ausbildung/Klasse	Lockergesteinsmächtigkeitsklassen
Festgesteine	Kalk	<0,3 m
	Mergelkalk	<0,3 m
	Kalk-/Mergelwechselfolge	<0,3 m
	Mergel	<0,3 m
	(Kalk-)Sandstein	<0,3 m
Lockergesteine	Hang-/Verwitterungsschutt	0,3–2 m, >2 m
	Moräne	0,3–2 m, >2 m
	Hang-/Verwitterungsschutt + Moräne	0,3–2 m, >2 m
	Felssturzmaterial	0,3–2 m, >2 m
	Wildbachschutt	0,3–2 m, >2 m
	Lockergesteine von Schuttkegeln	0,3–2 m, >2 m
	Talfüllung	0,3–2 m, >2 m

Demnach fließen in die späteren Betrachtung zwei Parameter ein: die Locker-/Festgesteinsklasse und die Lockergesteinsmächtigkeit. Dabei befinden sich die Lockergesteins- und Festgesteinstypen zusammen in einer Klasse, da Locker- und Festgestein nicht zusammen an einem Punkt auftreten können.

Geologie

Der Faktor Geologie kann, wie in der Abb. 11.4 wiedergegeben, insgesamt 17 unterschiedliche Ausprägungen annehmen. Zwischen folgende Ausprägungen, welche die Synthese der oben genannten verarbeiteten Karten darstellen, wurde unterschieden:

• Bachschuttkegel	• helvetisches Tertiär	• Drusbergschichten
• Bergsturz/Blockschutt	• Wangschichten	• Kieselkalk
• Schutt/Eboulis	• Amdener Schichten	• Diphyoideskalk/-mergel
• holozäne Ablagerungen	• Seewerschichten	• Valanginienmergel
• Moräne	• Gault	• Malmkalk/Tithon
• ultrahelvetischer Flysch	• Schrattenkalk	

Aus dieser Auflistung ist ersichtlich, dass für die weitere Bearbeitung die quartären Ablagerungen in fünf Klassen unterteilt wurden.

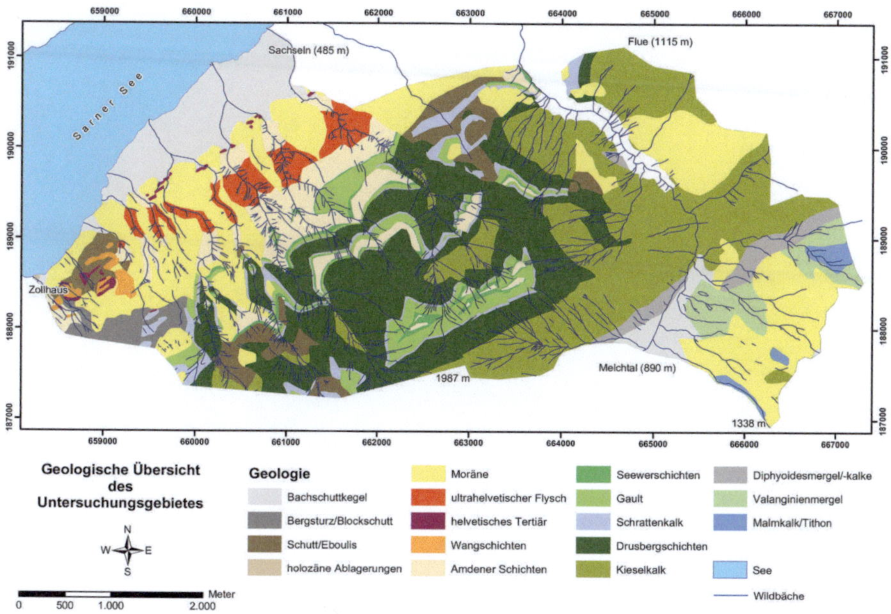

Abb. 11.4 Geologische Übersicht des Untersuchungsgebietes im Raum Sachseln/Schweiz

Vegetation
Für die Vegetation wurden zwei unterschiedliche Informationen eingelesen. Während die erste Information die Verteilung der Waldareale und Freiflächen des Arbeitsgebietes angibt, repräsentiert die zweite Information die Ergebnisse der Waldschadenkartierung SANASILVA von 1987. Der Zusammenhang zwischen der Vegetation und einer erhöhten Rutschaktivität kann dem Abschn. 7.4 entnommen werden.

Die Wald-/Freiflächenverteilung wurde mithilfe der Orthophotos von 1996 (Auflösung/Pixelgröße: 1×1 m) ermittelt. Dabei wurden die Grenzen der Waldflächen zu den Freiflächen in einem Maßstab von mindestens 1: 1500 digitalisiert. Wie bereits in der Tab. 7.6 aufgeführt, lag im Jahr 1996 der Anteil des Waldes bezogen auf die Gesamtfläche bei 47 %, der Anteil der Freifläche bei 53 %. Die zur Auswertung herangezogene Wald-/Freiflächenverteilung kommt in Abb. 11.5 zur Darstellung. Bei der automatischen Rutschungserkennung besitzt dieser Faktor die beiden möglichen Ausprägungen: Wald und Freifläche.

Die Unterlagen der Waldschadenkartierung wie auch die Orthophotos wurden vom Amt für Wald und Raumentwicklung des Kantons Obwalden zur Verfügung gestellt. Die digitale Aufbereitung der Karten umfasste drei Arbeitsschritte:

1. Digitalisierung der Waldschadenkartierung von 1987 und der Wald-/Freiflächenverteilung von 1996
2. Überlagerung der digitalisierten Waldzustandskarte mit der Karte der Wald-/Freiflächenverteilung

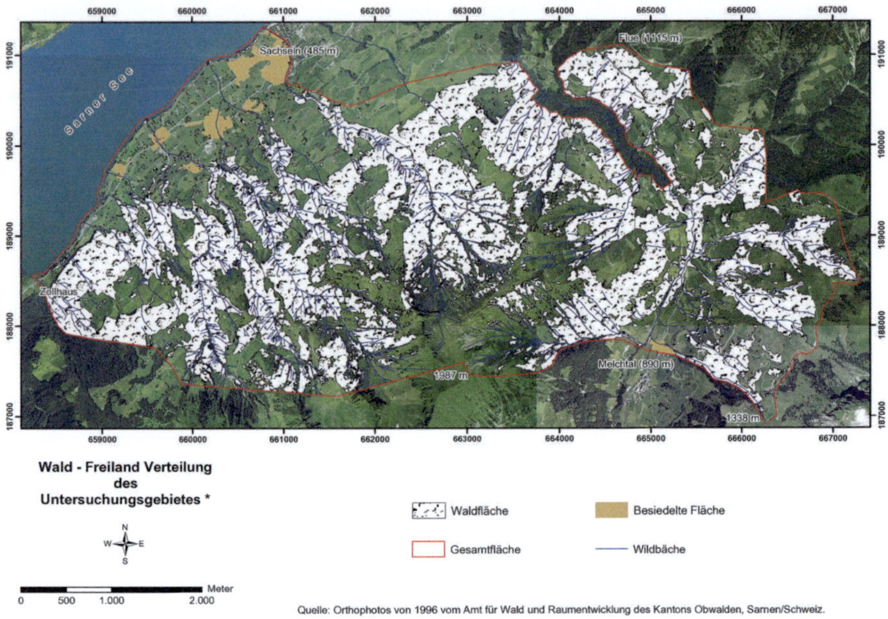

Abb. 11.5 Verteilung von Wald und Freiflächen im Raum Sachseln/Schweiz, basierend auf den Orthophotoplänen von 1996, HAMBERGER (2007)

3. Zuordnung von Problemzonen: Flächen, für die die beiden Karten unterschiedliche Vegetationsverteilungen besaßen, wurden entweder der Klasse „kein Wald" oder „nicht erfasst" zugeordnet

Während bei der Waldschadenkartierung fünf Schadenstufen mit insgesamt acht Intensitätsbereichen evaluiert wurden, wurde bei dieser Arbeit lediglich zwischen vier Schadenstufen unterschieden, da die fünfte Stufe (absterbender/toter Bestand) nicht im Untersuchungsgebiet anzutreffen war. Der Zustand des Waldes wurde nachfolgenden Schadenstufen beurteilt:

- gesunder Bestand
- schwach geschädigter Bestand
- mittelstark geschädigter Bestand
- stark geschädigter Bestand

Des Weiteren gibt es bei den flächenhaften Betrachtungen die beiden Ausprägungen „nicht erfasst" und „kein Wald". „nicht erfasst" tritt in den Gebieten auf, in denen 1987 keine Kartierung erfolgte. Die Ausprägung „kein Wald" repräsentiert die Freiflächen. Insgesamt kann demnach der Faktor Waldzustand sechs unterschiedliche Ausprägungen annehmen. Das Ergebnis, wie es in der Abb. 10.2 wiedergegeben wird, ist eine Projektion der im Jahre 1987 erhobenen

Waldzustände in den Sachsler Bergen auf die Wald-/Freiflächenverteilung von 1996, die aus den Orthophotos abgeleitet wurde.

Niederschlagsverteilung
Die flächendeckenden Daten wurden durch das Niederschlagsradar von MeteoSchweiz alle zehn Minuten während des Ereignisses für jede Zelle (2×2 m) des Modellgebietes registriert. Da jedoch Bereiche von unterschiedlichen Zellen an deren Grenzen extrem unterschiedliche Intensitätswerte aufwiesen, wurden die Daten des Niederschlagsradars weiterverarbeitet. Die Daten der einzelnen Zellen wurden als Punktinformation in GIS gespeichert, wobei der Mittelpunkt der Zellen den Messwert repräsentierte. Über ein Kriging-Verfahren wurde mit dem *Geostatistical Analyst* in ArcGIS eine Intensitätskarte der Gesamtniederschlagsmenge mittels Interpolation erzeugt, um flächendeckend Werte des gesamten Arbeitsgebietes zu bekommen. Vorhergehende Analysen mit dem *Geostatistical Analyst* haben gezeigt, dass die Niederschlagsverteilung richtungsabhängig ist (Achse: 61°, ENE-WSW). Daher wurde beim Kriging eine Anisotropie angegeben und es wurde als Modell ein Sphäroid verwendet (Abschn. 3.4).

Die Abb. 3.3 zeigt das Ergebnis der Interpolation und die Niederschlagsverhältnisse während des Ereignisses. Nach der Interpolation wurden die Ergebnisse in Rasterdaten umgewandelt. Die Gesamtniederschläge und damit die Werte der Rasterzellen besaßen ganzzahlige Werte zwischen 21 mm und 148 mm.

Hydrogeologie
Bei den Felderhebungen wurden neben den geotechnischen Gegebenheiten auch die hydrogeologischen Verhältnisse des Arbeitsgebietes erfasst. Als zusätzliche Informationsquelle konnte die Karte der hydrogeologischen Erhebungen (Gewässerkarte der Sachsler Berge) von 1987 herangezogen werden, die ebenfalls vom Amt für Wald und Raumentwicklung des Kantons Obwalden zur Verfügung gestellt wurde. Die Daten wurden nach dem Digitalisieren über die Orthophotos verifiziert. Im Rahmen dieser Arbeit wurden aus den Kartierungen folgende sechs hydrogeologische Klassen ausgeschieden:

- See (Sarner See)
- Vorfluter (Melchaa)
- ständig wasserführende Bäche und Gerinne
- periodische Gerinne
- künstliche, offene und ständig wasserführende Gerinne
- kein Gewässer

Die bei den Geländeaufnahmen festgehaltenen Vernässungszonen konnten nicht in die Rutschungserkennung miteinbezogen werden, da diese nicht flächendeckend zur Verfügung standen. Ebenso wurden bei den weiteren Betrachtungen Quellen, Versickerungszonen, Wasserfassungen und Brunnen sowie Wasserleitungen, deren Lage nur für Teile des Gebietes bekannt war, nicht berücksichtigt. In der Abb. 11.6 wird die Lage der Wildbachsysteme (ohne Unterscheidung der einzelnen Typen)

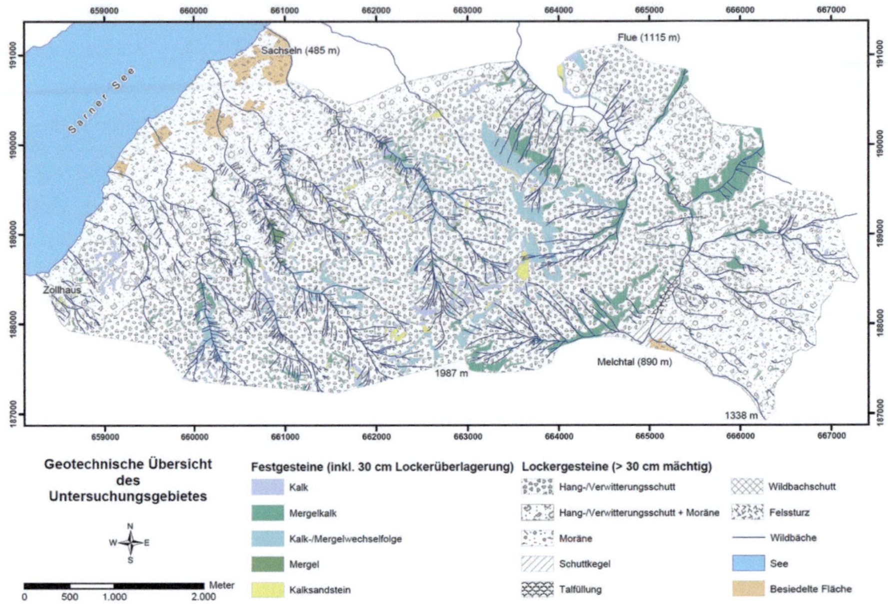

Abb. 11.6 Geotechnische Karte des Untersuchungsgebietes im Raum Sachseln/Schweiz, HAMBERGER (2007)

wiedergegeben. Die Erfassung der Gewässer dient zum einen dazu, die Lage der Rutschung gegenüber diesen zu erfassen und zudem als Grundlage zur Berechnung des Faktors „Abstand zu Bächen". Der Unterschied dieser beiden Faktoren, die im weiteren Verlauf berücksichtigt werden, liegt darin, dass beim Faktor „Abstand zu Bächen" lediglich der Bereich unterhalb der Rutschung betrachtet wird, wohingegen bei der „Lage gegenüber Gewässern" die gesamte Rutschungsumgebung einfließen kann. Die Berücksichtigung des Faktors „Lage gegenüber Gewässern" macht daher nur Sinn, wenn dessen Rutschungsumgebung bzw. Zellennachbarschaft in die Analyse einbezogen wird.

Anthropogene Beeinflussung durch Bauwerke

Die Untersuchungen von SCHOGER (1988) im Voldertal haben gezeigt, dass ein Großteil der Rutschungen künstlich mit ausgelöst wurden. Dabei geht die größte Gefahr vom Straßen- und Wegebau aus. Knapp 60 % der erhobenen Rutschungen standen im Bezug zum Straßen- und Wegebau. Während sich an der bergseitigen Böschung Rutschungen aufgrund der Hangfußentnahme sowie infolge des Anschnittes des Hangwasserspiegels entwickeln, werden meist die Rutschungen an der talseitigen Böschung durch die erhöhte Infiltration auf den Wegen oder das unkontrollierte Ausbrechen kleiner wegeparallel verlaufender Bäche ausgelöst.

Der anthropogene Einfluss durch den Wegebau im S' Melchtal wurde in der Arbeit von HAMBERGER (2000) erörtert. Danach entwickelten sich nur 4 %

der Rutschungen im Bereich der berg- und talseitigen Böschungen von Güterwegen. Weitere 3 % der Rutschungen wurden an Wanderwegen registriert. Hierbei ist davon auszugehen, dass ebenfalls die erhöhte Infiltration als Verursacher angesehen werden kann.

Die Lage von Bauwerken wurde den topographischen Karten sowie den Orthophotos entnommen. Hierbei wurden vier Klassen unterschieden:

• Straße und Güterwege	• Siedlungsbereiche
• Einzelhäuser	• kein Bauwerk

Die Auflis*tung zeigt, dass auch die Lage von Gebäuden digitalisiert wurde. Dadurch soll ermittelt werden, ob sich Gebäude auf die Rutschaktivität in deren Umfeld auswirken. Mögliche Ursachen könnten hier veränderte ober- und unterirdische Abflu*ssbedingungen durch den Bau der Gebäude sowie durch damit verbundenen morphologischen Veränderungen sein.

11.2.2 Erzeugung weiterer Parameter in GIS, Export der Parameter

Aus den oben beschriebenen Parametern konnten weitere Parameter erzeugt werden, welche in die automatische Rutschungserkennung einfließen. Folgende Parameter wurden in ArcGIS generiert:

• Hangneigung	• Abstand zu Bächen
• Hangexposition	• Flowaccumulation

In den nachfolgenden Abschnitten wird die Generierung der morphologischen und das Abflussregime betreffenden Parameter kurz vorgestellt.

Hangneigung
Die Analysen der untersuchten Ereignisse lassen erkennen (Abschn. 7.2, Abb. 7.26), dass der Faktor Hangneigung immer eine sehr wichtige Rolle spielt. Die Hangneigungen im Modellgebiet wurden in ArcGIS mit dem Spatial Analyst unter Verwendung der Höhendaten des digitalen Geländemodells kalkuliert. Bei der Berechnung der Hangneigung wurden die Höhenwerte der Ausgangszelle mit den Höhenwerten der Zellen einer 9er Nachbarschaft 8 umliegende Zelle um eine Ausgangszelle; (s. Abb. 11.7) verglichen. Der Neigungswert wird an der Stelle in der Nachbarschaft berechnet, die den größten Höhenunterschied zur betrachteten Zelle aufweist. Dadurch entsteht eine Hangneigungskarte (Abb. 10.3), die für jede Zelle den Hangneigungswert (im Untersuchungsgebiet zwischen 0° und 80°) anzeigt.

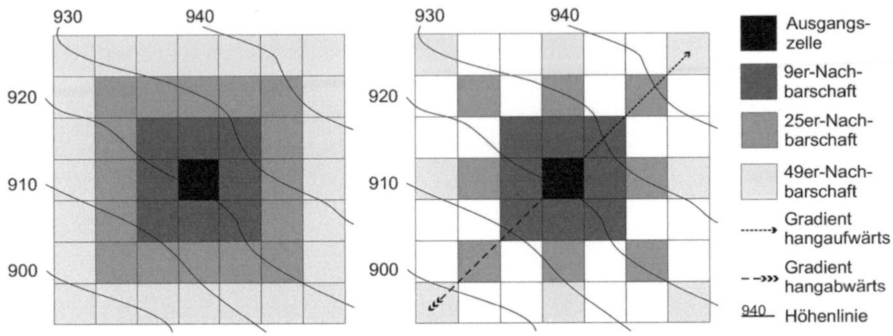

Abb. 11.7 Erzeugung der Nachbarschaft einer Zelle. Links: Quadratische Nachbarschaften zur Berücksichtigung der Zellwerte einer quadratischen Fläche um die Ausgangszelle. Rechts: Nachbarschaften entlang des steilsten Gradienten in hangauf- und hangabwärtiger Richtung. Hier geben die grauen Zellen die möglichen Richtungen des Gradienten an; Werte der weißen Zellen können nicht berücksichtigt werden, HAMBERGER (2007)

Hangexposition

Auch die Hangexposition wurde flächendeckend mit dem *Spatial Analyst* in ArcGIS ermittelt. Die Hangexposition gibt die steilste hangabwärtige Richtung an, wobei hier wieder ein Vergleich der Höhenwerte der Ausgangszelle mit den Höhenwerten der umliegenden Zellen erfolgt. Im Gegensatz zur Hangneigung werden hierbei größere Nachbarschaftsbereiche herangezogen werden. Hier sollte jedoch bemerkt werden, dass die Analysen, die zur Qualitätsbeurteilung des DGMs durchgeführt wurden, z. T. große Abweichungen zwischen den in GIS berechneten und den im Feld gemessenen Werten ergeben haben (s. Tab. 11.1).

Abstand zu Bächen

Aus den Daten des abflussgerechten Höhenmodells sowie der Lage der Gewässer konnte für jeden Punkt im Untersuchungsgebiet der Abstand zum hangabwärtig nächstliegenden Bach, Gerinne oder See bestimmt werden. Dieses Verfahren zur Generierung des Faktors „Abstand zu Bächen“ besitzt gegenüber der Erhebung des Faktors „Höhenlage über der lokalen Erosionsbasis“, wie sie bei Hamberger (2000) durchgeführt wurde, folgende Vorteile:

- Die Distanz wird aus Höhendaten berechnet und nicht bei der Erhebung abgeschätzt
- Die Distanz lässt sich für jeden Punkt flächendeckend ermitteln; das Verfahren kann daher für flächendeckende Aussagen in sehr großen Gebieten herangezogen werden
- Es ist ein automatisches Verfahren; es kann auch in anderen Gebieten angewendet werden

Um den Parameter für das ganze Gebiet zu ermitteln, mussten vorab außerhalb liegende Bäche, Seen und Gerinne digitalisiert werden, da es Flächen an den Rändern des Arbeitsgebiet gab, die außerhalb des Untersuchungsgebietes entwässern. Außerdem war es notwendig das DGM auf die Flächen, die diese Gewässer enthalten, zu erweitern.

Zur Erzeugung des Parameters wurde die *flowlength*-Funktion in ArcInfo modifiziert verwendet. Dazu waren die folgenden Schritte in ArcInfo notwendig:

1. Ermittlung der Fließrichtung *(flowdirection)* einer Zelle; eine Zelle entwässert in die Zelle der 9er Nachbarschaft, die den größten Höhenunterschied zur Ausgangszelle aufweist.
2. Erzeugung eines Bewertungsfaktors, damit die Hangneigung berücksichtigt werden kann; der Bewertungsfaktor ist der reziproke Wert des Kosinus der Hangneigung.
3. Berechnung des wahren Abstands zwischen zwei Zellen; hierbei werden die einzelnen Verbindungen zwischen den Zellen entlang der Fließrichtung mit dem Bewertungsfaktor multipliziert.
4. Ermittlung des Abstands einer Zelle zum hangabwärtig nächstliegenden Gewässer; mit der *flowlength*-Funktion wird ein Trajektorenmodell entwickelt und die Summe der einzelnen Verbindungslängen berechnet, die den Abstand wiedergibt.

Hier sollte erwähnt werden, dass die errechneten Distanzen höchstwahrscheinlich etwas zu groß sind, da die Teilstrecken immer die Zellenmitten verbinden und somit der Verlauf des Pfades im Modell nicht geglättet ist.

Flowaccumulation
Die *flowaccumulation* gibt das Einzugsgebiet jeder Zelle an. Beim Regenereignis repräsentiert dieser Wert die Niederschlagsmenge, die durch jede Zelle fließt, unter der Annahme, dass der gesamte Niederschlag als Oberflächenabfluss talwärts transportiert wird.

Die Ermittlung der *flowaccumulation* erfolgte ebenfalls in ArcInfo. Die Basis bildet die *flowdirection,* die bereits, wie oben beschrieben, entwickelt wurde. Bei der Berechnung werden die Fließrichtungen der Zellen der 9er-Nachbarschaft einer Zelle betrachtet. Die *flowaccumulation* ist die Anzahl der Zellen der Nachbarschaft, die aufgrund ihrer Fließrichtung in die Ausgangszelle entwässern. Dabei wird jedoch berücksichtigt, dass bereits höher gelegene Zellen in die Nachbarschaftszellen fließen. Da Bäche und Gerinne in hangabwärtsgerichteten Sohlen liegen und z. T. sehr große Einzugsgebiete besitzen können, sind dort die *flowaccumulation*-Werte sehr hoch. Für die Berechnung ist es wichtig, dass das als Basis verwendete Höhenmodell abflussgerecht ist und keine Senken enthält, da sonst in den unterhalb liegenden Bereichen Fehler auftreten.

Export der Parameter
Nachdem alle für die Analyse verwendeten Parameter in ArcGIS erzeugt und verwaltet wurden, mussten diese zur weiteren Verarbeitung in ein für den Ex- und Import verwendetes Format umgewandelt werden. Es bot sich hierbei das gängige ASCII-Format an. In ArcInfo war es möglich, die Daten in einen einzigen ASCII-Datensatz zu transformieren. Dabei konnten alle Parameter gleichzeitig berücksichtigt werden. Im tabellarischen ASCII-Datensatz wurden in den Zeilen die einzelnen Fälle bzw. Zellen des Modellgebietes gespeichert und in den Spalten die dazugehörigen Werte aller eingehenden Parameter angegeben. Für jede Datensatzzeile (Rasterzelle im Untersuchungsgebiet) wurden folgende Parameter mit abgespeichert, die den Basisdatensatz für die Analyse repräsentieren:

• Absolute Höhenlage	• Lockergesteinsmächtigkeit
• Exposition	• Niederschlagsmenge
• Hangneigung	• Verteilung Wald-/Freifläche
• Abstand zu Bächen	• Waldzustand
• Flowaccumulation	• Lage gegenüber Bauwerken
• Geologie	• Lage gegenüber Gewässern
• Lockergesteinsart	

11.2.3 Erzeugung der Rutschungsumgebung/ Zellennachbarschaft, Codierung der Parameter

Zahlreiche Untersuchungen der Hangmorphologie im Rutschungsumfeld führten zu dem Ergebnis, dass sich oft nicht nur der Ort der Rutschung, sondern auch dessen Umfeld negativ auf die Böschungsstabilität auswirkte. Bei der automatischen Rutschungserkennung besteht jedoch das Problem, dass dieser Faktor nicht flächendeckend vorliegt. Dies wäre jedoch erforderlich. Um dieses Problem zu beheben, wurde ein Perl-Skriptes entwickelt, welches die Einbeziehung der Nachbarschaft einer Zelle ermöglicht. Die Berücksichtigung der Nachbarschaft wird im Folgenden als „Kontext“ deklariert. Mit diesem Skript war es nicht nur möglich, die Morphologie in der Umgebung einer Zelle zu berücksichtigen, sondern es konnte zudem die Änderung eines jeden Faktors in der Nachbarschaft berücksichtigt werden. Die Parameter der Nachbarschaft wurden sodann als zusätzliche Parameter in die Rutschungserkennung miteinbezogen.

Mit dem Perl-Skript konnte die Nachbarschaft einer Zelle auf zwei Arten erzeugt werden. Zum einen konnten die Zellen, die sich in einer quadratischen Nachbarschaft um eine Ausgangszelle befinden, erfasst werden. Hier war es möglich, einen oder mehrere Parameter der 9er-, 25er- oder 49er-Nachbarschaften (3×3, 5×5, 7×7 Zellen inklusive Ausgangszelle) in die Rutschungserkennung einfließen zu lassen. Zum anderen konnten aber auch die Werte der Zellen entlang des steilsten Gradienten in hangaufwärtiger oder hangabwärtiger Richtung als zusätzliche Parameter erzeugt werden. Die Generierung der Parameter der Nachbarschaft entlang des Gradienten erfolgte unter Verwendung der fünf unterschiedlichen statistischen Funktionen:

- Berücksichtigung aller Zellenwerte entlang des Gradienten
- Berücksichtigung des Durchschnitts der Zellenwerte entlang des Gradienten
- Berücksichtigung des Maximums der Zellenwerte entlang des Gradienten
- Berücksichtigung des Minimums der Zellenwerte entlang des Gradienten
- Berücksichtigung der Varianz der Zellenwerte entlang des Gradienten

Die Abb. 11.7 gibt die Vorgehensweise bei der Erzeugung der zwei unterschiedlichen Nachbarschaftsmodelle wieder. So werden z. B. bei einer 25er-Nachbarschaft insgesamt 25 neue Parameter gebildet. Diese beinhaltet automatisch die 9er-Nachbarschaft sowie die Ausgangszelle. Um die Zellen entlang des Gradienten zu ermitteln, muss zunächst dessen Richtung ermittelt werden. Diese wird festgelegt, indem die Höhenwerte der Ausgangszelle mit den acht Höhenwerten der Nachbarschaft, die sich auf dem Ring in einer vorab festgelegten Entfernung befinden, verglichen werden. Der hangabwärtige und hangaufwärtige Gradient ist in die Richtung ausgerichtet, bei der der Betrag der Höhenänderung maximal ist und damit die Hangneigung am größten ist. In der Abb. 11.7 (rechts) sind die acht Zellen der ringförmigen Nachbarschaft in den unterschiedlichen Grautönen, je nach Entfernung, dargestellt. Der Gradient kann nicht zu den weißen Zellen hin ausgerichtet sein, da es unmöglich ist, die Zellen zwischen der Ausgangszelle und der weißen Zelle über deren Zellenmittelpunkte mit einer Gerade zu verbinden. Daher ist eine Zuordnung der dazwischenliegenden weißen Zellen nicht möglich. Ein Trajektorenmodell, wie es auch bei der Kalkulation der Distanzen zu den Gewässern eingesetzt wurde, stand hier nicht zur Verfügung.

Um die Möglichkeiten der Einbeziehung der Nachbarschaft zu veranschaulichen, sollen hier einige Beispiele angeführt werden. Ein hoher Hangneigungswert (Maximum) entlang des hangaufwärtigen Gradienten, gibt einen Hinweis auf eine Muldenstruktur, wohingegen ein niedriger Hangneigungswert (Minimum) entlang des hangaufwärtigen Gradienten auf eine Hangkante hinweist. Dagegen zeigt ein hoher Hangneigungswert (Maximum) entlang des hangabwärtigen Gradienten an, dass sich die Ausgangszelle oberhalb einer Hangkante befindet, ein niedriger Hangneigungswert (Minimum) jedoch, dass die Ausgangszelle oberhalb einer Hangmulde liegt. Befindet sich in der quadratischen Nachbarschaft eine Änderung z. B. in der Geologie, so hat dies eventuell Auswirkungen auf die Rutschaktivität, die bei unterschiedlichen stratigraphischen Einheiten variiert.

Hier sollte aber auch erwähnt werden, dass mit der Einbeziehung der Nachbarschaft eine erhebliche Komplexitätssteigerung des Klassifikationsproblems verbunden ist. Allein die Einbeziehung einer 9er-Nachbarschaft führt zu acht zusätzlichen Parametern, sofern die Ausgangszelle schon vorher berücksichtigt wurde. Aus diesem Grund wurde darauf verzichtet, größere Nachbarschaften, als 9er Nachbarschaften, bei der Analyse zu verarbeiten.

Tab. 11.2 Parameter der Zellenumgebung, HAMBERGER (2007)

Parameter	Zellenumgebung (Anzahl der Zellen)										
	quadrat.	Gradient hangaufwärts					Gradient hangabwärts				
	Nachbarschaft	all	min	max	mean	var	all	min	max	mean	var
Höhenlage	9	-	1, 2, 3, 4, 5	1, 2, 3, 4, 5	1, 2, 3, 4, 5	1, 2, 3, 4, 5, 6, 7, 8, 9, 10	-	1, 2, 3, 4, 5	1, 2, 3, 4, 5	1, 2, 3, 4, 5	1, 2, 3, 4, 5, 6, 7, 8, 9, 10
Exposition	9	-	-	-	-	-	-	-	-	-	-
Hangneigung	9	-	1, 2, 3, 4, 5, 6, 7, 8, 9, 10	1, 2, 3, 4, 5, 6, 7, 8, 9, 10	1, 2, 3, 4, 5, 6, 7, 8, 9, 10	1, 2, 3, 4, 5, 6, 7, 8, 9, 10	-	1, 2, 3, 4, 5, 6, 7, 8, 9, 10	1, 2, 3, 4, 5, 6, 7, 8, 9, 10	1, 2, 3, 4, 5, 6, 7, 8, 9, 10	1, 2, 3, 4, 5, 6, 7, 8, 9, 10
Abstand zu Bächen	9	-	-	-	-	-	-	-	-	-	-
Flowaccumulation	-	-	-	-	1, 2, 3	-	-	-	-	1, 2, 3	-
Geologie	9	1, 2, 3, 4, 5, 6, 7, 8	-	-	-	-	1, 4, 8	-	-	-	-
Lockergesteinsart	9	1, 2, 3, 4, 5	-	-	-	-	1, 2, 3, 4, 5	-	-	-	-
Mächtigkeit	9	1, 2, 3, 4, 5	-	-	-	-	1, 2, 3, 4, 5	-	-	-	-
Niederschlag	9	-	-	-	1, 2, 3, 4, 5, 6, 7, 8, 9, 10	-	-	-	-	1, 2, 3, 4, 5, 6, 7, 8, 9, 10	-
Wald-/-Freifläche	9	1, 2, 3, 4, 5, 6, 7, 8	-	-	-	-	1, 2, 3, 4, 5, 6, 7, 8	-	-	-	-
Waldzustand	9	1, 2, 3, 4, 5, 8	-	-	-	-	1, 2, 3, 4, 5, 8	-	-	-	-
Lage Bauwerke	9	-	3, 5, 8	3, 5, 8	-	-	-	3, 5, 8	3, 5, 8	-	-
Lage Gewässer	-	-	-	-	-	-	1, 2, 3, 4, 5, 8	-	-	-	-

In der Tab. 11.2 werden die bei der automatischen Rutschungserkennung berücksichtigten Parameter der Zellenumgebung wiedergegeben.

Codierung der Parameter
Alle Parameter inklusive der Nachbarschaft wurden für weitere Schritte in SPSS importiert. In SPSS wie auch in den weiterführenden Analysen war es notwendig den Datentyp der einzelnen Parameter festzulegen sowie einen Teil der Daten zu codieren. Es wurde zwischen drei Datentypen unterschieden:

- metrische bzw. kontinuierliche Daten
- ordinal skalierte bzw. diskontinuierliche Daten mit Reihenfolge
- nominal skalierte bzw. diskontinuierliche Daten ohne Reihenfolge

Während metrische Daten Werte besitzen, die aus Messungen hervorgehen (z. B. Hangneigung = 37,3°), sind ordinal bzw. nominal skalierte Daten Objekte oder Eigenschaften, denen ein Wert zugewiesen wurde. Ordinal skalierte Werte besitzen eine Reihenfolge, die zwar subjektiv vergeben wurde, jedoch logisch angeordnet sein muss. Der Abstand zwischen den Klassen ist nicht fest vorgegeben. Ein Beispiel hierfür ist der Waldzustand mit den möglichen Werten 1 = gesunder Wald, 2 = schwach geschädigter Bestand, 3 = mittelstark geschädigter Bestand, 4 = stark geschädigter Bestand. Der Grad der Beschädigung (jedoch ohne Zahlenwert) bestimmt die Reihenfolge. Weiterhin gibt es zahlreiche Parameter nominalen Ursprungs, denen eine Zahl zugewiesen wurde, deren Wert jedoch nicht nach einer bestimmten logischen Reihenfolge angegeben werden kann. Hierzu zählt z. B. der Parameter Geologie mit den Zahlenwerten 1 = Malm/Tithon, …, bis 17 = Bachschuttkegel. Da keine Bewertung zur Stabilität von Lockergesteinsdecken über den unterschiedlichen stratigraphischen Horizonten vorgenommen wurde, kann keine

Tab. 11.3 Parameter der Rutschungserkennung mit Angabe des Datentyps, der Codierung und des Wertebereiches bzw. der Ausprägung (Es werden keine fehlenden Werte berücksichtigt; * Spezialfall s. Text Kap. „Codierung der Parameter"), HAMBERGER (2007)

Parameter	Herkunft	Datentyp	Codierung	Wertebereich/ Ausprägungen
Absolute Höhenlage [m NN]	DGM	Metrisch	Keine	[469; 1987]
Exposition [°], 2 Parameter *	DGM	Metrisch	Sinus, binär	[−1; 1], 0; 1
Hangneigung [°]	DGM	Metrisch	Keine	[0; 80]
Abstand zu Bächen [m]	DGM	Metrisch	Keine	[0; 2843]
Flowaccumulation	DGM	Metrisch	Keine	[0; 577.414]
Geologie	Digitalisiert	Nominal	Binär	{1; 2;... 17}
Lockergesteinsart	Digitalisiert	Nominal	Binär	{1; 2;... 12}
Lockergesteinsmächtigkeit [m]	Digitalisiert	Ordinal	Binär	{1; 2; 3}
Niederschlagsmenge [mm]	Digitalisiert	Metrisch	Keine	[21; 148]
Verteilung Wald-/Freifläche	Digitalisiert	Metrisch	Binär	{0; 1}
Waldzustand	Digitalisiert	Ordinal	Binär	{1; 2;... 6}
Lage gegenüber Bauwerke	Digitalisiert	Nominal	Binär	{1; 2; 3; 4}
Lage gegenüber Gewässern	Digitalisiert	Nominal	Binär	{1; 2;... 6}

Reihenfolge angegeben werden. Eine subjektive Bewertung soll im Rahmen dieser Arbeit auch vermieden werden. Die Tab. 11.3 gibt u. a. den Datentyp der einzelnen Parameter wieder.

Aufgrund der Tatsache, dass sowohl die Lineare Diskriminanzanalyse als auch die Support Vector Machines keine nominal und ordinal skalierten Werte verarbeiten können, mussten diese beiden Datentypen codiert werden. In all diesen Fällen wurde eine binäre Codierung der Parameter vorgenommen. Bei der binären Codierung wurde für jeden möglichen Wert der ursprünglichen Variable eine neue Variable erzeugt. So wurden z. B. im Falle der Geologie 18 (17 + 1 (Ausprägung für fehlenden Wert)) neue Variablen gebildet, die entweder 0 oder 1 als Wert hatten. Hierbei wurde z. B. dem Malmkalk, der als erste mögliche Ausprägung auftritt, der Wert 1 zugeordnet, allen anderen dagegen der Wert 0. Dieses Verfahren hat zwar den Vorteil subjektive Einflüsse zu minimieren, es hat jedoch den Nachteil der Steigerung der Komplexität des später zu verarbeitenden Klassifikationsproblems, die bereits im vorausgegangenen Abschnitt bezüglich der Nachbarschaft dargestellt wurde. Allein durch die binäre Codierung wurde die Anzahl der Parameter mehr als vervierfacht.

Die Exposition ist zwar auch ein metrischer Datentyp, stellt jedoch einen Spezialfall dar. Ursprünglich lag deren Wertebereich zwischen 0° und 360°. Um jedoch den Nullübergang zu bereinigen, wurden bei der Codierung zwei Parameter erzeugt. Während der erste (binäre) Parameter angibt, ob sich die Exposition im ersten Bereich zwischen 270° und 90° ([0; 90[∩ [270; 0[) oder im zweiten Bereich zwischen 90° und 270° ([90; 270[) befindet, stellt der zweite Parameter den Sinus der Exposition dar.

Fehlende Werte metrischen Ursprungs wurden für die weitere Verarbeitung als negative Zahl deklariert, bei ordinal und nominal skalierten Daten wurden im Rahmen der Codierung zusätzliche Parameter erzeugt.

11.2.4 Aufteilung in Trainings- und Testgebiete

Nachdem sowohl die Nachbarschaft erzeugt und ein Teil der Parameter codiert wurde, wurde der gesamte Datensatz des Untersuchungsgebietes in jeweils fünf Trainings- und Testgebiete aufgeteilt.

Bei den Analysen wurden drei unterschiedliche Aufteilungsverfahren getestet, die vergleichend in der Abb. 11.8 zur Darstellung kommen:

- Gebietsaufteilung *Einzug*
- Gebietsaufteilung *Alle Höhen*
- Gebietsaufteilung *Statist*

Bei der Aufteilung *Einzug* wurden die im Gebiet liegenden Wildbacheinzugsgebiete aus dem DGM ermittelt. In einem zweiten Schritt wurden kleinere

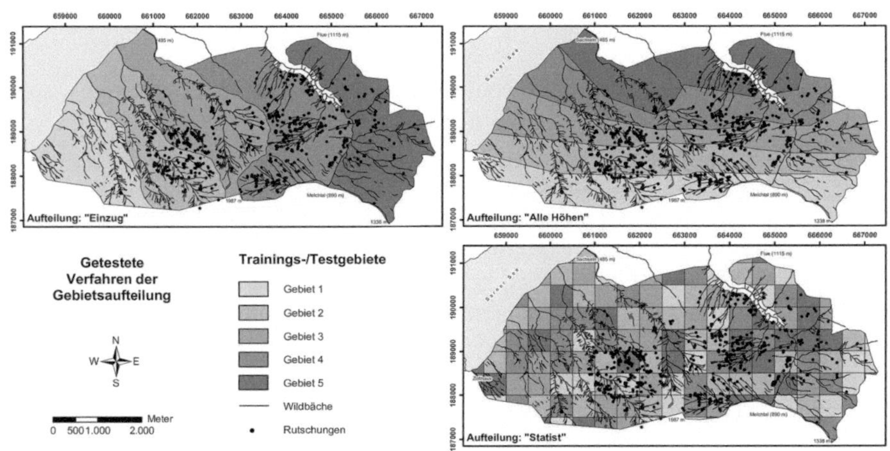

Abb. 11.8 Verschiedene, getestete Verfahren zur Aufteilung des Modellgebietes in Trainings- und Testflächen, HAMBERGER (2007)

nebeneinanderliegende Einzugsgebiete zusammengefasst. Somit wurde das Gesamtgebiet in etwa fünf gleichgroße Gebiete unterteilt. Die Rutschungen sind jedoch nur auf vier der fünf Einzugsgebiete verteilt. Damit sollte sogleich die Übertragbarkeit des entwickelten Rutschungserkennungsverfahren auf ein rutschungsfreies Gebiet getestet werden.

Bei dem Verfahren *Alle Höhen* wurden E-W-ausgerichtete Gebiete erzeugt, die jeweils Flächen aus den Sachsler Bergen sowie den orographisch linken und rechten Hängen des Melchtales enthalten. Auch diese fünf Gebiete waren in etwa gleich groß. Der Vorteil dieses Verfahrens besteht darin, dass in jedem Gebiet nahezu alle Eigenschaften, wie z. B. das Expositionsspektrum oder die verschiedensten stratigraphischen Horizonte, anzutreffen sind.

Da jedoch auch regionale Unterschiede im N-S-Verlauf des Untersuchungsgebietes auftreten, wurde das dritte Gebietsaufteilungsverfahren *Statist* entwickelt und getestet. Hierzu wurde die gesamte Fläche in jeweils 0,25 km^2 (500 × 500 m) große quadratische Zellen zerlegt. Zellen am Modellgebietsrand wiesen z. T. erheblich kleinere Flächen auf. An den Rändern zwischen den Zellen wurde darauf geachtet, dass Rutschungen nicht zerschnitten wurden. Die dabei entstandenen 141 Zellen wurden mit einem Zufallsgenerator auf fünf Gebiete verteilt. Mit dem Verfahren *Statist* werden somit in einem Gebiet Eigenschaften des gesamten Gebietes zusammengefasst. Es ist daher das Modell, welches die besten Generalisierungsfähigkeiten bietet.

11.2.5 Erzeugung von Validierungs- und Testdatensätzen

Bevor eine Unterteilung der Datensätze der fünf Gebiete in Trainings- bzw. Validierungs- und Testdatensätze erfolgen konnte, musste die Gesamtzahl der Nichtrutschungszellen für die Analyse minimiert werden, da mit einem Verhältnis von 1:500 bzw. 1:200 (Rutschungskanten/Nichtrutschungen bzw. Rutschungen/Nichtrutschungen) ein starkes Ungleichgewicht zwischen der Anzahl der Rutschungszellen und der Nichtrutschungszellen gegeben war. Es wurden insgesamt zwei Validierungsphasen durchgeführt, in denen unterschiedliche Verhältnisse von Rutschungszellen zu Nichtrutschungszellen getestet wurden. Während in der Validierungsphase 1 das Verhältnis bei ca. 1:10 lag, wurde in der Validierungsphase 2 die Anzahl der Nichtrutschungszellen noch stärker bis auf ein Verhältnis von ca. 1:1 reduziert. Die Datenreduktion der Nichtrutschungszellen wurde ebenfalls über einen Zufallsgenerator vorgenommen.

In den fünf Gebieten mussten zudem die Datensätze nochmals für die Validierung und den Test unterteilt werden. Die Teilung erfolgte wieder durch einen Zufallsgenerator, indem jeweils bei den fünf Datensätzen sowohl die Rutschungszellen, bestehend aus Rutschungskanten und Rutschungsflächen, als auch die Nichtrutschungszellen in gleich große Teile getrennt wurden.

Unter der Validierung wird hier der Vorgang der Parameteridentifikation verstanden. Dabei sollen die relevanten Parameter ermittelt werden, die am besten das Klassifikationsproblem lösen und somit am besten zwischen Rutschungen und

Nichtrutschungen unterscheiden können. Da während der Validierung das Modell immer weiterentwickelt und verbessert wird, der Test jedoch unabhängig von diesen Daten erfolgen sollte, wurde dieser Schritt vorgenommen. Ferner wird durch diese Maßnahme wiederum versucht, ein vom Modellgebiet unabhängiges Verfahren zu entwickeln.

In dieser Arbeit erfolgte zunächst die Validierung mit einem Teil des Datensatzes. Mit dem anderen Teil fand schließlich der Test statt. Sowohl bei der Validierung als auch beim Test wurden insgesamt fünf Durchläufe ausgeführt. Unter Verwendung eines Rotationsverfahrens wurde mit den Datensätzen aus vier Gebieten das Modell trainiert. Mit dem Datensatz des fünften Gebietes erfolgte schließlich der Test.

Wie bereits die Abb. 11.1 zeigt, folgte nach den Teilschritten des Preprocessings die eigentliche Analyse. In der Analyse wurden sowohl die Parameteridentifikation und Datenreduktion als auch die Tests mit den unterschiedlichen Klassifikatoren durchgeführt. Die Analyse umfasste fünf Schritte:

- Parameteridentifikation/Validierung: Auswahl der relevanten Parameter
- Klassifikation auf dem Testdatensatz mit der linearen Diskriminanzanalyse
- Klassifikation auf dem Testdatensatz mit Support Vector Machines
- Klassifikation auf dem Testdatensatz mit Klassifikationsbäumen
- Klassifikation auf dem Testdatensatz mit dem K-Means-Verfahren

Bei all diesen Schritten wurden bereits Klassifikationen mit unterschiedlichen Datensätzen durchgeführt, wobei versucht wurde, ein Zwei- oder Drei-Klassenproblem zu lösen, indem die Klassen bestmöglichst voneinander getrennt wurden.

Für die folgenden drei Klassifikationsprobleme wurden Lösungen gesucht:

Zwei-Klassenproblem *„Kante-Nichtrutschung"* Nur die oberen Anbruchskanten, die nicht nur die Mittelpunkte der Anbruchskanten darstellen, sondern auch als Auslöser der Rutschung angesehen werden, sowie die Zellen, die nicht von Rutschungen betroffen waren
(Nichtrutschungszellen), wurden klassifiziert. Hierbei wird getestet, Zellen anhand des vorher entwickelten Modells den Anbruchskanten oder den Nichtrutschungsbereichen zuzuordnen. Die Rutschungsflächen werden hier von der Klassifikation ausgenommen.

Drei-Klassenproblem *„Kante-Fläche-Nichtrutschung"* Neben den oberen Anbruchskanten wurden auch die unterhalb sich anschließenden Rutschungsflächen sowie Nichtrutschungsflächen bei der Klassifikation berücksichtigt, wobei jede Flächeneigenschaft eine eigene Klasse bildet. Beim Test werden Zellen entweder der Klasse der Anbruchskanten oder der Rutschungsflächen oder der Nichtrutschungszellen zugeordnet.

Zwei-Klassenproblem *„Rutschung-Nichtrutschung"* Die oberen Anbruchskanten und die Rutschungsflächen bilden zusammen eine Klasse. In der anderen

Klasse befinden sich die Nichtrutschungszellen. Beim Test erfolgt hier eine Zuordnung der Zelle zu der Klasse der Rutschungen oder der Nichtrutschungsklasse. Die Güte des Modells wurde anhand unterschiedlicher Erkennungsraten bestimmt. Hierbei wurde zwischen drei Erkennungsraten unterschieden:

Gesamterkennungsraten Die Gesamterkennungsrate wird aus allen herangezogenen Datensätzen ermittelt, indem die Anzahl der richtig erkannten Zellen aller Klassen auf die Gesamtzahl der betrachteten Zellen bezogen wird.

Klassenweise gemittelte Erkennungsraten Unter der klassenweise gemittelten Erkennungsrate wird der Durchschnitt der Erkennungsraten der einzelnen Klassen verstanden. Zur Berechnung werden die Erkennungsraten der Klassen addiert und anschließend wird diese Summe durch die Anzahl der Klassen dividiert. Damit wird eine ausgeglichene Gewichtung der analysierten Klassen erreicht.

Erkennungsraten innerhalb der Klassen Die Erkennungsrate innerhalb einer Klasse gibt an, wie viele Objekte dieser Klasse richtig zugeordnet wurden. Bei einem Zwei-Klassenproblem lässt sich aus diesem Wert ableiten, wie viele Objekt innerhalb der Klasse falsch erkannt wurden.

11.2.6 Parameteridentifikation bzw. Validierung

Unter der Parameteridentifikation bzw. der im Abschn. 11.1 beschriebenen Merkmalsselektion wird der Prozess verstanden, die für den Test relevanten Parameter bzw. Merkmale zu finden, um eine möglichst hohe Erkennungsrate und eine dennoch gute Generalisierungsfähigkeit zu erzielen. Diese Auswahl wurde mit der Linearen Diskriminanzanalyse (LDA) durchgeführt, da diese im Vergleich zu den anderen Klassifikatoren sehr kurze Laufzeiten pro Validierungs-/Testdurchlauf besitzt. Es wurden aber dennoch anfangs einige Validierungsdurchläufe getestet.

In der Validierungsphase 1 wurden zunächst alle erfassten und erzeugten Parameter zur Klassifikation des Zwei-Klassenproblems *Kante-Nichtrutschung* herangezogen. Hierbei wurden die eigentlichen Parameter, die im Abschn. 11.2.2 aufgelistet sind, sowie die Parameter der Zellenumgebung der Tab. 11.2 berücksichtigt. In einem weiteren Schritt der Validierungsphase 1 wurden die Erkennungsraten der entwickelten Modelle zur Lösung des Drei-Klassenproblems *Kante-Fläche-Nichtrutschung* sowie des Zwei-Klassenproblems *Rutschung-Nichtrutschung* ermittelt. Zusätzlich werden hier auch die ersten Ergebnisse der umfangreichen Untersuchungen für die Lösung des Zwei-Klassenproblems *Kante-Nichtrutschung* mit Support Vector Machines (SVMs) der ersten Validierungsphase wiedergegeben.

Validierungsphase 1: Zwei-Klassenproblem Kante-Nichtrutschung mit LDA
Es wurden insgesamt 85 unterschiedliche Parameterkonstellationen in den jeweils 5 Trainings- und Testgebieten getestet. Zu Beginn der Parameteridentifikation

wurden mehr als 3200 Parameter verarbeitet. Durch diese Tests konnten zwei Konstellationen gefunden werden, die das Klassifikationsproblem mit einer wesentlich geringeren Anzahl an Parameter dennoch gut lösen. Bei der ersten Konstellation wurde die ursprüngliche Anzahl der Parameter auf 962 reduziert. Die zweite Parameterkonstellation beinhaltete insgesamt ca. 1200 Parameter. Nachdem die besten Modelle ermittelt waren, wurden diese auf die zwei weiteren Gebietsaufteilungstypen *Alle Höhen* und *Statist* übertragen und getestet.

In der Tab. 11.4 werden die Erkennungsraten der wichtigsten Tests zur Parameteridentifikation der Validierungsphase 1 vergleichend abgebildet. Es werden die Ergebnisse der zwei ermittelten optimalen Parameterkonstellationen sowie des gesamten Datensatzes (3200 Parameter) und ohne Berücksichtigung der Zellenumgebung (58 Parameter) dargestellt. Das Verhältnis der Anzahl der Kantenzellen zu den Nichtrutschungszellen lag hierbei bei ca. 1:10.

Die besten Gesamterkennungsraten wurden bei allen drei unterschiedlichen Gebietsaufteilungstypen mit einer Parameteranzahl von 3200 erreicht. Kanten wurden, außer im Modell *Statist* mit 58 Parametern, fast immer wesentlich schlechter erkannt als Nichtrutschungen. Hierbei ist auffällig, dass mit einer steigenden Anzahl von Parametern die Unterschiede zwischen den Erkennungsraten der einzelnen Klassen stark ansteigen. Am stärksten macht sich der Unterschied beim Modell *Einzug* mit 3200 Parametern bemerkbar, wobei hier der Unterschied bei 42 % liegt. Im Durchschnitt wurden bei den Modellen *Einzug* lediglich 51 % der Kanten

Tab. 11.4 Erkennungsraten bei der Parameteridentifikation mit der LDA in der Validierungsphase 1 zur Lösung des Zwei-Klassenproblems *Kante-Nichtrutschung* (Verhältnis Kanten: Nichtrutschungen ≈ 1:10). Zur Darstellung kommen die Klassifikationsergebnisse der zwei optimalen Parameterkonstellationen, des gesamten Datensatzes sowie der Parameter ohne Berücksichtigung der Zellenumgebung, HAMBERGER (2007)

Modell		Erkennungsraten (%)			
Gebietsaufteilung	Anzahl Parameter	Gesamt	Klassenweise gemittelt	Kanten	Nichtrutschungen
Einzug	58	74,3	65,1	60,7	69,4
Einzug	962	79,9	64,6	50,4	78,7
Einzug	1200	80,6	65,1	50,6	79,6
Einzug	3200	82,7	62,9	42,1	83,6
Alle Höhen	58	71,1	70,9	70,7	71,0
Alle Höhen	962	77,9	70,5	61,7	79,2
Alle Höhen	1200	78,6	70,6	61,1	80,1
Alle Höhen	3200	78,9	70,0	59,2	80,7
Statist	58	69,8	71,1	73,1	69,1
Statist	962	77,9	69,4	63,1	75,9
Statist	1200	78,5	72,8	66,0	79,6
Statist	3200	79,4	72,5	60,6	84,4

erkannt, während bei den Modellen *Alle Höhen* (63 %) und *Statist* (66 %) bei der Zuordnung der Kanten weniger Fehler auftraten. Nichtrutschungszellen wurden unabhängig von der Gebietsaufteilung im Durchschnitt zu ca. 78 % erkannt. Die klassenweise gemittelten Erkennungsraten liegen ebenfalls fast immer unter den Gesamterkennungsraten. Bei der Gebietsaufteilung *Einzug* (64 %) liegen die klassenweise gemittelten Erkennungsraten im Durchschnitt 6 % unter den klassenweise gemittelten Erkennungsraten der Modelle *Alle Höhen* und rund 7 % unter den Modellen von *Statist*.

Validierungsphase 1: Drei-Klassenproblem Kante-Fläche-Nichtrutschung mit LDA
Mit drei der vier oben angeführten Parameterkonstellationen (58, 962 und 1200 Parameter) wurden zudem Klassifikationen mit drei Klassen durchgeführt. Die Verwendung aller Parameter (3200) wurde nicht getestet, da aufgrund der Komplexität lange Rechenzeiten hätten aufgewendet werden müssen. Das Verhältnis der Anzahl der Objekte der einzelnen Klassen lag bei ca. 1:1,5:10 (Kanten/Flächen/Nichtrutschungen).

Es wurden auch hier wieder Modelle mit den drei unterschiedlichen Gebietsaufteilungstypen entwickelt. Die Tab. 11.5 zeigt die Erkennungsraten der einzelnen Klassen, die Gesamterkennungsraten sowie die klassenweise gemittelten Werte.

Bei den Erkennungsraten der Tab. 11.5 fällt vorallem auf, dass die Rutschungen nur unzureichend erkannt wurden. Es ist außerdem der Trend, wie er bereits beim Zwei-Klassensystem *Kante-Nichtrutschung* beschrieben wurde, ersichtlich,

Tab. 11.5 Erkennungsraten bei der Parameteridentifikation mit der LDA in der Validierungsphase 1 zur Lösung des Drei-Klassenproblems *Kante-Fläche-Nichtrutschung* (Verhältnis Kanten: Flächen: Nichtrutschungen ≈ 1:1,5:10)

Modell		Erkennungsraten (%)					
Gebietsaufteilung	Anzahl Parameter	Gesamt	Klassenw. gemittelt	Kanten	Flächen	Nichtrutschungen	3 auf 2 Klassen
Einzug	58	59,5	45,7	54,1	18,3	64,7	68,3
Einzug	962	63,3	45,9	44,1	23,0	70,0	71,3
Einzug	1200	63,6	46,2	46,4	21,4	70,9	71,4
Alle Höhen	58	61,5	49,3	65,9	14,7	67,2	69,3
Alle Höhen	962	65,6	49,9	58,4	19,0	72,4	73,1
Alle Höhen	1200	65,8	50,6	58,1	21,2	72,4	72,8
Statist	58	60,0	50,4	62,9	19,9	68,5	71,1
Statist	962	64,5	51,8	61,1	23,7	70,6	72,2
Statist	1200	64,7	51,9	60,8	24,3	70,7	72,3

dass die Modelle mit der Gebietsaufteilung *Statist* die akzeptabelsten Ergebnisse liefern. Beim Modell *Statist* mit 1200 Parameter wurden zumindest rund ein Viertel der Rutschungsflächen erkannt; daher kann dieses Modell als das beste entwickelte Modell zur Lösung des Drei-Klassenproblems eingestuft werden.

Die Analyse der Verwechslungsmatrizen bot die Möglichkeit, die niedrigen Erkennungsraten der Rutschungsflächen zu erklären. Es hat sich gezeigt, dass der Klassifikator Schwierigkeiten hat, Rutschungsflächen und Rutschungskanten zu unterscheiden. Dies hatte zur Folge, dass eine hohe Anzahl der Flächenzellen als Kantenzellen eingestuft wurden, was auch umgekehrt häufig der Fall war. Aufgrund dieser Tatsache wurde mit den erzielten Erkennungsraten eine Klassenreduktion durchgeführt. Hierbei wurden nach der Klassifikation die Erkennungsraten der Flächenzellen und Kantenzellen zusammen betrachtet. Dies hatte zur Folge, dass Fehlzuordnungen innerhalb der beiden Klassen als richtige Zuordnungen gehandhabt werden konnten. Nach der Transformation befinden sich in der Klasse *Rutschung* neben den Anbruchskanten auch die Rutschungsflächen.

Die andere Klasse beinhaltet die Nichtrutschungszellen. Es wurden wiederum die drei Gebietsaufteilungstypen mit je fünf Tests durchgeführte. In der Tab. 11.5 werden in der Spalte „3 auf 2 Klassen“ die Gesamterkennungsraten wiedergegeben, die jedoch nicht klassenweise gemittelt sind. Insgesamt wurden Erkennungsraten zwischen 68,3 % und 73,1 % erreicht. Der Gebietaufteilungstyp Alle Höhen lieferte bei 962 und 1200 Parametern die besten Ergebnisse. Ferner fällt auf, dass die Berücksichtigung der Zellennachbarschaft bei allen Gebietsaufteilungstypen zu einer Verbesserung der Erkennungsraten führte.

Validierungsphase 1: Zwei-Klassenproblem Rutschung-Nichtrutschung mit LDA
Die dritte Testreihe der Phase 1 wurde aufgrund der Erkenntnis umgesetzt, dass der Klassifikator das Drei-Klassenproblem nur unzureichend löst, jedoch die Rutschungsflächen für die Rutschungserkennung relevant sind. Wie schon bereits bei der oben beschriebenen Transformation „3 auf 2 Klassen“ durchgeführt, beinhaltet hier die Klasse *Rutschung* von vornherein sowohl die Anbruchskanten als auch die Rutschungsflächen. In der anderen Klasse befinden sich die Nichtrutschungen. Es wurden wiederum die drei Gebietsaufteilungstypen mit den jeweils vier oben angeführten Parameterkonstellationen getestet. Das Verhältnis der Rutschungen zu den Nichtrutschungen lag bei ca. 1:4. Die Tab. 11.6 gibt die Ergebnisse der Lösung dieses Zwei-Klassenproblems wieder.

Die Erkennungsraten der Tab. 11.6 verdeutlichen, dass eine Gebietsaufteilung nach Einzugsgebieten zu extrem niedrigen Erkennungsraten der Rutschungszellen führt. Obwohl die Gesamterkennungsraten des Typs *Alle Höhen* bei allen unterschiedlichen Parameterkonstellationen höhere Werte aufweisen, eignen sich die erzeugten Modelle des Typs *Statist* zur Klassifikation besser, da die Rutschungen meist besser erkannt werden. Vergleicht man die Durchschnitte aller klassenweise gemittelten Erkennungsraten eines Typs, so wird diese Feststellung untermauert. Im Durchschnitt liegen die gemittelten Erkennungsraten von *Statist* um 0,4 % über den Werten des Typs *Alle Höhen*. Weiterhin ist bei den Modellen der Typen *Alle Höhen* und *Statist* ohne Berücksichtigung der Zellennachbarschaft zu erkennen,

Tab. 11.6 Erkennungsraten bei der Parameteridentifikation mit der LDA in der Validierungsphase 1 zur Lösung des Zwei-Klassenproblems *Rutschung-Nichtrutschung* (Verhältnis Rutschungen: Nichtrutschungen ≈ 1:4)

Modell		Erkennungsraten (%)			
Gebietsaufteilung	Anzahl Parameter	Gesamt	Klassenweise gemittelt	Rutschungen	Nichtrutschungen
Einzug	58	75,4	62,0	49,3	74,6
Einzug	962	77,6	61,6	43,9	79,4
Einzug	1200	78,4	61,7	42,3	81,0
Einzug	3200	79,2	61,3	39,1	83,5
Alle Höhen	58	71,9	73,1	75,0	71,1
Alle Höhen	962	75,6	72,1	67,2	77,0
Alle Höhen	1200	75,8	72,1	66,4	77,8
Alle Höhen	3200	76,1	71,6	64,9	78,3
Statist	58	71,0	72,2	75,3	69,1
Statist	962	75,4	73,2	69,9	76,5
Statist	1200	75,3	72,2	67,7	76,7
Statist	3200	76,1	72,7	67,4	78,1

dass die Rutschungen wesentlich besser erkannt werden als die Nichtrutschungen. Bei einer steigenden Anzahl an Parametern sinken die Erkennungsraten z. T. erheblich. Vergleicht man die Ergebnisse aller erzeugten Modelle dieser Testreihe, schneidet das Modell *Statist* mit 962 Parametern am besten ab.

Validierungsphase 1: Zwei-Klassenproblem Kante-Nichtrutschung mit SVMs
Neben den Modellbildungen mit der LDA wurden parallel auf den gleichen Datensätzen die entwickelten Modelle mit den Support Vector Machines (SVMs) getestet.

In einem ersten Schritt wurde auch hier der Einfluss der drei unterschiedlichen Varianten der Gebietsaufteilung an drei ausgewählten Modellen der LDA bestimmt. Die Tab. 11.7 gibt hier die Erkennungsraten zur Lösung des Zwei-Klassenproblems *Kante-Nichtrutschung* unter Verwendung der SVMs wieder.

Die Ergebnisse der Tab. 11.7 zeigen, dass, wie auch schon bei der LDA, unterschiedliche Erkennungsraten mit den verschiedenen Typen der Gebietsaufteilung zu erzielen sind. Auch hier lieferten die besten Erkennungsraten die Modelle, denen eine Gebietsaufteilung nach dem Typ *Einzug* zugrunde lag. Modelle basierend auf den Gebietsaufteilungstypen *Alle Höhen* und *Statist* besitzen eine um ca. 2 % schlechtere Performance.

Vergleiche mit den Gesamterkennungsraten der LDA bringen hervor, dass mit SVMs ca. 1,5 bis 2 % höhere Erkennungsraten erreicht werden können. In dieser Phase wurden jedoch noch nicht Verwechslungsmatrizen erzeugt und ausgewertet, die nicht nur die Erkennungsraten der einzelnen Klassen wiedergeben, sondern

Tab. 11.7 Erkennungsraten bei der Parameteridentifikation mit SVMs in der Validierungsphase 1 zur Lösung des Zwei-Klassenproblems *Kante-Nichtrutschung* (Verhältnis Kante: Nichtrutschungen ≈ 1:10), HAMBERGER (2007)

Gebietsaufteilung	Anzahl Parameter	Gesamterkennungsrate (%)
Einzug	962	82,1
Einzug	1200	82,3
Alle Höhen	962	79,7
Alle Höhen	1200	80,0
Statist	962	80,5
Statist	1200	80,2

auch eine Angabe der klassenweise gemittelten Erkennungsraten ermöglichen. Aufgrund der Erkenntnisse der Auswertungen der Verwechslungsmatrizen der LDA kann keine zuverlässige Aussage über die Güte der Modelle getroffen werden.

Diskussion zur Validierungsphase 1
Die ersten Analysen bei der Parameteridentifikation haben gezeigt, dass die Gebietsaufteilung erheblich zu der Güte des Ergebnisses beiträgt. In allen drei Testreihen der Phase 1 wurden mit dem Gebietsaufteilungsverfahren *Einzug* Erkennungsraten ermittelt, die keinen sinnvollen Einsatz von Klassifikationsverfahren zur Rutschungserkennung im Bereich der Gefahrenbeurteilung zulassen, da die Bestandteile der Rutschungen nur zu sehr niedrigen Raten erkannt wurden. Im schlechtesten Fall wurden beim Zwei-Klassenproblem *Rutschung-Nichtrutschung* lediglich 39 % der Rutschungen erkannt. Mit dem Gebietsaufteilungstyp *Alle Höhen* wurden zwar wesentlich bessere Erkennungsraten erzielt als mit den *Einzugs*-Modellen, jedoch schneiden diese Modelle speziell bei den klassenweise gemittelten Erkennungsraten fast immer schlechter ab. Die mit dem Gebietsaufteilungstyp *Statist* entwickelten Modelle lösen alle drei Klassifikationsprobleme am besten. Der Grund hierfür liegt bei der bereits oben beschriebenen Generalisierungsfähigkeit der Modelle. Während bei den Modellen des Typs *Einzug* Daten aus einem oder wenigen ganz speziellen Einzugsgebieten zum Training und der damit einhergehenden Modellentwicklung herangezogen werden, besitzt der Trainingsdatenssatz der Modelle *Statist* Daten aus den unterschiedlichsten Bereichen des Arbeitsgebietes. Dies führt beim Training dazu, dass der Klassifikator beim Typ *Einzug* das Modell an die Trainingsdaten überanpasst (overfitting-Effekt), wohingegen diese Überanpassung beim Typ *Statist* aufgrund der Diversität des Datensatzes nicht möglich ist. Bei den Modellen des Typs *Alle Höhen* wurde ein Mittelweg gegangen, da die Gebietsaufteilung in E-W-Ausrichtung erfolgte, und somit innerhalb eines Gebietes relativ unterschiedliche, jedoch zusammenhängende Bereiche abgedeckt wurden. Die Generalisierungsfähigkeit der einzelnen Gebietsaufteilungstypen kann demnach folgendermaßen dargestellt werden:

$$\mathbb{G}(Einzug) < \mathbb{G}(AlleHöhen) < \mathbb{G}(Statist)$$

Die Tests des Drei-Klassenproblems haben gezeigt, dass eine Unterscheidung der Rutschungsklasse in Rutschungsflächen und Rutschungskanten zu keinen besseren Ergebnissen führt. Speziell bei den Flächen der Rutschungen wurden extrem niedrige Erkennungsraten erzielt. Es kann daher angenommen werden, dass die Objekte der Kantenklasse und der Flächenklasse sich sehr ähnlich sind, da Falschzuordnungen zwischen den beiden häufig auftreten. Daher macht es bei diesen Untersuchungen keinen Sinn, weiterhin Drei-Klassen-Modelle zu entwickeln.

Das Verfahren der Lösung des Drei-Klassenproblems in Kombination mit der anschließenden Reduktion auf zwei Klassen eignet sich besser zur Rutschungserkennung als die Lösung des reinen Drei-Klassenproblems. Im Vergleich zum Zwei-Klassenproblem *Rutschung-Nichtrutschung* sind jedoch die Erkennungsraten ca. 3 % niedriger.

Alle bisher erzeugten Modelle zur Lösung der Zwei-Klassenprobleme zeigen deutlich auf, dass die Rutschungen oder Rutschungsteile bei einer geringen Anzahl an Parametern besser erkannt werden. Z. T. liegen die Erkennungsraten bei Verwendung aller Parameter deutlich niedriger. Dagegen steigen die Erkennungsraten mit der Anzahl der Parameter. Diese gegenläufige Bewegung wird durch die unterschiedlichen Klassengrößen erzeugt. Während die Unterschiede zwischen 58 Parameter und 3200 Parameter bei den Erkennungsraten der Zwei-Klassenmodelle *Kante-Nichtrutschung* (Klassenverhältnis 1:10) bis zu 19 % betragen, liegen diese beim Zwei-Klassenmodell *Rutschung-Nichtrutschung* (Klassenverhältnis 1:4) bei ca. 10 %. Hier hat sich gezeigt, dass die Angabe der klassenweise gemittelten Erkennungsraten – basierend auf den Auswertungen der Verwechslungsmatrizen – ein wichtiges Kriterium ist, um Aussagen über die Güte der Modelle zu machen. Vergleiche des Spektrums der klassenweise gemittelten Erkennungsraten innerhalb eines Typs bei der Verwendung unterschiedlicher Parameterkonstellationen mit dem Spektrum der Gesamterkennungsraten verdeutlichen, dass sich die klassenweise gemittelten Werte mit einer steigenden Parameteranzahl im Gegensatz zu den Gesamterkennungsraten nur unwesentlich verändern. Aufgrund dieser Feststellungen kann zu diesem Zeitpunkt der Einfluss der Rutschungsumgebung nicht eindeutig erklärt werden.

Generell haben die Auswertungen der entwickelten Modelle gezeigt, dass bei einem Zwei-Klassenproblem mit einer übergewichtigen Klasse der Klassifikator bei der Steigerung der Komplexität (mehr Parameter) eine Zuordnung zur übergewichtigen Klasse bevorzugt. Würde man daher das Verhältnis der Objekte der beiden Klassen noch weiter reduzieren – z. B. von 1:10 auf 1:100 – würden noch höhere Gesamterkennungsraten erzielt werden können, die jedoch nicht aussagekräftig sind, da das Zwei-Klassenproblem nicht besser gelöst werden würde, sondern nur die stark übergewichtige Klasse höhere Erkennungsraten aufweisen würde.

Aufgrund dieser Feststellungen wurden in der Validierungsphase 2 Modelle mit einer in etwa ausgeglichenen Anzahl von Objekten in den Klassen erzeugt. Exakt gleich große Klassen bei allen 5 Testdurchläufen konnten nicht erreicht werden, da das Gebietseinteilungverfahren *Statist* mit einem Zufallsgenerator erzeugt wurde und nicht in jedem der fünf Gebiete eine gleiche Anzahl von Rutschungen gegeben war. Daher weisen manche Gebiete mehr Rutschungen bzw. Kanten auf, wohingegen in anderen Gebieten die Nichtrutschungen die übergewichtige Klasse darstellen. Jedoch ist das Verhältnis der Anzahl der Rutschungen zu den Nichtrutschungen über alle 5 Gebiete ausgeglichen. Aus diesen Gründen ist es sinnvoll, auch weiterhin klassenweise gemittelte Erkennungsraten zu ermitteln und anzugeben.

Aus oben aufgezeigten Gründen wurden in der Validierungsphase 2 nur noch Modelle zur Lösung der Zwei-Klassenprobleme *Kante-Nichtrutschung* und *Rutschung-Nichtrutschung* entwickelt.

Die Auswertung der ersten Testphase der Rutschungserkennung mit Support Vector Machines (SVMs) lässt vermuten, dass mit diesem Klassifikator höhere Erkennungsraten erzielt werden können. Jedoch ist es auch hierbei notwendig einen genauen Überblick über die Zuordnung der Zellen zu den jeweiligen Klassen zu bekommen, sodass ein zusätzliches Skript für die Erstellung der Verwechslungsmatrizen notwendig ist. Ferner wird in der Validierungsphase 2 versucht, eine Optimierung des Klassifikators vorzunehmen, sodass eventuell noch eine bessere Performance mit Support Vector Machines erreicht werden kann.

Validierungsphase 2: Zwei-Klassenproblem Kante-Nichtrutschung mit LDA
Da in der Validierungsphase 2 eine ausgeglichene Klassenstärke als Bedingung festgelegt wurde, musste zum einen zu Beginn der Validierungsphase 2 ein neuer reduzierter Eingangsdatensatz für die Klassifikation generiert werden und zum anderen wiederum eine Parameteridentifikation durchgeführt werden. Es kam hier, wie bereits in der Validierungsphase 1, die effizient arbeitende LDA zum Einsatz. Zudem wurden in der Validierungsphase 2 nur noch Modelle auf der Basis des Gebietsaufteilungstypes *Statist* generiert.

Zusätzlich wurde zunächst der gesamte Datensatz geteilt, um einen Datensatz für die Validierung bzw. Modellentwicklung und einen Datensatz für die anschließenden Tests zur Verfügung zu haben. Hiermit wurde gewährleistet, dass der Klassifikator der Testreihe auf keinen bekannten Datensätzen der Validierung klassifiziert.

Wie bereits erwähnt, wurde in der Validierungsphase 2 ein anderes Verfahren zur Parameterermittlung gewählt. Es wurde nun die minimale Parameteranzahl gesucht, mit der eine maximale Erkennungsrate erzielt werden kann. Dieser Schritt wurde aufgrund der Erfahrungen der Validierungsphase 1 unternommen, da sehr hohe Parameteranzahlen zu extrem langen Rechenzeiten führten, jedoch die Ergebnisse z. T. nicht verbessert werden konnten. Bei diesem Verfahren wurden zunächst die Erkennungsraten bei Berücksichtigung der gesamten Zellenumgebung ermittelt. Neben den Erkennungsraten wurden zusätzlich Listen erzeugt, welche die Gewichtung der Parameter wiedergaben. Hieraus konnte ermittelt werden, welche Parameter eine große Gewichtung oder eine nur geringe oder keine Gewichtung besaßen. Basierend auf diesen Analysen wurden im Anschluss insgesamt 36 Validierungsläufe mit unterschiedlichen Parameterkonstellationen durchgeführt. Begonnen wurde mit der Klassifikation des Zwei-Klassenproblems *Kante-Nichtrutschung* ohne Berücksichtigung der Zellenumgebung. In den an-

Tab. 11.8 Erkennungsraten bei der Parameteridentifikation mit der LDA in der Validierungsphase 2 zur Lösung des Zwei-Klassenproblems *Kante-Nichtrutschung* (Verhältnis Kante: Nichtrutschungen $\approx$ 1:1). Alle Modelle wurden mit dem Gebietsaufteilungstyp *Statist* erzeugt, HAMBERGER (2007)

Modell		Erkennungsraten (%)			
Name	Anzahl Parameter	Gesamt	Kklassenweise gemittelt	Kanten	Nichtrutschungen
Val-34	34	72,3	70,7	78,2	63,2
Val-58	58	72,2	70,6	79,7	61,6
Val-326	326	75,2	73,9	81,3	66,6
Val-339	339	75,2	73,9	81,3	66,6
Val-391	391	75,2	73,8	81,0	66,6
Val-962	962	72,1	70,9	74,8	67,0
Val-1200	1200	73,7	72,4	76,5	68,2
Val-3200	3200	70,6	69,5	73,0	66,0

schließenden Klassifikationen wurden sodann stark gewichtige Parameter der gesamten Zellenumgebung hinzugenommen oder auch Parameter mit geringen Gewichten weggelassen. Nach 36 Validierungsläufen konnten mehrere Parameterkonstellationen gefunden werden, die das untersuchte Zwei-Klassenproblem am effizientesten lösen.

In der Tab. 11.8 werden die Erkennungsraten der wichtigsten Parameterkonstellationen der Validierung wiedergegeben. Während in das Modell *Val-58* alle Parameter ohne Berücksichtigung der Zellenumgebung einfließen, wurde das Modell *Val-34* mit dem minimalsten Parametersatz entwickelt. Es wurden nur folgende Parameter (nicht aus der Zellenumgebung) zur Modellbildung herangezogen:

• Hangneigung	• Lockergesteinsmächtigkeit
• Abstand zu Bächen	• Niederschlagsmenge
• Geologie	• Waldzustand

Der Vergleich der Modelle *Val-58* und *Val-34* bringt hervor, dass einige Parameter, wie z. B. die Höhe oder die Lockergesteinsart (nicht aus der Zellenumgebung!) bei der Klassifikation nicht zu Verbesserungen bei der Erkennungsrate führen. Es zeigt sich sogar, dass die Erkennungsraten bei einer Minimierung der Parameteranzahl leicht gesteigert werden konnten. Besonders konnte bei der schlechter erkannten Klasse der Nichtrutschungen eine Steigerung um 1,6 % erreicht werden. Diese Feststellung, dass eine hohe Parameteranzahl nicht automatisch mit besseren Ergebnissen verbunden ist, konnte auch FERNANDEZ-STEEGER (2002) bei seinen Untersuchungen feststellen; des Weiteren unterstützen die Untersuchungsergebnisse der Validierungsphase 1 diese These.

Die Tab. 11.8 zeigt ferner, dass bei Berücksichtigung der Zellenumgebung alle untersuchten Erkennungsraten gesteigert werden konnten. Bei den Modellen *Val-326, Val-339* und *Val-391* wurden nicht nur die Kantenzellen, sondern vor allem die Nichtrutschungszellen besser erkannt. Diese Modelle können als beste Lösung des Zwei-Klassenproblems eingestuft werden.

Beim Modell *Val-326* wurden folgende Parameter verwendet:

- Minimale Hangneigung entlang des Gradienten in hangaufwärtiger Richtung im Bereich von 50 m
- Minimale Hangneigung entlang des Gradienten in hangabwärtiger Richtung im Bereich von 50 m
- Abstand zu Bächen
- Niederschlagsmenge
- Geologie entlang des Gradienten in hangaufwärtiger Richtung im Bereich von 40 m
- Lockergesteinsart in der 9er-Nachbarschaft
- Lockergesteinsmächtigkeit in der 9er-Nachbarschaft
- Waldschaden entlang des Gradienten in hangaufwärtiger Richtung im Bereich von 40 m
- Waldschaden entlang des Gradienten in hangabwärtiger Richtung im Bereich von 20 m

Beim Modell *Val-339* kamen zwei zusätzliche Parameter zum Einsatz. Neben den Parametern des Modells *Val-326* wurde auch die Hangneigung der Ausgangszelle sowie der Waldschaden entlang des Gradienten in hangaufwärtiger Richtung bis zu einem Bereich von 10 m berücksichtigt.

Das Modell *Val-391* stellt eine Weiterentwicklung des Modells *Val-339* dar. Hier wird zusätzlich der Parameter Lockergesteinsart entlang des Gradienten in hangaufwärtiger Richtung im Bereich von 20 m bei der Generierung verwendet.

Ferner werden zum Vergleich in der Tab. 11.8 die Erkennungsraten mit den besten Parameterkonstellationen der Validierungsphase 1 (mit 962, 1200 und 3200 Variablen) wiedergegeben. Dieser Vergleich verdeutlicht zwei Erkenntnisse. Zum einen liegen die Gesamterkennungsraten deutlich unter den besten Erkennungsraten dieser Testreihe. Zum anderen werden bei den Modellen *Val-962* und *Val-1200* die Nichtrutschungen besser erkannt als bei den anderen erzeugten Modellen. Jedoch zeigen die Erkennungsraten des Modells *Val-3200,* dass der Steigerung der Parameteranzahl und einer damit einhergehenden besseren Erkennung der Nichtrutschungen Grenzen gesetzt sind.

Die Tests der 2. Validierungsphase zur Lösung des Zwei-Klassenproblems *Kante-Nichtrutschung* lassen erkennen, dass es zwar möglich ist, hohe Gesamterkennungsraten zu erzielen, jedoch bestehen weiterhin große Unterschiede bei den Erkennungsraten der einzelnen Klassen. Beim Einsatz einer sehr hohen Anzahl der Parameter werden die Nichtrutschungen um bis zu 1,6 % besser erkannt. Aufgrund dieser Tatsache wurden in den weiteren Schritten immer auch Modelle mit 962 und 1200 Variablen generiert und getestet. Das Modell mit allen (3200)

Variablen wurde bei den nachfolgenden Tests aufgrund der Nichteffizienz und dem hohen Zeitaufwand pro Testdurchlauf nicht weiter berücksichtigt.

Validierungsphase 2: Zwei-Klassenproblem Rutschung-Nichtrutschung mit LDA
Als zweite Testreihe der Phase 2 wurde die Parameterkonstellation gesucht, welche das Zwei-Klassenproblem *Rutschung-Nichtrutschung* am besten löst. Für diese Modellbildung wurden insgesamt 11 Modelle entwickelt und deren Ergebnisse verglichen. Die Modellbildung erfolgte auf der Basis der schon entwickelten Erkenntnisse. Dies bedeutet, dass die Modelle des Zwei-Klassenproblem *Kante-Nichtrutschung* für dieses Problem weiterentwickelt wurden.

Die Tab. 11.9 stellt vergleichend neun ausgewählte Modelle dar, die in der Validierungsphase 2 entwickelt wurden und für die anschließende Diskussion von Bedeutung sind.

Die Modelle *Val-401, Val-402* und *Val-403* besitzen alle sowohl die gleichen Gesamterkennungsraten als auch die gleichen gemittelten Erkennungsraten. Lediglich die Auswertungen der Verwechslungsmatrizen der Modelle zeigen leichte Abweichungen, indem beim Modell *Val-401* die Rutschungen, bei den Modellen *Val-402* und *Val-403* hingegene die Nichtrutschungen besser erkannt werden. Während die Gesamterkennungsraten dieser drei Modelle bei jeweils 76 % liegen, wurden klassenweise gemittelte Erkennungsraten von 75,2 % ermittelt.

Zum Vergleich wurden Modelle getestet, die bereits bei vorrausgegangen Tests herangezogen wurden. Hier zeigt sich, dass deren Gesamterkennungsraten um 0,5 bis 3,2 % schlechter abschneiden. Der Unterschied der Erkennungsraten zwischen den beiden Modellen *Val-34* und *Val-58* fällt bei dieser Testreihe doch deutlicher

Tab. 11.9 Erkennungsraten bei der Parameteridentifikation mit der LDA in der Validierungsphase 2 zur Lösung des Zwei-Klassenproblems *Rutschung-Nichtrutschung* (Verhältnis Rutschungen: Nichtrutschungen ≈ 1:1). Alle Modelle wurden mit dem Gebietsaufteilungstyp *Statist* erzeugt, HAMBERGER (2007)

Modell		Erkennungsraten (%)			
Name	Anzahl Parameter	Gesamt	Klassenweise gemittelt	Rutschungen	Nicht-rutschungen
Val-34	34	73,6	72,8	83,6	61,9
Val-58	58	72,8	72,1	81,6	62,5
Val-326	326	74,3	74,4	82,1	66,8
Val-391	391	75,5	74,8	82,0	67,5
Val-401	401	76,0	75,2	83,2	67,2
Val-402	402	76,0	75,2	83,0	67,4
Val-403	403	76,0	75,2	83,0	67,4
Val-962	962	74,6	73,9	78,9	68,9
Val-1200	1200	75,3	73,0	77,0	69,0

aus. Zudem ist bei dieser Testreihe erkennbar, dass bei einer hohen Parameteranzahl mehr Nichtrutschungen richtig erkannt werden, wohingegen die Rutschungen jedoch erheblich schlechter erkannt werden.

In das Modell *Val-401* flossen bei der Klassifikation folgende Parameter ein:

- Minimale Hangneigung entlang des Gradienten in hangaufwärtiger Richtung im Bereich von 45 und 50 m
- Minimale Hangneigung entlang des Gradienten in hangabwärtiger Richtung im Bereich von 50 m
- Abstand zu Bächen
- Niederschlagsmenge in der 9er-Nachbarschaft
- Geologie entlang des Gradienten in hangaufwärtiger Richtung im Bereich von 40 m
- Lockergesteinsart in der 9er-Nachbarschaft
- Lockergesteinsart entlang des Gradienten in hangaufwärtiger Richtung im Bereich von 20 m
- Lockergesteinsmächtigkeit in der 9er-Nachbarschaft
- Waldschaden entlang des Gradienten in hangaufwärtiger Richtung im Bereich von 40 m
- Waldschaden entlang des Gradienten in hangabwärtiger Richtung im Bereich von 20 m

Das Modell *Val-402* berücksichtigte zusätzlich noch die minimale Hangneigung entlang des hangaufwärtigen Gradienten im Bereich von 40 m, das Modell *Val-403* zudem den Parameter Verteilung Wald-Freifläche ohne Berücksichtigung der Zellenumgebung.

Diskussion zur Validierungsphase 2

Die Ergebnisse der Validierungsphase 2 stellen aus mehreren Gründen eine Verbesserung zu den Messergebnissen der Validierungsphase 1 dar. Sowohl die Gesamterkennungsraten, vorallem aber die klassenweise gemittelten Erkennungsraten liegen fast immer höher. Hier sollte erwähnt werden, dass zwar die höchsten Gesamterkennungsraten bei einer sehr hohen Anzahl an Parametern mit den *Statist*-Modellen erreicht wurden, jedoch die Klassen der Kanten bzw. der Rutschungen deutlich schlechter erkannt wurden. Zudem wurde durch die veränderte Parameterauswahl die Anzahl der Parameter erheblich reduziert. Dies wirkt sich nicht nur auf die Rechenzeiten pro Testdurchlauf aus, sondern lässt auch erkennen, welche Parameter für die Rutschungserkennung erforderlich sind. Durch die Vorgehensweise in der Testreihe 1 wurden viele Parameter berücksichtigt, die weder das Testergebnis verschlechterten noch verbesserten; daher flossen in die besten Modelle eine sehr hohe Anzahl an Parametern ein. Bei der Validierungsphase 2 hingegen wurden nur Parameter bei den Modellen hinzugenommen, wenn diese eine große Gewichtung besaßen und zu eine Verbesserung des Modells führten. Das Modell *Val-403* wird deswegen angeführt, da es in den 5 Einzeltests der

Testreihe insgesamt etwas konsistenter arbeitete als das Modell *Val-402,* wobei die gemittelten Erkennungsraten über die 5 Tests die gleichen Ergebnisse lieferten.

Ein weiterer wesentlicher Vorteil der Validierungsphase 2 besteht darin, dass sich der Klassifikator aufgrund der ausgeglichenen Klassenstärke nicht mehr automatisch für die bessere Klasse entscheidet, was in der Validierungsphase 1 nahezu durchwegs gegeben war.

Nachdem auch die zweite Validierungsphase abgeschlossen war, d. h. entwickelte Modelle vorlagen, die bereits bei Trainings- und Testdurchläufen auf der Validierungsstichprobe getestet wurden, wurden die eigentlichen Tests mit unabhängigen Testdatensätzen durchgeführt. Zum Einsatz kamen folgende Klassifikatoren:

- Lineare Diskriminanzanalyse (LDA)
- Support Vector Machines (SVMs)
- Klassifikationsbäume
- K-Means-Verfahren in Kombination mit Klassifikationsbäumen

11.2.7 Testergebnisse mit den verschiedenen Klassifikatoren

Testergebnisse der Linearen Diskriminanzanalysen

Testergebnisse Kante-Nichtrutschung mit der LDA
Die Tests erfolgten mit den entwickelten und aufgezeigten Modellen des Abschn. 11.2.6. In der Tab. 11.10 kommen die Ergebnisse der Tests mit den unterschiedlichen Modellen zur Darstellung.

Wie bereits in der Validierungsphase wurden auch beim Testdurchlauf die besten Erkennungsraten mit den speziell entwickelten Modellen *Val-326, Val-339,*

Tab. 11.10 Erkennungsraten der Testdurchläufe mit der LDA zur Lösung des Zwei-Klassenproblems *Kante-Nichtrutschung* mit einem balancierten Datensatz, HAMBERGER (2007)

Modell		Erkennungsraten (%)			
Name	Anzahl Parameter	Gesamt	Klassenweise gemittelt	Kanten	Nichtrutschungen
Val-34	34	73,0	71,4	78,5	64,3
Val-58	58	73,1	71,2	78,2	64,1
Val-326	326	74,0	72,4	79,0	65,8
Val-339	339	73,8	72,0	78,2	65,9
Val-391	391	74,0	72,4	79,0	65,8
Val-962	962	73,7	72,8	79,8	65,8
Val-1200	1200	71,1	69,7	74,0	65,4
Val-3200	3200	70,7	69,6	72,5	66,8

Tab. 11.11 Erkennungsraten der Testdurchläufe mit der LDA zur Lösung des Zwei-Klassenproblems *Rutschung-Nichtrutschung* mit einem balancierten Datensatz, HAMBERGER (2007)

Modell		Erkennungsraten (%)			
Name	Anzahl Parameter	Gesamt	Klassenweise gemittelt	Rutschungen	Nichtrutschungen
Val-34	34	73,6	72,2	80,8	63,6
Val-58	58	72,9	71,7	79,5	63,8
Val-326	326	74,8	74,0	80,9	67,0
Val-391	391	75,2	74,4	81,1	67,7
Val-401	401	75,4	74,5	81,0	68,1
Val-402	402	75,4	74,5	81,1	68,0
Val-403	403	75,4	74,5	81,1	68,0
Val-962	962	74,4	73,4	77,1	69,7
Val-1200	1200	73,6	72,7	76,0	69,5

Val-391 erzielt. Diese liegen um bis zu 3,3 % höher als die im Vergleich hierzu getesteten Modelle der Tab. 11.10. Besonders schlecht schnitten hier die Modelle *Val-1200* und *Val-3200* ab. Der erhebliche Unterschied zu den Ergebnissen der Validierungsphase speziell beim Modell *Val-1200* lässt vermuten, dass das Modell zu stark auf den Validierungssatz abgestimmt ist. Dies führt dazu, dass die Generalisierungsfähigkeit des Modells stark beeinträchtigt ist. Die Modelle mit den höchsten Erkennungsraten ordneten um 1,2 bzw. 1,4 % schlechter die Objekte den richtigen Klassen zu im Vergleich zu den Ergebnissen der Validierungsphase. Die beiden Modelle mit einer nur geringen Anzahl an Variablen *Val-34* und *Val-58* und ohne Berücksichtigung der Zellenumgebung liegen bei den Gesamterkennungsraten nur ca. 1 % unter den besten Modellen; jedoch werden hierbei die Nichtrutschungen verhältnismäßig schlecht erkannt.

Die bei den Modellen mit den besten Erkennungsraten verwendeten Parameter wurden bereits bei den Auswertungen der Validierungsphase im Abschn. 11.2.6 „Parameteridentifikation bzw. Validierung" aufgelistet.

Testergebnisse Rutschung-Nichtrutschung mit der LDA

Zur Lösung des Zwei-Klassenproblems *Rutschung-Nichtrutschung* wurden im Anschluss an die Validierungsdurchläufe die besten und aussagekräftigsten Modelle mit dem Testdatensatz klassifiziert. Die getesteten Modelle verwendeten zwischen 34 und ca. 1200 Parameter. Die Tests erfolgten mit den entwickelten und aufgezeigten Modellen des Abschn. 11.2.6.

In der Tab. 11.11 werden die Ergebnisse der Tests mit der LDA zur Lösung dieses Zwei-Klassenproblems aufgezeigt.

Die Erkennungsraten der Tab. 11.11 zeigen auch hier, dass die Modelle mit der Parameterauswahl, die speziell für dieses Zwei-Klassenproblem gesucht wurde (Modelle *Val-401, Val-402* und *Val-403*), zu den besten Ergebnissen führten.

Auch bei diesem Zwei-Klassenproblem liegen jedoch die Ergebnisse der Modelle mit den höchsten Erkennungsraten leicht unter (0,6 %) den Erkennungsraten der Validierungsphase.

Interessant ist hier, dass das Modell mit dem geringmächtigsten Parametersatz *Val-34* um 0,7 % besser abschneidet als das Modell *Val-58*. Das Modell *Val-391,* das eigentlich zur Lösung des Zwei-Klassenproblems *Kante-Nichtrutschung* entwickelt wurde, liegt um nur 0,2 % unter den besten Erkennungsraten. Die Nichtrutschungen wurden der richtigen Klasse generell schlechter zugeordnet als die Rutschungen; am besten erfolgte die Zuordnung mit dem Modell *Val-962,* bei dem 69,7 % der Nichtrutschungen der richtigen Klasse zugeordnet wurden. Das Modell *Val-1200* schnitt auch bei dieser Testreihe schlechter ab als das Modell *Val-962.*

Die Auflistung der in den Modellen *Val-401, Val-402* und *Val-403* verwendeten Parametern erfolgte bereits im Abschn. 11.2.6.

Testergebnisse der Support Vector Machines

Zur Verarbeitung der Datensätze mit den selbst generierten Support Vector Machines war es vorab erforderlich, ein Skript zu entwerfen, welches den aus SPSS exportierten ASCII-Datensatz in ein SVM-lesbares Format transformiert. Diese Umwandlung musste sodann für jede einzelne Parameterkonstellation durchgeführt werden, wobei hierfür speziell bei einer großen Anzahl von Parametern viel Zeit aufgewendet werden musste.

In einem ersten Schritt wurde eine Optimierung des Klassifikators im Hinblick auf eine höhere Effizienz durchgeführt. Hierfür wurden die beiden Modelle *Val-58* und *Val-962* herangezogen, da diese bereits in einem frühen Stadium der Analyse zur Verfügung standen. Die Optimierung umfasste unterschiedliche Einstellungen in der Wirkungsweise des Programms. Zudem wurde mit den Standardeinstellungen (ohne Optimierung) der Testdatensatz klassifiziert. Die Ergebnisse der Optimierung werden in der Tab. 11.12 aufgezeigt.

Die Auswertungen der Tab. 11.12 lassen erkennen, dass sich die Optimierung der Modelle in verbesserten Erkennungsraten äußert. Die optimierten Modelle (*Val-58* und *Val-962*) schneiden bei den Gesamterkennungsraten um 0,4 und 0,8 % besser ab als die Modelle, die nicht optimiert (*Val-58-base* und *Val-962-base*) wurden. Daher wurden bei den weiteren Klassifikationen nur Modelle mit optimierten Einstellungen verwendet.

Tab. 11.12 Erkennungsraten optimierter und nicht optimierter SVM-Modelle zur Lösung des Zwei-Klassenproblems *Kante-Nichtrutschung* mit einem balancierten Datensatz, HAMBERGER (2007)

Modell		Erkennungsrate (%)	
Name	Anzahl	Gesamt	Klassenweise gemittelt
Val-58	58	70,9	69,8
Val-58-base	58	70,1	69,1
Val-962	962	73,9	72,0
Val-962-base	962	73,5	72,2

Im Gegensatz zur Klassifikation mit der LDA ist der Zeitaufwand mit Support Vector Machines (SVMs) erheblich höher. Während beispielsweise bei der LDA für die Klassifikation des Zwei-Klassenproblems *Rutschung-Nichtrutschung* (5 × Training, 5 × Test) mit einem Standardhochleistungs-PC (2,7 Ghz, 1 GB Arbeitsspeicher) mit 1200 Parametern ca. 1 h aufgewendet werden musste, lag der Zeitanspruch für die Lösung desselben Problems mit SVMs bei ca. 5 Tagen. Aufgrund dieses Faktors von 120 ist eine umfangreiche Parameterauswahl mit SVMs bei einer großen Anzahl von Objekten zu diesem Zeitpunkt nicht möglich bzw. die Anzahl der durchgeführten Tests beschränkt. Daher wurden bei diesen Untersuchungen nur einige Modelle getestet, die für vergleichende Analysen relevant sind.

Testergebnisse Kante-Nichtrutschung mit SVMs
Nach Abschluss der Optimierung wurden die einzelnen Testreihen mit den Parameterkonstellationen der Validierungsphase zur Lösung des Zwei-Klassenproblems *Kante-Nichtrutschung* durchgeführt. Insgesamt wurden fünf Modelle getestet, deren Erkennungsraten in der Tab. 11.13 wiedergegeben werden. Die Tests erfolgten mit den entwickelten und aufgezeigten Modellen des Abschn. 11.2.6.

Die Tab. 11.13 zeigt, dass die Modelle mit einer relativ hohen Parameteranzahl *Val-962* und *Val-1200* die höchsten Gesamterkennungsraten erreichen. Hierbei werden knapp 74 % der Objekte den richtigen Klassen zugeordnet. Mit den Modellen mit weniger Parametern *Val-58* und *Val-326* sowie dem Modell, bei dem alle Parameter zur Klassifikation herangezogen wurden *(Val-3200)*, wurden wesentlich weniger Rutschungskanten bzw. Nichtrutschungen erkannt. Noch deutlicher sind die Unterschiede bei den Erkennungsraten der Nichtrutschungen, die beim Modell *Val-962* um bis zu 5,2 % besser erkannt wurden, wobei die Rutschungskanten um bis zu 2,8 % schlechter erkannt wurden.

Insgesamt überzeugt das Modell *Val-962* am ehesten zur Lösung dieses Zwei-Klassenproblems. Vergleichende Analysen und eine Diskussion der erzielten Ergebnisse folgen nach den Auswertungen der Tests der unterschiedlichen verwendeten Klassifikatoren im Abschn. 11.2.8.

Tab. 11.13 Erkennungsraten der Testdurchläufe mit SVMs zur Lösung des Zwei-Klassenproblems *Kante-Nichtrutschung* mit einem balancierten Datensatz, HAMBERGER (2007)

Modell		Erkennungsraten (%)			
Name	Anzahl Parameter	Gesamt	Klassenweise gemittelt	Kanten	Nichtrutschungen
Val-58	58	70,9	69,8	78,5	61,2
Val-326	326	71,8	70,5	80,0	61,0
Val-962	962	73,9	72,0	77,9	66,2
Val-1200	1200	73,7	72,2	80,7	63,7
Val-3200	3200	71,8	70,5	79,2	61,8

Testergebnisse Rutschung-Nichtrutschung mit SVMs
Neben der oben angeführten Lösung des Zwei-Klassenproblems wurden ebenfalls die mit der LDA ausgewählten Parameterkonstellationen zur Lösung des Zwei-Klassenproblems *Rutschung-Nichtrutschung* unter Verwendung von Support Vector Machines getestet.

In der Tab. 11.14 kommen die Ergebnisse der ausgewerteten Klassenzuordnungen unter Angabe der Erkennungsraten zur Darstellung.

Bei der Auswertung der Tab. 11.14 fällt auch hier auf, dass die besten Erkennungsraten nicht mit dem speziell für dieses Zwei-Klassenproblem entwickelte Modell *Val-401* erreicht werden. Dagegen leistet das Modell *Val-962,* wie schon bei der Lösung des Zwei-Klassenproblems *Kante-Nichtrutschung,* die beste Arbeit. Dies ist verwunderlich, da dieses Modell in der Validierungsphase 1 für die Lösung des Zwei-Klassenproblems *Kante-Nichtrutschung* entwickelt wurde. Der Unterschied zwischen den richtig zugeordneten Rutschungen und Nichtrutschungen ist mit bis zu 20 % erheblich.

Vor allem ist auch ein Vergleich der Ergebnisse der beiden untersuchten Zwei-Klassenprobleme sehr interessant, wie sie in der Tab. 11.13 und 11.14 zur Darstellung kommen. Während bei der LDA durch die Hinzunahme der Rutschungsflächen eine Verbesserung bei den Erkennungsraten erfolgte, ist dieser Effekt bei der Verwendung von SVMs nicht zu beobachten. Die Erkennungsraten dieser Testreihe, bei denen insgesamt mehr Zellen zugeordnet wurden, liegen 0,3 bis 1,1 % unter den vergleichbaren Werten zur Lösung des Zwei-Klassenproblems *Kante-Nichtrutschung*.

Testergebnisse der Klassifikationsbäume
Zu Beginn der Testreihe zur Lösung der Zwei-Klassenprobleme mit Klassifikationsbäumen wurden die Datensätze, wie sie bereits bei der LDA zur Verwendung kamen, in das Programm Clementine importiert. Anfängliche Tests haben ergeben, dass für die Untersuchungen mit Klassifikationsbäumen keine binäre Codierung von diskontinuierlichen Daten erforderlich ist. Im Gegenteil

Tab. 11.14 Erkennungsraten der Testdurchläufe mit SVMs zur Lösung des Zwei-Klassenproblems *Rutschung-Nichtrutschung* mit einem balancierten Datensatz, HAMBERGER (2007)

Modell		Erkennungsraten (%)			
Name	Anzahl Parameter	Gesamt	Klassenweise gemittelt	Rutschungen	Nichtrutschungen
Val-58	58	71,2	70,5	78,1	62,8
Val-326	326	70,7	68,8	73,4	64,3
Val-391	391	71,7	70,4	80,5	60,4
Val-401	401	72,1	70,7	78,8	62,6
Val-962	962	73,5	72,1	79,9	64,3
Val-1200	1200	73,0	71,6	79,5	63,6

führten vorgenommene Codierungen zu einer Verschlechterung der Erkennungsraten. Dies liegt an der Struktur und der Arbeitsweise der verwendeten Klassifikationsbäume (HAMBERGER, 2007). Daher mussten vor der eigentlichen Testphase Datensätze erzeugt werden, bei denen diskontinuierliche Daten in einer uncodierten Form vorlagen.

In einem weiteren Schritt wurde versucht, eine Optimierung des verwendeten C5.0 Algorithmus vorzunehmen. Hierbei wurden beim Validierungsdatensatz unterschiedliche Einstellungen beim *boosting* sowie bei der *pruning severity* und bei den *minimum records per child branch* (MRC) getestet. Die Wirkungsweise der einzelnen Einstellungsmodifikationen wurden im Detail von HAMBERGER (2007) beschrieben.

Die Tests mit unterschiedlichen Parameterkonstellationen führten zu folgenden Einstellungen, die vorgenommen werden mussten, um einen möglichst effizient arbeitenden Algorithmus zu implementieren:

- *boosting number of trials* = 5
- *pruning severity* = 50
- *minimum records per child branch (MRC)* $\in \{25, 30, 35\}$

Während der optimale *boosting*- und *pruning severity*-Wert relativ schnell bestimmt werden konnte, war der *minimum records per child branch*-Wert (MRC-Wert) nicht eindeutig festzulegen. Nach mehreren Tests stellte sich jedoch heraus, dass für eine optimale Einstellung diese Zahl die drei unterschiedlichen Werte 25, 30 und 35 annehmen kann, wobei erwähnt werden sollte, dass keine dazwischenliegenden Werte getestet wurden. Daher wurden bei den Tests mit Klassifikationsbäumen die drei o. g. *minimum records per child branch*-Werte getestet. Bei den nachfolgenden Auswertungen der Klassifikation wird der MRC-Wert der besten Erkennungsrate für jeden Test angegeben.

Testergebnisse Kante-Nichtrutschung mit Klassifikationsbäumen

Aufgrund der kurzen Rechenzeit pro Testdurchlauf bei der Verwendung von Klassifikationsbäumen, die in etwa der Rechenzeit eines Testdurchlaufs mit der LDA entspricht, konnten nicht nur, wie oben erwähnt, für unterschiedliche Einstellungen Tests durchgeführt werden, sondern auch eine Reihe von Parameterkonstellationen getestet werden.

Es wurden – wie bereits bei den Untersuchungen mit der LDA – Klassifikationen mit 34 bis 3200 Parametern durchgeführt. In der Tab. 11.15 werden die ausgewerteten Erkennungsraten unterschiedlicher Parameterkonstellationen wiedergegeben.

Die Darstellung der einzelnen Klassifikationsergebnisse in der Tab. 11.15 verdeutlicht vor allem, dass zwischen den einzelnen getesteten Modellen sowohl bei den Gesamterkennungsraten als auch bei den klassenweise gemittelten Erkennungsraten keine erheblichen Differenzen bestehen. Der Unterschied zwischen dem besten und dem schlechtesten Modell liegt bei den Gesamterkennungsraten bei nur 1,3 %, bei den klassenweise gemittelten Erkennungsraten bei 1,4 %. Die höchsten Erkennungsraten mit 74,3 bzw. 74,4 % werden mit den Modellen *Val-34, Val-58* und *Val-326* erzielt.

Tab. 11.15 Erkennungsraten der Testdurchläufe mit Klassifikationsbäumen zur Lösung des Zwei-Klassenproblems *Kante-Nichtrutschung* mit einem balancierten Datensatz; MRC = *minimum records per child branch*

Modell			Erkennungsraten (%)			
Name	Anzahl Parameter	MRC	Gesamt	Klassenweise gemittelt	Kanten	Nichtrutschungen
Val-34	34	30	74,3	73,4	77,9	69,0
Val-58	58	35	74,3	73,7	74,2	73,1
Val-326	326	25	74,4	73,3	74,3	72,3
Val-339	339	30	73,7	73,0	75,5	70,5
Val-391	391	30	73,5	72,6	75,3	69,9
Val-962	962	30	73,7	73,3	75,0	71,5
Val-1200	1200	25	74,1	72,9	69,7	76,1
Val-3200	3200	25	73,1	72,3	71,2	73,4

Bei der Analyse der Ergebnisse zeigt sich besonders, dass die Auswertung der Verwechslungsmatrizen für die Beurteilung der Güte der Modelle wichtig ist. Während beim Modell *Val-34* die Rutschungskanten zu 77,9 % wesentlich besser erkannt werden als die Nichtrutschungszellen 69,0 % (Differenz: 8,9 %), werden beim Modell *Val-58* die Nichtrutschungszellen um nur 1,1 % schlechter erkannt. Beim Modell *Val-326* mit der höchsten Gesamterkennungsrate von 74,4 % liegt diese Differenz bei 2,0 %. Aus diesem Grund liefert das Modell *Val-58,* das keine Parameter aus der Rutschungsumgebung miteinbezieht, die besten Ergebnisse.

Die Modelle *Val-339* und *Val-391* führen durch die Hinzunahme weiterer Parameter zu keiner Verbesserung bei den Erkennungsraten im Vergleich zum Modell *Val-326*.

Weiterhin ist es interessant zu beobachten, dass bei den Modellen mit einer hohen Anzahl an Parametern *Val-1200* und *Val-3200* die Nichtrutschungszellen z. T. erheblich besser erkannt werden. Diese Tatsache ist nicht erklärbar, da nach der Entscheidung für balancierte Datensätze sowohl für die Validierungsphase 2 als auch für die Testphase immer die Rutschungskanten besser erkannt wurden. Hier sollte jedoch bemerkt werden, dass speziell mit den Klassifikationsbäumen die Differenz zwischen den Erkennungsraten der einzelnen Klassen minimiert werden konnte. Zudem wurden in einem zusätzlichen Schritt die Ergebnisse auf Ihre Richtigkeit überprüft.

Testergebnisse Rutschung-Nichtrutschung mit Klassifikationsbäumen
Während der zweiten Testreihe der Klassifikationsbäume wurden die unterschiedlichen Parameterkonstellationen zur Lösung das Zwei-Klassenproblems *Rutschung-Nichtrutschung* getestet. Es wurden hier die gleichen Modelle herangezogen, die mit der LDA entwickelt und bereits bei den Tests mit SVMs verwendet wurden.

Tab. 11.16 Erkennungsraten der Testdurchläufe mit SVMs zur Lösung des Zwei-Klassenproblems *Rutschung-Nichtrutschung* mit einem balancierten Datensatz, HAMBERGER (2007)

Modell			Erkennungsraten (%)			
Name	Anzahl Parameter	MRC	Gesamt	Klassenweise gemittelt	Rutschungen	Nichtrutschungen
Val-58	58	25	72,1	71,0	58,8	83,3
Val-326	326	25	67,2	65,9	58,2	73,7
Val-391	391	30	66,3	65,3	57,2	73,3
Val-401	401	25	71,4	70,5	59,2	81,7
Val-962	962	35	72,9	71,7	61,8	81,6
Val-1200	1200	30	71,5	71,6	57,9	82,5

Die Ergebnisse dieser Untersuchungen kommen in der Tab. 11.16 zur Darstellung. Bei den Ergebnissen aller getesteten Modelle fällt vorallem auf, dass die Nichtrutschungszellen in allen Fällen erheblich besser der richtigen Klasse zugeordnet werden als die Rutschungszellen. Der Unterschied der Erkennungsraten der Klasse der Rutschungszellen und der Nichtrutschungszellen liegt zwischen 15,5 und 24,6 %.

Das beste Ergebnis liefert, wie bereits bei den Untersuchungen mit SVMs, das Modell *Val-962* mit 72,9 % bei der Gesamterkennungsrate, wobei lediglich 61,8 % der Rutschungen der richtigen Klasse zugeordnet wurden. Das Modell *Val-58,* das keine Parameter aus der Rutschungsumgebung berücksichtigt, weist etwas schlechtere Ergebnisse bei den klassenübergreifenden Erkennungsraten auf und besitzt besonders Schwächen bei der Erkennung der Rutschungen. Bei dem Modell *Val-401,* dessen Parameterkonstellation speziell für die Lösung dieses Zwei-Klassenproblems entwickelt wurde, liegen sowohl die Gesamterkennungsrate als auch die klassenweise gemittelte Erkennungsrate 1,5 bzw. 1,2 % unter den Ergebnissen des Modells *Val-962.* Extreme Defizite sind bei den Ergebnissen der Modelle *Val-326* und *Val-391* zu erkennen, bei denen rund nur zwei Drittel der Zellen der richtig zugeordnet wurden. Beim Vergleich der Modelle *Val-1200* und *Val-962* fällt auf, dass eine noch höhere Anzahl an Parametern zu keinen besseren Ergebnissen führt. Erstaunlich und nicht erklärbar sind die extrem hohen Erkennungsraten in der Nichtrutschungsklasse mit Werten bis über 83 %.

Datensatzreduktion mit K-Means

Aufgrund der sehr hohen Objektanzahl bzw. Zellenanzahl – speziell bei den Nichtrutschungszellen – wurde in den ersten Analyseschritten versucht, mit dem K-Means-Algorithmus ein Downsampling in der sehr übermächtigen Nichtrutschungsklasse vorzunehmen. Bei den Versuchen ohne dem Clusterverfahren erfolgt die Auswahl rein stochastisch. Es stellt sich natürlich die Frage, ob durch eine geschickte Auswahl der Nichtrutschungen, die beim Training verwendet werden, die Erkennungsrate verbessert werden kann. Diese intelligentere Auswahl soll auf einem Clusterverfahren beruhen, bei dem die Anzahl der Cluster fest vorgegeben wird. Hier wurde das Clusterverfahren mit dem K-Means-Algorithmus eingesetzt.

Nach der Clustereinteilung wird für jedes Cluster der Quotient aus der Anzahl der Rutschungen und der Anzahl der Clusterelemente bestimmt. Dieser Quotient wird dann als Faktor verwendet mit dem das Downsampling durchgeführt wird. Dadurch werden mehr Nichtrutschungen aus einem Cluster mit einem großem Anteil von Rutschungen verwendet. Die Kernidee ist, dass bei einem Cluster, in dem sich viele Rutschungszellen befinden, Rutschungen und Nichtrutschungen dicht benachbart sind. Um diese Entscheidungsgrenze wirksam zu lernen, werden etwas mehr Nichtrutschungen zum Training zur Verfügung gestellt als in anderen Clustern. Insgesamt betrachtet, bleibt das Verhältnis zwischen Rutschungen und Nichtrutschungen aber erhalten, da aus Clustern mit einem sehr geringen Rutschungszellenanteil auch dementsprechend weniger Nichtrutschungen zum Training verwendet werden.

Bei diesen Untersuchungen wurden Datensätze mit dem Clusterverfahren generiert, die weiters mit Klassifikationsbäumen klassifiziert wurden. Zum Vergleich werden die Ergebnisse angegeben, die mit einer Klassifikation ohne vorheriger Clusterbildung erzielt wurden. Leider liefern die durchgeführten Clustereinteilungen nicht den gewünschten Effekt, wie die Tab. 11.17 zeigt. Darin werden die Erkennungsraten für die Parameterkonstellation *Val-58* zur der Lösung des Zwei-Klassenproblems *Kante-Nichtrutschung* aufgelistet. Vergleicht man die beiden dargestellten Modelle, so fällt auf, dass die Gesamterkennungsrate für das Modell *Val-58,* bei dem vorher eine Clusterbildung vorgenommen wurde, um 4,7 % und die klassenweise gemittelte Erkennungsrate um 2,7 % schlechter abschneidet.

Es hat sich daher schon nach kurzer Zeit gezeigt, dass mit dem K-Means-Verfahren Datensätze generiert werden, die nicht zu besseren Klassifikationsergebnissen führen. Aus diesen Gründen wurde die Idee der Datenreduktion durch Clusterbildung bei dieser Arbeit nicht weiterverfolgt.

Nach dem Abschluss der Analyse sollen nun in diesem Kapitel – dem Postprocessing – die erzielten Ergebnisse der Tests, die mit unterschiedlichen Klassifikatoren durchgeführt wurden, vergleichend analysiert und diskutiert werden. Ferner soll auch auf die Anwendung des Verfahrens in der Gefahrenbeurteilung

Tab. 11.17 Erkennungsraten bei der Klassifikation des Zwei-Klassenproblems *Kante-Nichtrutschung* mit Entscheidungsbäumen mit und ohne vorrausgehender Clusterbildung unter Verwendung des K-Means-Algorithmus, HAMBERGER (2007)

Klassifikator	Modell	Erkennungsraten (%)	
		Gesamt	Klassenweise gemittelt
Klassifikationsbaum mit vorrausgehender Clusterbildung	*Val-58*	70,6	71,0
Klassifikationsbaum ohne vorrausgehender Clusterbildung	*Val-58*	74,3	73,7

eingegangen werden sowie Anregungen gegeben werden, welche Möglichkeiten der Weiterentwicklung bestehen.

11.2.8 Diskussion der Ergebnisse der Klassifikation

Bei den Analysen wurden jeweils die Parameterkonstellationen gesucht, die zum einen das Zwei-Klassenproblem Kante-Nichtrutschung und zum anderen das Zwei-Klassenproblem Rutschung-Nichtrutschung unter Verwendung verschiedener Klassifikatoren am besten lösen. Da die Ergebnisse der beiden Problemlösungsansätze sehr unterschiedlich sind, sollen zunächst die Ergebnisse des Zwei-Klassenproblems *Kante-Nichtrutschung* und anschließend die Ergebnisse des Zwei-Klassenproblems *Rutschung-Nichtrutschung* diskutiert werden.

Die Tab. 11.18 gibt eine Zusammenfassung der bei den Testreihen erzielten Ergebnisse zur Lösung des Zwei-Klassenproblems *Kante-Nichtrutschung* wieder, bei denen die unterschiedlichen Klassifikatoren mit Modellen getestet wurden, die während der Parameteridentifikation bzw. Validierung mit der LDA entwickelt wurden.

Die dargestellte Tab. 11.18 verdeutlicht vorallem, dass kein enorm großer Unterschied bei den Gesamterkennungsraten zwischen den einzelnen Modellen, die mit den unterschiedlichen Klassifikatoren getestet wurden, besteht. Die Differenz zwischen der besten (74,4 %) und der schlechtesten (70,7 %) Gesamterkennungsrate beträgt lediglich 3,7 %. Während bei der LDA und den SVMs die Unterschiede bei den Gesamterkennungsraten zwischen den einzelnen Modellen bei 3,3 % (LDA) bzw. 3,0 % (SVMs) liegen, beträgt dieser bei den Klassifikationsbäumen nur 1,3 %. Die höchsten Gesamterkennungsraten werden mit den Modellen erreicht, die mit den Klassifikationsbäumen getestet wurden und nur eine geringe Parameteranzahl verwenden.

Tab. 11.18 Vergleich der Erkennungsraten der Testdurchläufe zur Lösung des Zwei-Klassenproblems *Kante-Nichtrutschung* (* KA = Kante, NR = Nichtrutschungen), HAMBERGER (2007)

Modell		Erkennungsraten (%)					
Name	Anzahl Param.	LDA		SVM		Klass.bäume	
		Gesamt	KA/NR*	Gesamt	KA/NR*	Gesamt	KA/NR*
Val-34	34	73,0	78,5/64,3	–	–/–	74,3	77,9/69,0
Val-58	58	73,1	78,2/64,1	70,9	78,5/61,2	74,3	74,2/73,1
Val-326	326	74,0	79,0/65,8	71,8	80,0/61,0	74,4	74,3/72,3
Val-339	339	73,8	78,2/65,9	–	–/–	73,7	75,5/70,5
Val-391	391	74,0	79,0/65,8	–	–/–	73,5	75,3/69,9
Val-962	962	73,7	79,8/65,8	73,9	77,9/66,2	73,7	75,0/71,5
Val-1200	1200	71,1	74,0/65,4	73,7	80,7/63,7	74,1	69,7/76,1
Val-3200	3200	70,7	72,5/66,8	71,8	79,2/61,8	73,1	71,2/73,4

Größere Differenzen weisen jedoch die Ergebnisse der Auswertung der Verwechslungsmatrizen auf. Diese werden durch die Angabe der Erkennungsraten der einzelnen Klassen – Kantenklasse (KA) und Nichtrutschungsklasse (NR) – in der Tab. 11.18 repräsentiert. In fast allen Modellen treten weniger Fehler bei der Zuordnung der Kantenzellen zu der Kantenklasse auf als bei der Zuordnung der Nichtrutschungszellen zu der Nichtrutschungsklasse. Teilweise werden bei den SVMs über 80 % der Kantenzellen richtig zugeordnet. Auch bei der LDA sind diese Werte zwischen 72,5 % und 79,8 % relativ hoch. Bei den Klassifikationsbäumen werden ca. drei Viertel der Kanten richtig zugeordnet.

Dagegen werden die Nichtrutschungszellen vor allem mit den Modellen der SVMs aber auch der LDA wesentlich schlechter erkannt. Die höchsten Erkennungsraten mit bis zu 76,1 % in dieser Klasse werden ausschließlich unter Verwendung der Klassifikationsbäume erzielt. Bei der LDA liegt dieser Wert bei ca. 65 %, bei den SVMs meist noch etwas niedriger. Somit beträgt die Differenz zwischen den Erkennungsraten der Kanten- und der Nichtrutschungsklasse bei der LDA zwischen 5,7 % und 14,1 %, bei den SVMs zwischen 11,7 % und 19 % und bei den Klassifikationsbäumen zwischen 1,1 % und 8,9 %.

Aufgrund der wesentlich geringeren Differenz zwischen den Erkennungsraten der einzelnen Klassen aber auch bedingt durch die meist höheren Gesamterkennungsraten, liefern die Modelle, die mit den Klassifikationsbäumen getestet wurden, die besten Ergebnisse. Die besten Modelle dieser Testreihe sind die Modelle *Val-58* und *Val-326,* sofern diese mit den Klassifikationsbäumen klassifiziert wurden. Zum einen werden mit diesen Modellen Gesamterkennungsraten von über 74 % erzielt, und zum anderen liegt die Differenz der Erkennungsraten zwischen den beiden Klassen bei nur bei 1,1 bzw. 2,0 %.

Ist jedoch die Fragestellung gegeben, welches Modell am besten die Rutschungen erkennt, wobei hier die Erkennungsraten der Nichtrutschungsklasse nicht berücksichtigt werden, so liefert das Modell *Val-1200* bei der Klassifikation mit SVMs das beste Ergebnis. Bei dieser Fragestellung arbeiten die Klassifikationsbäume wesentlich ineffizienter, während auch mit der LDA gute Ergebnisse erreicht werden können. Eine Diskussion zu dieser Fragestellung und deren Auswirkung auf die Gefahrenbeurteilung erfolgt im Abschn. 11.2.9.

Basierend auf den Validierungsergebnissen des Drei-Klassenproblems *Kante-Fläche-Nichtrutschung* (s. Abschn. 11.2.6) wurde in einer zweiten Testreihe durch Hinzunahme der Rutschungsflächen versucht, das Zwei-Klassenproblem *Rutschung-Nichtrutschung* möglichst effizient zu lösen. Eine Zusammenfassung der erzielten Ergebnisse gibt die Tab. 11.19.

Gegenüber der Lösung des Zwei-Klassenproblems Kante-Nichtrutschung wurde z. T. eine Verbesserung bei den Gesamterkennungsraten erreicht. Der Vergleich mit dem Zwei-Klassenproblem Kante-Nichtrutschung bringt auch hervor, dass bei der Lösung dieses Zwei-Klassenproblems die Unterschiede zwischen den einzelnen Klassifikatoren viel stärker ausgeprägt sind. Während mit den schlechtesten Modellen nur knapp zwei Drittel der Zellen richtig zugeordnet wurden, erfolgte bei den besten Modellen eine richtige Zuordnung bei über drei Viertel der untersuchten Zellen. Die besten Ergebnisse bei den Gesamterkennungsraten

Tab. 11.19 Vergleich der Erkennungsraten der Testdurchläufe zur Lösung des Zwei-Klassenproblems *Rutschung-Nichtrutschung* (* RU = Rutschung, NR = Nichtrutschungen), HAMBERGER (2007)

Modell		Erkennungsraten (%)					
Name	Anzahl Param.	LDA		SVM		Klass.bäume	
		Gesamt	RU/NR*	Gesamt	RU/NR*	Gesamt	RU/NR*
Val-58	58	72,9	79,5/63,8	71,2	78,1/62,8	72,1	58,8/83,3
Val-326	326	74,8	80,9/67,0	70,7	73,4/64,3	67,2	58,2/73,7
Val-391	391	75,2	81,1/67,7	71,7	80,5/60,4	66,3	57,2/73,3
Val-401	401	75,4	81,0/68,1	72,1	78,8/62,6	71,4	59,2/81,7
Val-962	962	74,4	77,1/69,7	73,5	79,9/64,3	72,9	61,8/81,6
Val-1200	1200	73,6	76,0/69,5	73,0	79,5/63,6	71,5	57,9/82,5

liefern hier die Testdurchläufe, die mit der LDA vollzogen wurden. Beim besten Modell Val-401 lag die Gesamterkennungsrate bei 75,4 %, wobei hier bemerkt werden sollte, dass dieses Modell speziell für die Lösung dieses Zwei-Klassenproblems generiert wurde. Die SVM-Tests schneiden bei allen Modellen etwas schlechter ab als die Tests, die mit der LDA durchgeführt wurden. Generell zeigt sich auch hier bei den SVMs, dass Modelle mit einer hohen Anzahl an Parametern eine bessere Performance aufweisen. Entgegen den Erwartungen aus der ersten Testreihe konnten mit keinem Modell unter Verwendung der Klassifikationsbäume zufriedenstellende Ergebnisse erzielt werden. Da jedoch besonders die für die Lösung dieses Zwei-Klassenproblem entwickelten Modelle am schlechtesten abschneiden, ist es fraglich, ob die Parameterauswahl, die mit der LDA getroffen wurde, die günstigste ist.

Interessante Ergebnisse liefert auch die Auswertung der Verwechslungsmatrizen, die ebenfalls in der Tab. 11.19 wiedergegeben wird. Bei der LDA und den SVMs werden in allen Fällen die Rutschungen wesentlich besser erkannt als die Nichtrutschungen. Dagegen werden bei den Modellen, die mit den Klassifikationsbäumen getestet wurden, stets erheblich mehr Nichtrutschungszellen richtig zugeordnet als Rutschungszellen. Während der Betrag der Differenz zwischen den Erkennungsraten der Rutschungsklasse und der Nichtrutschungsklasse bei der LDA zwischen 6,5 % und 15,7 % liegt, beträgt dieser Bereich bei den SVMs 9,1 bis 20,1 % und bei den Klassifikationsbäumen 15,5 bis 24,6 %. Auch hier zeigt die LDA in den meisten Fällen die geringsten Differenzen. Nur bei den Modellen *Val-962* und *Val-1200* werden mit den SVMs höhere Erkennungsraten bei den Rutschungszellen als mit der LDA erzielt, wobei hier sowohl die Gesamterkennungsraten als auch die Differenz zwischen den einzelnen Klassen schlechter abschneiden. Mit den Modellen *Val-391* und *Val-401* werden bei der LDA 81,0 bzw. 81,1 % der Rutschungen richtig zugeordnet. Auch bei den SVMs erzeugt das Modell *Val-391* das beste Ergebnis. Die Nichtrutschungen werden sowohl bei der LDA (69,7 %) als auch bei den SVMs (64,3 %) am zuverlässigsten mit dem Modell *Val-962* erkannt. Im Gegensatz hierzu erfolgt eine richtige Zuordnung der Rutschungszellen beim Einsatz der Klassifikationsbäume beim besten Modell *Val-962* in nur 61,8 % der Fälle. Die Nichtrutschungen jedoch werden mit bis zu 83,3 % richtig erkannt. Obwohl auch mit einigen Modellen mit sehr hohen Parameteranzahlen und unter Verwendung der Klassifikationsbäume beim Zwei-Klassenproblem *Kante-Nichtrutschung* mehr Nichtrutschungen als Rutschungen richtig zugeordnet wurden, sind die durchwegs extrem schlechten Werte bei den Erkennungsraten der Rutschungszellen und die sehr hohen Werte bei der Nichtrutschungsklasse nicht zu erklären.

Zum Abschluss der Diskussion bleibt nun die Frage offen, welches der beiden untersuchten und getesteten Zwei-Klassenprobleme effizienter bei der automatischen Rutschungserkennung arbeitet.

Die höchste Gesamterkennungsrate mit 75,4 % erzielte das Modell *Val-401* bei der Lösung des Zwei-Klassenproblems *Rutschung-Nichtrutschung* unter Verwendung der Linearen Diskriminanzanalyse. Generell konnte nur die LDA dieses Zwei-Klassenproblem besser lösen als das Zwei-Klassenproblem *Kante-Nichtrutschung*. Die Klassifikationsbäume überzeugten jedoch beim Zwei-Klassenproblem *Kante-Nichtrutschung*. Hier wurden mit den Modellen *Val-58* und *Val-326* etwa 1 % niedrigere Gesamterkennungsraten erreicht. Gerade das Ergebnis des Modells *Val-58,* bei dem keine Parameter aus der Rutschungsumgebung miteinfließen, wirft die Frage auf, ob das Einbeziehen der Zellennachbarschaft bei der Rutschungserkennung effizient und sinnvoll ist. An dieser Stelle muss man davon ausgehen, dass bei den getesteten Modellen zur Lösung des Zwei-Klassenproblems *Kante-Nichtrutschung* die Einbeziehung der Rutschungsumgebung zu keiner Verbesserung der Ergebnisse führt. Jedoch sollte nicht vergessen werden, dass auch mit den Klassifikationsbäumen nur Modelle getestet wurden, die mit der LDA entwickelt wurden. Eine umfangreiche Parameteridentifikation mit Klassifikationsbäumen, wie sie mit der LDA vorgenommen wurde, wurde im Rahmen dieser Arbeit nicht durchgeführt.

Die Verwendung der in anderen Bereichen sehr gut arbeitenden Support Vector Machines hat sich sowohl beim Zwei-Klassenproblem *Kante-Nichtrutschung* als auch beim Zwei-Klassenproblem *Rutschung-Nichtrutschung* nicht bewährt, wobei auch hier erwähnt werden muss, dass keine Parameteridentifikation mit SVMs erfolgte. Dies ist jedoch auch zu diesem Zeitpunkt aufgrund der extrem hohen Rechenzeiten pro Validierungsdurchlauf nicht möglich.

Aufgrund der erheblich höheren Differenzen bei den Erkennungsraten der einzelnen Klassen beim Zwei-Klassenproblem *Rutschung-Nichtrutschung* – im Gegensatz zu den Ergebnissen der Klassifikationsbäume bei der Lösung des Zwei-Klassenproblems *Kante-Nichtrutschung* – kann abschließend festgehalten werden, dass durch die Hinzunahme der Rutschungsflächen die Erwartungen nicht erfüllt wurden. Bei der Hinzunahme der Rutschungsflächen zu den Rutschungskanten könnte eventuell das Problem bestehen, dass Abhängigkeiten zwischen diesen beiden Rutschungselementen bestehen, da sich beide in unmittelbarer Nähe zueinander befinden. Eine andere Erklärung für die nicht zufriedenstellende Lösung des Zwei-Klassenproblems *Rutschung-Nichtrutschung* sind eventuelle Unterschiede bei den Rutschungselementen *Kante* und *Rutschungsfläche*. Hier könnte der Klassifikator Probleme haben, eine allgemeingültige Klassifikationsregel zu finden, die beiden Rutschungselementen gerecht wird. Dies äußert sich dann in guten Erkennungsraten bei der Validierung und schlechten Ergebnissen während der Testphase.

Reduziert man die Fragstellung auf die Erkennung der Rutschungskanten bzw. Rutschungen, welche häufig bei vergleichbaren Untersuchungen z. B. von LIENER (2000) analysiert wird, können Ergebnisse von über 80 % erreicht werden.

11.2.9 Anwendung der Modelle zur Gefahrenbeurteilung, Ausblick

Die Entwicklung der Modelle hatte das Ziel, eine effiziente Methode zur Gefahrenbeurteilung von anbruchsgefährdeten Hängen zu erschaffen. Während zu Beginn der Entwicklung versucht wurde, möglichst hohe Gesamterkennungsraten zu erzielen oder einen Großteil der Rutschungen zu erkennen, hat sich jedoch im Laufe der Arbeit gezeigt, dass es vor allem wichtig ist, Modelle zu generieren, die der Anwendung in der Praxis gerecht werden. Hierfür war es notwendig, zu analysieren, in welchen Bereichen der Klassifikator Fehler macht. Durch die Auswertung der Verwechslungsmatrizen und die Angabe der Erkennungsraten der beiden Klassen konnten die Stärken und die Schwächen, wie sie oben dargestellt wurden, erkannt werden.

Transformiert man die Ergebnisse der Verwechslungsmatrizen auf die Praxis, so lassen sich folgende Fälle unterscheiden:

- Fall A: Rutschungszelle der Rutschungsklasse zugeordnet → richtige Zuordnung
- Fall B: Nichtrutschungszelle der Nichtrutschungsklasse zugeordnet → richtige Zuordnung
- Fall C: Rutschungszelle der Nichtrutschungsklasse zugeordnet → falsche Zuordnung
- Fall D: Nichtrutschungszelle der Rutschungsklasse zugeordnet → falsche Zuordnung

Überträgt man das Modell auf eine anderes Gebiet, so kann eine falsche Zuordnung enorme Auswirkungen besitzen. Im Fall C wird eine potenzielle Rutschungsfläche als ungefährdeter Bereich deklariert. Im Falle eines Ereignisses kann bei einer Nutzung Schaden entstehen. Im Fall D wird nicht gefährdetes Gebiet als gefährdetes Gebiet ausgewiesen. Bei einem Ereignis wird dort jedoch keine Rutschungstätigkeit stattfinden. Eine Nutzung dieses Gebietes wurde somit fälschlicherweise untersagt, was eventuell erhebliche finanzielle Folgen nach sich zog. Anhand dieser beiden Fälle kann man sehr gut erkennen, wie wichtig es ist, nicht nur die Rutschungszellen richtig zuzuordnen, sondern auch bei den Nichtrutschungzellen hohe Erkennungsraten zu erreichen.

Bereits die Diskussion im vorangegangen Abschn. 11.2.8 zeigt, dass eine Anwendung in der Praxis zwei Wege ermöglicht. Im ersten Fall klassifiziert man nur nach Rutschungskanten und Nichtrutschungen. Hierbei hat sich das Modell bewährt, bei dem nicht die Rutschungsumgebung miteinfließt. Will man ein in dieser Arbeit entwickeltes Modell, in einem anderen Gebiet anwenden, so müssten aufgrund der Arbeitsweise der Klassifikatoren zwei Schritte erfolgen:

1. Training des Klassifikators mit dem hier verwendeten Datensatz (Datensatz von Sachseln): Bei diesem Schritt wird, wie im Abschn. 11.1 beschrieben, die Klassifikationsregel erstellt.
2. Test des Klassifikators mit dem neuen Datensatz (Datensatz des zu untersuchenden Gebietes): Hierbei wird die oben entwickelte Klassifikationsregel im zu untersuchenden Gebiet angewendet.

Es war möglich, grundlegende Erkenntnisse zur Rutschungserkennung mit unterschiedlichen Klassifikationssystemen zu erzielen.

Wie bereits in den vorangegangenen Kapiteln erwähnt, gab es z. T. erste Ansätze zu verschiedenen Entwicklungen, die jedoch aus Zeitgründen und aufgrund der Komplexität des im Rahmen dieser Arbeit untersuchten Problems nicht untersucht wurden. Der Ausblick soll Anregungen geben, inwieweit die erzielten Ergebnisse die Grundlage für weiterreichende Untersuchungen im Bereich der Gefahrenbeurteilung bilden könnten.

Da die lineare Diskriminanzanalyse nicht nur bei der Parameteridentifikation, sondern auch bei vielen Tests eingesetzt wurde, besteht wenig Hoffnung, bessere Ergebnisse mit diesem Klassifikator zu erreichen.

Dagegen besitzen die anderen verwendeten Klassifikatoren eventuell noch Potenzial. Gerade bei den Klassifikationsbäumen wäre es aufgrund der ebenfalls sehr kurzen Rechenzeiten pro Validierungs-/Testdurchlauf denkbar, dieses Verfahren auch in der Validierungsphase einzusetzen. Das Ziel hierbei wäre zum einen, bei dem bereits sehr gut gelösten Zwei-Klassenproblem Kante-Nichtrutschung weitere Verbesserungen mit etwas anderen Parameterkonstellationen zu erzielen. Zum anderen wären für die Lösung des Zwei-Klassenproblems Rutschung-Nichtrutschung andere Modelle denkbar, die das, zu diesem Zeitpunkt eher unzureichend gelöste Problem, besser lösen.

Sollten in Zukunft erheblich leistungsfähigere PCs für derartige Analysen zur Verfügung stehen, wären auch Verbesserungen bei der Klassifikation mit Support-Vector-Machines möglich, indem auch hier der Klassifikator bereits in der Validierungsphase zum Einsatz kommt.

Um jedoch eine Anwendung der entwickelten Modelle im Bereich der Gefahrenbeurteilung bzw. Gefahrenzonenplanung zu ermöglichen, wäre es wünschenswert, vorab die Modelle in einem oder mehreren anderen Gebieten ausgiebig zu testen, um die hier erzielten Ergebnisse weiters zu verifizieren.

Klimawandel – Hangmuren

12

In der Tab. 12.1 können Änderungen der klimatischen Faktoren entnommen werden, die zum Entstehen von Rutschungen beitragen können. Aufgeführt sind in der modifizierten Tabelle von CROZIER (2010) und GARIANO & GUZZETTI (2016) nur die drei dominanten Faktoren „Increased precipitation total“, „Increased rainfall intensity“ und „Increase in air temperature“ aufgeführt, die zu einem verstärkten Auftreten von Hangbewegungen führen können.

Schon Anfang des 21. Jahrhunderts weist das OcCC (Organe consultatif sur les changements climatiques) in der Schweiz gerade im Hinblick auf die Entstehung von spontanen Hangbewegungen in alpinen Hangbereichen auf die Schwierigkeit einer Prognose hin. Es wird hervorgehoben, dass für extreme Starkniederschläge keine verlässlichen Aussagen über Trends möglich sind, da seltene Ergebnisse statistisch schlecht erfassbar sind. Besonders für sommerliche Starkniederschläge im Alpenraum sind weder qualitative noch quantitative Angaben möglich. Ganz allgemein zeigen aber verschiedene globale Klimaszenarien für die zweite Hälfte des 21. Jahrhunderts auf eine globale Zunahme der mittleren Niederschlagsintensität und der Häufigkeit von intensiven Tagesniederschlägen hin. Die Intensivierung des Wasserkreislaufes könnte vor allem eine Zunahme von Starkniederschlägen von langer Dauer bewirken. Diese würden z. B. zu einer Verstärkung besonders der extremen herbstlichen Ereignisse auf der Alpensüdseite erbringen (OcCC 2003). Die in den weiteren Jahren vorgelegten Ergebnissen konnten die angedeuteten Schwierigkeiten einer quantitativen Prognose nicht ausräumen.

Bei allen Fragen zum Klimawandel und speziell zu den komplexen Gegebenheiten der Änderungen von Niederschlagssummen und Niederschlagsintensitäten kommt das „Global circular model (GCM)“ zur Diskussion. So äußern sich z. B. GARIANO & GUZZETTI (2016:227): „ Warming of the Earth climate system is unequivocal. That climate changes affect the stability of natural and engineered slopes and have consequences on landslides, is also undisputable. Less clear is the type, extent, magnitude and direction of the changes in the stability conditions,

M. Moser et al., *Hangmuren,* https://doi.org/10.1007/978-3-662-70285-7_12

Tab. 12.1 Potenzial slope stability responses to changes in climatic factors. (Modified after CROZIER (2010), GARIANO & GUZZETTI (2016))

Change in climatic factor	Process affected	Effects on landslide response
Increased precipitation total	Wetter antecedent conditions Increased weight Higher water table for longer periods Increased river discharge	Less rainfall required to attain critical water content Reduction in soil suction and cohesion Increased shear stress Higher water table and reduction in shear strength Increased bulk density More frequent achievement of critical water content Increased bank erosion and removal of basal slope support Higher lake levels Higher coastal water tables Larger drawdown events and related drag forces
Increased rainfall intensity	Infiltration exceeds subsurface drainage Increased through flow Increased surface runoff	Build of perched water tables Reduction of effective normal stress Reduction in shear strength Increase seepage and drag forces Piping Increased surface erosion
Increase in air temperature	Higher evapotranspiration More abundant vegetation Higher hydraulic conductivity Rapid snowmelt Reduction in interstitial ice and permafrost	Reduction in antecedent water conditions More rainfall required to trigger landslides Higher evapotranspiration Reduced infiltration rate Higher root cohesion Higher infiltration Buildup of water tables, reduction of effective normal stress Higher runoff and infiltration Reduction in shear strength, reduction in cohesion in jointed rock masses Reduction in rock mass strength

and on the location, abundance, activity and frequency of landslides in response to the projected climate change."

Auch bei spezielleren Aussagen zum Klimawandel hinsichtlich des möglichen verstärkten Auftretens von Hangbewegungen in Lockergesteinen werden seit 20 Jahren immer wieder auf Schwierigkeiten hingewiesen. So äußern sich z. B. COE & GODT (2012:371): „First, landslide activity is difficult to forecast in a static climate, so forecasting landslide activity in a changing climate is challenging at best. Second, projections of changes in precipitation tend to focus on projection of mean conditions for relatively large areas rather than on the frequency and magnitude of extremes. Such projections poorly correspond with the temporal and spatial scale of landslide occurrence and hazard assessments."

Weiterhin wird auf die Ungewissheit der Vorhersage kurzer Starkregenfälle und einer Erhöhung der Lufttemperatur hingewiesen. So äußern sich COE & GODT (2012:375): „These shortterm phenomena are often the trigger of shallow landslides and debris flows, therefore, characterizing the impact of climate change on these types of landslides will remain difficult. The uncertainty of long-term (e.g., seasonal to annual) downscaled projections is less than for short-term extreme storm predictions, and estimates of changes in long-term precipitation and temperature patterns are readily available. With increasing temperatures, a greater portion of total precipitation is expected to fall in extreme precipitation events (e.g., KARL et al., 2008). As the understanding of the magnitude and frequency of these events at specific locations advances, and the uncertainty in downscaled precipitation projections is reduced, our confidence in studies of changes in hazard associated with shallow landslides and debris flow increases."

Insgesamt lassen die Untersuchungen der letzten 20 Jahren erkennen, dass es immer noch schwierig ist, genaue Aussagen hinsichtlich des Klimawandels bei der Entstehung von Lockergesteinsrutschungen und Hangmuren anlässlich von Starkniederschlägen zu machen. Einstimmig wird zwar hervorgehoben, dass die prognostizierten höheren Temperaturen zu einem vermehrten Auftreten von Starkniederschlägen führen werden. Eine genaue Angabe zur Veränderung der Niederschlagsintensitäten und der Niederschlagsdauer besonders für lokale Bereich in 10 km^2-Bereich ist bis jetzt nur im sehr begrenztem Maße möglich.

Zusammenfassung 13

Die Analysen von Niederschlagskatastrophen der letzten 50 Jahre in den Südalpen aber auch im Veltlin, in Piemont, in Ligurien und der Schweiz zeigen, dass für die Entstehung von flachgründigen Hangbewegungen oft in Form von Hangmuren ein komplexer Faktorenkatalog zu berücksichtigen ist.

Da bei den immer wiederkehrenden Starkniederschlägen enorme Schäden an Siedlungen, Straßen und Infrastruktur entstehen und auch Tote zu beklagen sind, werden solche Analysen notwendig sein, um besser potenzielle Gefahrenherde in Hangbereichen ausscheiden zu können.

Das Gesamtphänomen der Entstehung der Hangmuren muss dabei sowohl die auslösenden Ursachen in Form der Niederschlagscharakteristik als auch die mittelbaren Faktoren berücksichtigen. Dies wird besonders in diesen Gebieten notwendig sein, in denen in Folge des prognostizierten Klimawandels mit einem stärkeren Anstieg von Starkniederschlägen aber auch mit einer vermehrten Niederschlagsmenge vor dem Ereignis zu rechnen ist.

Auslösende Ursachen

Die auslösenden Ursachen sind immer mit einer speziellen Niederschlagscharakteristik zu sehen, wobei Größe und Vorgang der Hangbewegung eine Funktion der Niederschlagsintensität und der Dauer ist. So liefern Starkniederschläge kurzer Dauer aber hoher Intensität Murgänge mit starken Erosionserscheinungen in häufig vorgezeichneten Gerinneabschnitten, dagegen Landregen eintägiger und längerer Dauer aber wesentlich geringerer Intensität ein vielfältiges Angebot der verschiedensten Arten von flachgründigen Hangbewegungen in Lockergesteinen. Zudem ist es möglich, aufgrund immer wieder der zahlreichen aufgetretenen Hangbewegungen statistische Analysen zu erstellen. Die Auswertung stattgefundener Hangbewegungen macht es möglich, einen kritischen Bereich hinsichtlich der Niederschlagscharakteristik anzugeben, unter dem eine Entstehung von flachgründigen Hangbewegungen, sehr oft in Form von Hangmuren, unwahrscheinlich ist. Insbesondere konnte aufgrund der

M. Moser et al., *Hangmuren*, https://doi.org/10.1007/978-3-662-70285-7_13

statistischen Auswertung vornehmlich von hangmurenartigen Lockergesteinsrutschungen z. B. in den Dolomiten, dem Veltlin und dem Piemont verfeinerte regionale Grenzwertkurven mithilfe der Niederschlagsintensität und Niederschlagsdauer entwickelt werden. Solche Untersuchungen mithilfe von Grenzwertkurven fanden auch sinnvollerweise Eingang in Warnsystemen. Es wurde festgestellt, dass empirisch erstellte Grenzwertkurven ein fundamentales Element für ein „realtime" Warnsystem darstellen.

Geometrische Daten der Hangbewegungen
Die detaillierte Auswertung der geometrischen Daten von flachgründigen Lockergesteinsrutschungen anlässlich von Starkniederschlägen bieten ein weitgehend homogenes Bild.

- Länge: vorwiegend 5–10 m und 15–20 m, >30 m <10 %, >45 m nur vereinzelt
- Breite: vorwiegend 5–10 m und 10–15 m, >30 m <10 %
- Fläche: vorwiegend 50–100 m^2 und 100–200 m^2, >800m^2 <5 %, nur vereinzelt >1000 m^2
- Tiefe: vorwiegend <1 m und 1–2 m, >2 m <5 %
- Volumen: vorwiegend <200 m^3, >1000 m^3 <5 %

Offenbar spielt die Ausbildung der Lockergesteine in Form von Verwitterungs- und Hangschuttdecken und auch die Eigenschaften der unterlagernden Festgesteine eine untergeordnete Rolle. Hinsichtlich der kleinen Flächen und Volumina muss besonders die Mächtigkeit der Lockergesteinsdecke in Betracht gezogen werden, die selten 5 m überschreitet.

Bei allen genauer untersuchten Hangmuren ergibt sich hinsichtlich der Geometrie ein weitgehend homogenes Bild. Bei den Flächen hat die Gruppe von 100–200 m^2 auf Freilandböden die größte Verbreitung. Flächen größer 1000 m^2 weisen Häufigkeiten <5 % auf. Große Flächen >1000 m^2 sind an Bereiche mit geschädigtem Waldbestand und besonders an Gebiete mit Sturmschäden geknüpft (z. B. Niederschlagsereignisse 1966 in Oberkärnten).

Die maximale Tiefe der Hangbewegungen liegt hauptsächlich in der Klasse 1–2 m. Die Untersuchungen von Hangbewegungen in der Schweiz 2002–2005 zeigten, dass die Tiefen sich in Freiland und Wald nur geringfügig unterscheiden. Auch konnte festgestellt werden, dass die durchschnittliche Tiefe der Anbrüche hauptsächlich in der Klasse bis 1 m liegt (Niederschlagsereignis 1997 in Sachseln/Kanton Obwalden). Aufgrund der hauptsächlich aufgetretenen Flächen und Tiefen herrschen Volumina von weniger als 200 m^3 vor. Volumina >1000 m^3 sind <5 % vertreten.

Vorgang der Hangbewegungen
Durch die genau analysierten Niederschlagsereignisse war es möglich den Vorgang der Hangbewegungen näher zu charakterisieren. Es hat sich gezeigt, dass 60 % der Hangbewegungen einen translationsförmigen Charakter aufweisen. Die Gleitzone entwickelte sich zwischen der Felslinie und der Hang- und

Verwitterungsschuttdecke, innerhalb der Hangschuttdecke selbst und an der Basis des Durchwurzelungshorizontes („Grasnarbenrutschungen"). Besonders durch die Niederschlagsereignisse 1966 und 1975 konnte dem Vorgang der Hangbewegung mithilfe des T/L Verhältnisses nachgegangen werden. Die Mittelwerte der T/L Verhältnisse liegen für sehr flachgründige Hangbewegungen bei 0,04, bei tiefergreifenden bei 0,05–0,1.

Tiefergreifende Hangbewegungen mit zum Teil rotationsförmigen Anteil im oberen Bereich der Anbrüchen weisen dagegen Mittelwerte des T/L Verhältnisses von 0,15–0,2 auf. Reine rotationsförmige Hangbewegungen, wie sie für Tone typisch sind, können aufgrund des Aufbaus der Lockergesteinsdecke nur in seltenen Fällen beobachtet werden.

Die extreme Hangwasserführung (z. B. Schneeschmelze 1975 in Oberkärnten) führte zudem zu Hangwasserexplosionen, die länger durchhaltende rotationsförmige Gleitflächen nicht ermöglichten.

Bei einigen Hangbewegungen konnte der Nachweis von Suffusions- und Erosionsvorgänge erbracht werden. Besonders innerer Erosionsvorgänge bilden in den schwach bindigen Lockergesteinskörper Röhrensysteme („piping") aus, die einen erheblichen Teil des Wasserabflusses bedingen können. Bei Querschnittsverengungen im Hangprofil können in kurzer Zeit lokal starke Porenwasserüberdrücke entstehen, die mit zu den verantwortlichen Auslösefaktoren für Hangmuren gezählt werden müssen.

Weiterhin kann festgestellt werden, dass der Gleitkörper selbst aufgrund des enormen Zutritts von Hangwasser selten erhalten war. Es erfolgte ein Abtransport in die unteren Hangbereiche als Schutt- und Murgang. Diese Sekundärmassenbewegungen führten zu Beeinträchtigungen von Siedlungen und auch zu Todesopfern.

Analyse der mittelbaren Faktoren

Die Aufnahme zahlreicher Hangbewegungen in Form von flachgründigen Hangbewegungen zeigen, dass neben der Niederschlagscharakteristik mehrere mittelbare Faktoren Größe und Vorgang bestimmen. Als besonders dominant sind die geologisch-geotechnischen Kennziffern der Lockergesteinsdecke, die Hangneigung, die Morphologie und die Vegetation anzusehen. Als weniger einflussreich müssen die Hangexposition, die absolute Höhenlage, die Lage der Hangbewegung gegenüber Gewässern (lokale Erosionsbasis) und die anthropogene Beeinflussung erachtet werden. Bei intensiv land- und forstwirtschaftlich genutzten Gebieten kann letztgenannte Beeinflussung eine erhebliche Rolle spielen (z. B. Güterwegebau Niederschlagsereignis 1966 in Kärnten und Voldertal-Inntal/Tirol 1985).

Geologisch-geotechnische Kennziffern

Die Untersuchungen verschiedener geologischer Gebiete weisen darauf hin, dass vor allem Hang- und Verwitterungsschuttdecken Ausgangspunkte sind. Bei den Hangschuttdecken auf kristallinen Schiefern der Ereignisse in Oberkärnten sind die betroffenen Lockergesteine nach DIN4022 als stark schluffiger, schwach kiesiger Sand bis schluffig sandiger Kies zu bezeichnen. Die Lockergesteine sind bei großem Ungleichförmigkeitsgrad mit geringen Plastizitätszahlen sehr empfindlich gegen Wassergehaltsänderungen. Die starke Vermurung unterhalb der Geländebrüche zeigt, dass vielfach eine Verflüssigung mächtiger Bodenpartien erfolgte. Bereiche mit hohem Mergelanteil (z. B. Sachseln/Kanton Obwalden) weißen häufig eine starke Verwitterung der Felsoberfläche auf. Bei Wasserzutritt besitzt die Verwitterungsschichte einen destabilisierenden Charakter und erweist sich nicht selten als Gleitfläche der Rutschung, besonders wenn die Schichten hanggleich orientiert sind. Die schwach bindigen Böden auf kristallinen Schiefern (z. B. Niederschlagsereignisse 1966 und 1975 in Kärnten) weisen Reibungswerte von 35–38° auf. Hang- und Verwitterungsschuttdecken von Kalken und Kalkmergeln weisen dagegen größere Anteile in der Schluff- und Tonfraktion auf (Niederschlagsereignis 1997 in Sachseln/Kanton Obwalden).

Hangneigung und Hangmorphologie
Die ausgewerteten Niederschlagsereignisse zeigen, dass Hangbereiche kleiner 20° und größer 50° nur in sehr geringem Maße betroffen sind. Die stärkste Gefährdung liegt bei gemischtkörnigen Böden mit geringem Tongehalt bei 30–40°. Der untere kritische Hangneigungswinkel von ca. 20° ergibt sich bei der Betrachtung eines vorwiegend kohäsionslosen Bodens mit einer hangparallelen Grundwasserströmung. Der obere begrenzende Hangneigungswinkel von ca. 50° ist mit der Tatsache verknüpft, dass oberhalb von 50° keine durchgehende bzw. nur mehr eine sehr geringmächtige Lockergesteinsdecke durch die dauernden Denudationsprozesse vorhanden ist. Hinsichtlich des Einflusses der Hangneigung auf die Rutschaktivität (R/ha) betreffend Wald und Freiland konnte besonders das Niederschlagsereignis Sachseln/ Kanton Obwalden detaillierte Ergebnisse liefern. Die Rutschaktivität liegt im Freiland bis zu einer Hangneigung von 40° deutlich über der vom Wald. In steileren Gebieten wird der Unterschied gering und ab einer Hangneigung von 40° unterscheidet sich die Wirkung des Freilandes gegenüber dem Wald nicht mehr. Bei einigen Ereignissen kann ein verstärktes Auftreten mit der speziellen Hangformung in Beziehung gesetzt werden. Terrassenkanten müssen aufgrund spezieller hydraulischen Gegebenheiten als besonders gefährdet angesehen werden. Durch einen hangauswärtsgerichteten Strömungsdrucks und Verringerung des Fließquerschnittes ergibt sich eine verstärkte Rutschaktivität. Diese geologisch-morphologische Situation führt im Bereich von Hangkanten zu Hangwasserexplosionen. Weiterhin konnte nachgewiesen werden, dass die spezielle Auswirkung der Morphologie (Hangkanten, Muldenzonen) Auswirkungen auf die Abmessung der Hangbewegungen hat. Solche Gegebenheiten konnten verstärkt bei der Niederschlagsereignissen 1966/1975 in Kärnten und im Schwarzwald 1994–2001 beobachtet werden.

Vegetation
Die näher analysierten Untersuchungen zeigen, dass häufig verallgemeinernde Aussagen über die Anfälligkeit einerseits des Waldes, andererseits der Freilandböden oft den kom-plexen Verhältnissen nicht gerecht wird. So konnte festgestellt werden, dass bei allen näher untersuchten Niederschlagsereignissen die Zahl der entstandenen Anbruchsflächen auf Freilandböden z. T. wesentlich größer als in Wald-

beständen ist. Hiermit werden z. B. die gemachten Äußerungen von STINY (1931), TRICART (1961), ENGELEN (1967), WIECZOREK & SARMIENTO (1988) wiederum bestätigt. Detaillierte Ergebnisse über den Einfluss verschiedener Vegetationstypen auf das Entstehen von Hangbewegungen in Lockergesteinen bei Starkniederschlägen konnte besonders anlässlich des Niederschlagsereignisses in Sachseln/Kanton Obwalden 1997 vorgelegt werden. Es war möglich, neben geometrischen Daten auch hinsichtlich des Zustandes des Waldes Aussagen zur Rutschaktivität zu treffen (RICKLI 2001). Die Abmessungen der Rutschungen in Waldgebieten sind signifikat tiefgründiger und umfassen durchschnittlich ein größeres Volumen. Rutschungen auf Freilandböden überwiegen in den untersten Volumenklassen (20–100 m^3) deutlich. Die verschiedenen Waldzustandskategorien haben großen Einfluss auf die Rutschaktivität. In Schadensflächen der Waldzustandskategorie „schlecht" bedingt unter anderem z. B. durch Windwurf ergibt sich eine 3-fach höhere Rutschaktivität als in den übrigen Waldbeständen. Zur Reduktion des Gefahrenpotenzials sind flächenwirksamen Maßnahmen in Form von Waldpflege vorzusehen. Es wird deutlich, dass die Art der Niederschlagscharakteristik besonders hinsichtlich der Größe der Gesamtanbruchsfläche zu berücksichtigen ist. Bei starkem Sturm sind besonders die flachwurzelnden Fichtenbestände durch Aushebeln gefährdet und bedingen dadurch eine Aufreißen der Bodendecke. Solche Bodenverwundungen sind sehr häufig der Ausgangspunkt großflächiger Anbrüche in Waldbeständen mit der Anzapfung zahlreicher Hangwasseraustritte und Sekundärmassenbewegungen in den unteren Hangbereichen (z. B. Niederschlagsereignis November 1966 im Lesachtal/Kärnten). In diesem Zusammenhang muss auf den Zustand des Waldes und dessen Bedeutung für Gefahrenkarten in Hangbereichen hingewiesen werden (z. B. Niederschlagsereignisse 2002–2005 in der Schweiz).

Weitere mittelbare Faktoren
Von den weiteren Faktoren, die Vorgang und Größe solcher Lockergesteinsrutschungen bedingen können, sind die Hangexposition, die absolute Höhenlage, die Lage der Rutschung gegenüber Gewässern (lokale Erosionsbasis) und die anthropogene Beeinflussung zu nennen. So nehmen z. B. anlässlich der Niederschlagskatastrophe 1975 in Oberkärnten knapp 40 % der Hangbewegungen ihren Ausgangspunkt zum Teil an nicht ordentlich gesicherten, künstlichen Böschungen (Güterwege, Forstwege, Feldwege).

Stabilitätsbetrachtungen flachgründiger Lockergesteinsrutschungen in schwach bindigen Lockergesteinen
Besonders das Niederschlagsereignis 1975 in Oberkärnten konnte für die Stabilitätsbetrachtung von flachgründigen Lockergesteinsrutschungen in Form von Hangmuren neue geotechnische Aspekte liefern. Das Untersuchungsprogramm an 16 Hangbewegungen umfasste neben Aufnahmen und Untersuchungen im Feld auch umfangreiche Laborversuche an entnommenen Bodenproben. Die Feldversuche betrafen dichte Bestimmungen in verschiedenen Tiefenlagen der Hangbereiche und Sondierungen mit der leichten Rammsonde. Die Laborversuche betrafen die Kornverteilung und Triaxialversuche an in verschiedenen Tiefen entnommenen

Bodenproben. Im speziellen wurden an einigen Hangbewegungen detaillierte Untersuchungen zur Stabilitätsanalyse durchgeführt. Sie betrafen die Erstellung eines tachymetrischen Planes mit dazugehörigen Längenschnitten. Es war möglich, den kritischen Hangwasserspiegel beim Bruch zu bestimmen. Dieser steig nur in wenigen Fällen bis nahe an die Oberfläche. Die weiteren Auswertungen erlaubten ein Kriterium für die Beurteilung der Hanggefährdung aufzustellen. Für seine Anwendung müssen lediglich der Böschungswinkel sowie das Ergebnis von einfach auszuführenden Sondierungen mit der leichten Rammsonde bekannt sein. Die Stabilitätsanalysen von Verwitterungs- und Hangschuttmassen zeigen, dass der für die Kohäsion wichtige Feinanteil aber auch der Reibungswinkel des Lockermaterials je nach Ausgangsgesteins sehr verschieden sein kann.

Weiterhin zeigt es sich, dass bei Stabilitätsbetrachtungen bei schwach bindigen und stark heterogen aufgebauten Lockergesteinskomplexen neben der Wirkung eines erhöhten Porenwasserdruckes und der Abnahme der scheinbaren Kohäsion auch die Folgen von Suffusions- und Erosionsvorgängen in Betracht gezogen werden müssen. Die Untersuchungen legen die Vermutung nahe, dass durch solche Vorgänge die Stabilität der Hangschuttkörper erheblich herabgesetzt wird.

Gefahrenpotenzial- und beurteilung von flachgründigen Lockergesteinsrutschungen
Hier konnte nachgewiesen werden, dass das zu erwartende Gefahrenpotenzial neben der geotechnischen Ausbildung der Lockergesteine besonders mit den hydrographischen Gegebenheiten einer Region verknüpft ist. Die Untersuchung verschiedener hydrographischer und orographischer Merkmale von Niederschlagsstationen in Kärnten und Osttirol legt die Vermutung nahe, dass mehrere gemessene Variablen eng zusammenhängen und stark miteinander korreliert sind. Hohe Schätzwerte (Faktorenwerte) in Bezug auf den Faktor eins (Katastrophenanfälligkeit, potenzielle Gefahr von Lockergesteinsrutschungen) ergeben sich für alle die im Bereich des Tiroler Lesachtales, des Kärntner Lesachtales, des Gailtales und des Rosentales liegende Stationen und des Drautales im Bereich von Lienz bis Sachsenburg.

Zur Beurteilung des Gefahrenpotenzials von Hangbereichen mit vorwiegend geringmächtiger Lockergesteinslagerungen wurde schon in den 90er Jahren das Verfahren SLIDISP entwickelt. Mithilfe von bekannten Stabilitätsberechnungsmethoden in Kombination mit einem geographischen Informationssystem können Gefahrenhinweiskarten für Lockergesteinsrutschungen erstellt werden. Die Methode stützt sich auf die Bestimmung flächendeckender Parameter der Hangneigung, der Scherfestigkeit, Bodenschichten, Tiefe und Form der Gleitfläche und der Wassersättigung. Die Schwierigkeiten und Unzulänglichkeiten betreffen vor allem die Substrateigenschaften.

Karten von flachgründigen Lockergesteinsrutschungen
Vorgestellt werden Karten von Erhebungen mit keinem oder sehr geringem geologisch-geotechnischen und morphologischen Informationsgehalt bis hin zu Karten mit Angaben zur Größe, Vorgang und auch zu geologisch-geotechnischen Verhältnissen von flachgründigen Lockergesteinsrutschungen. Fußend auf letztgenannten Erhebungen ist es möglich, Gefahrenstufenkarten zu entwickeln. Sol-

che detaillierten Untersuchungen werden auch geeignet sein, bei bestimmten zu erwartenden extremen Niederschlagsereignissen Bereiche starker Gefährdung auszuscheiden.

Klassifikationssysteme zur Rutschungserkennung von flachgründigen Lockergesteinsrutschungen
Die Rutschungserkennung wurde mit drei unterschiedlichen Klassifikationsverfahren durchgeführt. Bei allen Methoden wurde versucht, Konstellationen rutschungsrelevanter Parameter zu finden, die auf Rutschungen hinweisen. Während Klassifikationsbäume und die lineare Diskriminanzanalyse (LDA) eher klassische Verfahren sind und bereits auf vielen Gebieten ihren Einsatz finden, wurden auch die sehr modernen Support Vector Machines (SVMs) eingesetzt, deren Verwendung bis heute nur wenige Bereiche betrifft. Bei der Klassifikation wurden zum einen Parameter herangezogen, die bei den Evaluationen erhoben wurden und zum anderen Parameter, die aus den erhobenen Daten generiert werden konnten. Zudem wurde mithilfe eines selbst generierten Perl-Skriptes die Umgebung der Rutschung miteingebunden.

Die Ergebnisse der Klassifikationen belegen, dass es möglich ist, gute Lösungen für die zwei untersuchten Zwei-Klassenprobleme (Rutschungs-)Kante-Nichtrutschung und Rutschung-Nichtrutschung zu finden. Die Untersuchung des Drei-Klassenproblems Kante-Fläche-Nichtrutschung hat während der Validierungsphase keine zufriedenstellenden Ergebnisse hervorgebracht, sodass dieses Problem in der Testphase nicht weiter forciert wurde.

Generell sollte darauf geachtet werden, mit welcher Fragestellung das Ziel der Untersuchungen am besten erreicht werden kann. Hierzu hat es sich empfohlen, Verwechslungsmatrizen (%-Satz richtig und falsch erkannt) bei der Analyse aufzuzeichnen und anschließend auszuwerten. Sind möglichst hohe Erkennungsraten in der Rutschungsklasse sowie hohe Gesamterkennungsraten das primäre Ziel, so sollte eher das Zwei-Klassenproblem Rutschung-Nichtrutschung mit einem Modell gelöst werden, das vor allem die Hangneigung, den Abstand zu den Bächen, Locker- und Festgesteinseigenschaften, die geologischen Verhältnisse, die Niederschlagsverteilung sowie den Zustand der Vegetation nicht nur im Bereich der Zelle, sondern auch in der Umgebung der Zelle berücksichtigt. Unter Einbeziehung anderer Faktoren wie z. B. die Höhenlage, die Exposition oder das oberflächige Abflussverhalten werden keine höheren Erkennungsraten erzielt. Hier eignet sich besonders die Lineare Diskriminanzanalyse, mit der ca. 81 % der Rutschungen richtig zugeordnet werden, wobei mehr als drei Viertel aller Zellen richtig zugeordnet werden.

Will man dagegen nicht nur die Rutschungskanten sondern auch die Nichtrutschungen gut erkennen, liefern die Klassifikationsbäume die besten Ergebnisse. Hier werden die beiden Klassen nahezu gleich gut erkannt. Die Gesamterkennungsrate liegt jedoch mit 74,3 % etwa 1 % unter der Erkennungsrate der Linearen Diskriminanzanalyse für die Lösung des Zwei-Klassenproblems Rutschung-Nichtrutschung. Die Hinzunahme der Rutschungsflächen sowie die Berücksichtigung der Zellenumgebung führt zu keinen wesentlichen Verbesserungen. Bei diesen Modellen werden alle Parameter verwendet, die bei der Evaluation erhoben wurden und solche, die zusätzlich in GIS erzeugt wurden.

Die Verwendung der sehr komplexen und zeitaufwendigen SVMs führte zu keinen besseren Ergebnissen. Dies liegt eventuell daran, dass die Auswahl der Parameter mit der LDA erfolgte und die Tests mit diesen Parameterkombinationen durchgeführt wurden.

Klimawandel – Hangmuren
Der prognostizierte Klimawandel mit deutlich erhöhten Temperaturen wird natürlich den gesamten Themenkreis Permafrost in den Hochgebirgsregionen eindeutig betreffen. Hier wird es innerhalb der Festgesteine vermehrt zu Stein- und Blockschlägen (s. z. B. Matterhorn) aber auch zu großvolumigen Felsablösungen kommen (Sommer 2023 Fluchthorn/Verwallgruppe, Piz Buin/Silvretta). In diesem Kontext steht auch das zurzeit schnelle Zurückgehen der Gletscher (z. B. Gepatschferner/Tirol 70–90 m pro Jahr) mit der Freilegung von Felswänden und in Folge mögliche Felsinstabilitäten durch Entspannungserscheinungen durch das Auftauen des Permafrostes vornehmlich ab ca. 2500 m. Bei den Lockergesteinen muss im Rahmen von zurückgehenden Permafrost besonders auch auf hochgelegenen Moränenablagerungen hingewiesen werden in denen tiefgreifende Massenbewegungen mit anschließenden Murgängen zu erwarten sind (z. B. Mattertal Schweiz). Viel schwieriger sind Aussagen zur Prognostizierbarkeit des möglicherweise vermehrten Auftretens von flachgründigen Lockergesteinsrutschungen sehr häufig in Form von Hangmuren bei Starkniederschlägen in Nichtperiglazialgebieten zu treffen. Betroffen von solchen Hangbewegungen sind häufig Verwitterungs- und Hangschuttdecken auf verschiedensten Arten von Festgesteinen. Die Auslösung ist einerseits an Starkregen kurzer Dauer (eine bis wenige Stunden) und hohe Intensität (40–80 mm pro Stunde) und an Starkniederschlägen (ein bis mehrere Tage) aber geringere Intensität (100–400 mm pro Tag) gebunden. Zu berücksichtigen ist natürlich auch die Disposition des Gebietes (Vorfeuchte im Boden) und Begleiteffekte (z. B. Schneeschmelze, OcCC 2003). Die quantitative Abschätzung der Entwicklung der Wahrscheinlichkeit und der räumlichen Verteilung von Starkniederschlägen ist bis jetzt kaum möglich, besonders wenn man den 10 km^2-Bereich im Auge hat. Besonders für sommerliche Gewitterregen sind weder qualitative noch quantitative Angaben möglich. Trotzdem werden Starkregenereignisse geringer Intensität und längerer Dauer aufgrund eines intensivierten Wasserkreislaufes als wahrscheinlich angesehen. Dies bedeutet, dass man bestimmten Hangbereichen in Zukunft mehr Aufmerksamkeit in Hinblick auf die Entstehung von Hangmuren schenken sollte. Nach den Untersuchungen der letzten 50 Jahre sind dies Hänge mit Verwitterungs- und Hangschuttdecken mit Mächtigkeiten >0,5 m und einem erheblichen Anteil in der Schlufffraktion. In Hangbereichen <0,5 m ist die Entstehung von Hangbewegungen bei weiteren rutschungsrelevanten Gegebenheiten durchaus möglich, wird aber in Folge der geringeren Intensität (z. B. kleinere Volumina) ein begrenztes Schadensausmaß aufweisen. Außerdem sollten innerhalb einer Gefahrenzonenplanung besonders solche Hangbereiche für eine potenzielle Gefährdung ausgeschieden werden, die Hangneigungen von 25–40° und morphologische Charakteristika in Form von Hangkanten und Hangmulden aufweisen.

Literatur

ALAOUI, A. & GERMANN, P. (1999). Glissements de terrain a Sachseln, canton d'Obwald: Resultats: Resultats d'essais d'infiltration. Master's thesis, Geographisches Institut der Universität Bern, Bern.

ALEOTTI, R., BALDELLI, P. & POLLONI, G. (1996). Landsliding and flooding event triggered by heavy rains. In Internationales Symposion Interpraevent 1996 – Garmisch-Patenkirchen, volume 1, pages 435–446.

ALEOTTI, P. (2004). A warning system for rainfall-induced shallow failures. Engineering Geology, Volume 73, Issues 3–4, June 2004, Pages 247–265.

ANON (1976). Engineering geological maps. A guide to their preparation. The UNESCO Press, 1–79, Paris.

BAUM, R.L., CHLEBORAD, A.F. & SCHUSTER, R.L. (1998). Landslides triggered by the Winter 1996–97 Storms in Puget Lowland, Washington, 10 pp. USGS Open-File Report 98–239.

BAYERISCHES GEOLOGISCHES LANDESAMT (zuletzt geprüft im Februar 2004). Georisk. http://www.gla2.bayern.de/georisk/, München.

BEINSTEINER, H. & MAYER, H. (1971). Waldbauliche Untersuchungen von Waldabbrüchen in Osttiroler Katastrophengebiet. Int. Symposion „Interpraevent 1971", 1, Themenkreis IV, 295–310.

BENDEL, L. (1939). Rutschungen. Schweiz. Techn. Zeitschr. 10.

BRUNETTI, M.T., PERUCCACCI, S., ROSSI, M., LUCIANI, D. & GUZZETTI, F. (2010). Rainfall thresholds for the possible occurrence of landslides in Italy. Nat. Hazards Earth Syst. Sci., 10, 447-458, 2010.

BUNZA, G. (1976). Systematik und Analyse alpiner Massenbewegungen. Schr. R. d. Bayer. Landesst. f. Gewässerkde. H. 11, S. 1–84, München.

BÜSCHELBERGER, M., WILK, J., HERGARTEN, S. & PREUSSER, F. (2021). Size-frequency distribution of shallow landslides in the Black Forest, Germany. Earth Surface Processes and Landforms 47, 179–192.

BWW (Bundesamt für Wasserwirtschaft) (1998). Ereignisdokumentation Sachseln – Unwetter vom 15. August 1997. Studienbericht 8, Bundesamt für Wasserwirtschaft, Bern.

CAINE, N. (1980). The rainfall intensity – duration control of shallow landslides and debris flows. Geogr. Ann. 62 A (1–2): 23–27.

CAMPBELL, R.H. (1974). Debris Flows originating from Soil Slips during Rainstormes in Southern California. Q. Jl. Engng. Geol. 1974, Vol. 7, 339–349, Amsterdam.

CAMPBELL, G. (1975). Soil slips, debris flows and rainstorms in the Santa Monica Mountains and Vicinity, Southern California. Number 851 in Professional Paper. U.S. Geological Survey, Washington, D.C.

CANCELLI, A. & NOVA, R. (1985). Landslides in soil debris cover triggered by rainstorms in Valtellina (Central Alps – Italy). In Proceedings of 4th International Conference on Landslides, Tokyo, volume 1, pages 267–272. The Japan Geological Society.

M. Moser et al., *Hangmuren,* https://doi.org/10.1007/978-3-662-70285-7

CAPRA, L., LUGO-HUBP, J. & BORSELLI, L. (2003). Mass movements in tropical volcanic terrains: the case of Teziutlan (Mexico). Engineering Geology, 69:359–379.

CERIANI, M., LAUZI, S. & PADOVAN, N. (1992). Rainfalls and landslides in the alpine area of lombardia region – Central Alps – Italy. In Internationales Symposion Interpraevent 1992 – Bern, volume 2, pages 9–20.

CIERVO, F., RIANNA, G., MERCOGLIANO, P. & PAPA, M.N. (2017). Effects of climate change on shallow landslides in a small coastal catchment in southern Italy. Landslides (2017) 14:1043–1055.

COE, J.A. & GODT, J.W. (2012). Review of approaches for assessing the impact of climate change on landslide hazards. Proceedings of the 11th International and 2nd North American Symposium on Landslides and Engineered Slopes, Banff, Canada, 3–8 June, Taylor & Francis Group, London, v. 1, p. 371–377.

CROSTA, G.B. & FRATTINI, P. (2001). Rainfall thresholds for triggering soil slips and debris flow.

CROZIER, M.J. (1969). Earthflow Occurrence During High Intensity Rainfall in Eastern Otago (New Zealand). Engng. Geol., 3 (1969), 325–334, Elsevier, Amsterdam.

CROZIER, M.J. (1973). Techniques for the morphometric analysis of landslides. Z. Geomorph. N. F. 17, H.1, 78–101, Berlin.

CROZIER, M.J. (2010). Deciphering the effect of climate change on landslide activity: A review. Geomorphology 124 (2010) 260–267.

CRUDEN, D. & VARNES, D. (1996). Landslide Types and Processes. In Turner, A. and Schuster, R., editors, Landslides: Investigation and mitigation, number 247, pages 36–75. National Research Council, Transportation Research Board, Washington, D.C.

D'AMATO AVANZI, G., GIANNECCHINI, R. & PUCCINELLI, A. (2004). The influence of the geological and geomorphological settings on shallow landslides. An example in a temperate climate environment: the June 19, 1996event in northwestern Tuscany (Italy). Engineering Geology, 73:215–228.

DAVIDSON, C.F. (1965). Mass-Movement on the Gisborne Coastline. Unpublished M.A. thesis, Univ. of Canterbury New Zealand.

ELLEN, S. (1988). Description and mechanics of soil slip/debris flows in the storm. In Ellen, S. and Wieczorek, G., editors, Landslides, Floods and Marine Effects of the Storm of January 3–5, 1982, in the San Francisco Bay Region, California, number 1434, professional Paper 6, pages 63–112. U.S. Geological Survey, Washington, D.C.

ENGELEN, G.B. (1967). Landslides in the metamorphic Northern Border of the Dolomites (North Italy). Engn. Geol., 2 (3) (1967), 135–147, Amsterdam.

ERMINI, L., CATANI, F. & CASAGLI, N. (2005). Artificial Neural Networks applied to landslide susceptibility assessment. Geomorphology, 66:327–343.

FERNANDEZ-STEEGER, T. (2002). Erkennung von Hangrutschsystemen mit Neuronalen Netzen als Grundlage für Georisikoanalysen. Dissertation, Universität Karlsruhe, Karlsruhe.

FISHER, N.I., LEWIS, T. & EMBLETON, B.J.J. (1987). Statistical Analysis of Spherical Data. Cambridge University Press.

FRATTINI, P., CROSTA, G. & SOSIO, R. (2009). Hydrol. Process. 23, 1444–1460 (2009).

FURGLER, K. (1973). Erste Bilanz im Vollzug des dringlichen Bundesbeschlusses über die Raumplanung. Raumplanung Schweiz, 2.

GARIANO, S.L. & GUZZETTI, F. (2016). Landslides in a changing climate. Earth-Science Reviews 162 (2016) 227–252.

GARIANO, S.L., MELILLO, M., PERUCCACCI, S. & BRUNETTI, M.T. (2020). How much does the rainfall temporal resolution affect rainfall thresholds for landslide triggering ?. Nat. Hazards 100, 655–670 (2020).

GARNETT, P.W. & HAROLD, P.G. (1973). Erosional and Depositional Aspects of Hurricane Camille in Virginia 1969. Geol. Surv. prof. paper 804, 1–80, Washington.

GODT, J.W., BAUM, R.L. & CHLEBORAD, A.F. (2006). Rainfall characteristics for shallow landsliding in Seattle, Washington, USA. Wiley InterScience.

GOMEZ, H. & KAVZOGLU, T. (2005). Assessment of shallow landslide susceptibility using artificial neural networks in Jabonosa River Basin, Venezuela. Engineering Geology, 78:11–27.

GUZZETTI, F., CARDINALI, M., REICHENBACH, P., CIPOLLA, F., SEBASTIANI, C., GALLI, M. & SALVATI, P. (2004). Landslides triggered by the 23 November 2000 rainfall event in the Imperia Province, Western Liguria, Italy. Engineering Geology, Volume 73, Issues 3–4, June 2004, Pages 229–245.

GUZZETTI, F., PERUCCACCI, S., ROSSI, M. & STARK, C.P. (2007). Rainfall thresholds for the initiation of landslides in central and southern Europe. Springer-Verlag, Meteorol Atmos Phys 98, 239–267.

GUZZETTI, F., PERUCCACCI, S., ROSSI, M. & STARK, C.P. (2008). The rainfall intensity-duration control of shallow landslides and debris flows: an update. Landslides, 5:3–17.

HAMBERGER, M. (2000). Geologisch-geotechnische Untersuchungen und Analyse von Hangbewegungen anläßlich von Starkniederschlägen im Melchtal/Schweiz. Unveröffentlichte Diplomarbeit, Lehrstuhl für Angewandte Geologie, Universität Erlangen-Nürnberg, Erlangen.

HAMBERGER, M. (2007). Rutschungserkennung mit Klassifikationssystemen am Beispiel Sachseln/Schweiz. Unveröff. Diss., Friedrich-Alexander-Univ. Erlangen-Nürnberg 124 S., Erlangen.

HOHENSINN, F. (1979). Bodenmechanische Analyse von Geländebrüchen bei Murenbildung in kristallinen Verwitterungsböden. Mitt. Inst. Bodenmech. Felsmech. Grundbau, H. 2.

HUNGR, O., LEROUEIL, S. & PICARELLI, L. (2014). The Varnes classification of landslide types, an update. Springer-Verlag Berlin Heidelberg, Landslides (2014), 11:167–194.

HUNZIKER, G. (1996). Auswirkungen des lithologischen Untergrundes auf die Rutschanfälligkeit des Gebietes Leissigen – Morgenberghorn. Unveröff. Diplomarbeit, Geogr. Inst. Uni Bern.

HUTCHINSON, M. (1988). Calculation of hydrologically sound digital elevation models. In Proceedings of the Third International Symposium on Spatial Data Handling, Sydney, pages 117–133.

HUTCHINSON, M. (1989). A new method for gridding elevation and stream line data witch automatic removal of pits. Journal of Hydrology, (106):211–232.

IVERSON, R.M. (2000). Landslide triggering by rain infiltration. Water Resources Research, Vol. 36, No. 7, pages 1897–1910.

JAKOB, M. & WEATHERLY, H. (2003). A hydroclimatic threshold for landslide initiation on the North Shore Mountains of Vancouver, British Columbia. Geomorphology, 54:137–156.

JONES, J.A.A. (2010). Soil piping and catchment response. Hydrological Prosesses, 24, 1548–1566.

KÄRCHER, K. (1987). Parameterstudie zu Einfluss von Niederschlägen auf die Entwicklung von Hangsickerlinien in Hangschuttdecken kristalliner Schiefer. Mitteilungen des Institut für Bodenmechanik, Felsmechanik und Grundbau der Universität Innsbruck, (7):70 + Anhang.

KIENHOLZ, H. (1977). Kombinierte geomorphologische Gefahrenkarte 1:10,000 von Grindelwald. Geographica Bernensia, G4, Bern.

KIENHOLZ, H. (1996). Gefahrenkarten: Massgebliche Parameter und Kriterien zur Festlegung von Intensitätsstufen. In Internationales Symposion Interpraevent 1996 – Garmisch-Patenkirchen, volume 3, pages 47–58.

KORUP, O. (2004). Geomorphometric characteristics of New Zealand landslide dams. Engineering Geology, 73:13–35.

KÜHNLE, U. (1995). Geotechnische Untersuchungen an Hangbewegungen anlässlich eines Starkregenereignisses und geologische Kartierung westlich von Oppenau (Mittlerer Schwarzwald. 133 pp, 77 fig., 5 maps. Unpublished diploma thesis, University Karlsruhe.

KÜHNLE, U. & ROHN, J. (1998). Hangbewegungen anläßlich eines Starkniederschlagsereignisses bei Oppenau/Schwarzwald. Schr.Angew.Geol. Karlsruhe, 50, 217–228.

LAATSCH, W. & GROTTENTHALER, W. (1972). Labilität und Sanierung der Hänge in der Alpenregion des Landkreises Miesbach. Bayer. Staatsminist. f. Ernährung, Landwirtschaft u. Forsten, München.

LÄNGER, E. (1975). Bericht über die Katastrophenereignisse im Land Kärnten im März/April 1975. Wildbach u. Lawinenverbau 39. Jg., 3–14, St. Johann.

LAGGER, M. (2015). Sellraintal Juni 2015: Hangexplosionen und Muren – eine Bestandsaufnahme. Tagungsband 17. Geoforum Umhausen: 147–157.

LEVIT, M. (2005). Spoken Language Understanding without Transcriptions in a Call Center Scenario. Dissertation, Lehrstuhl für Informatik 5, Universität Erlangen-Nürnberg, Erlangen.

LIENER, S., KIENHOLZ, H., LINIGER, M. & KRUMMENACHER, H. (1996). Slidisp – Aprocedure to locate landslide prone areas. Proc. 7th Int. Symp. on landslides, Vol. 1: 279–285; Rotterdam (Balkema).

LIENER, S. (2000). Zur Feststofflieferung in Wildbächen. Geographica Bernensia, G64, Bern.

MARK, R. & NEWMAN, E. (1988). Rainfall totals before and during the storm: Distribution and correlation with damaging landslides. In Ellen, S. and Wieczorek, G., editors, Landslides, Floods and Marine Effects of the Storm of January 3–5,1982, in the San Francisco Bay Region, California, number 1434 in Professional Paper, pages 17–26. U.S. Geological Survey, Washington, D.C.

MC LEAN, C.F. & DAUIDSON, C.F. (1968). The role of mass-movement in shore plat form development along the Gisborne Coastline, New Zealand. Earth Sci. J. 2, 15–25.

MELCHIORRE, C. & FRATTINI, P. (2012). Modelling probability of rainfall-induced shallow landslides in a changing climate, Otta, Central Norway. Climate Change (2012) 113:413–436.

MOSER, M. (1980). Zur Analyse von Hangbewegungen in schwachbindigen bis rolligen Lockergesteinen im alpinen Raum anläßlich von Starkniederschlägen. Int. Symp. INTERPRAEVENT 1980, 1, 121–148, Klagenfurt.

MOSER, M. (1986). Ingenieurgeologische Karten für die Gefahrenzonenplanung in Hangbereichen. Mitt. Ges. Geol. Bergbaustud. Österr., 33, 57–76, Wien.

MOSER, M. (1997). Zur Prognose von Massenbewegungen. Eclogae Geol. Helv., 90, 381–391; Basel.

MOSER, M., & HOHENSINN, F. (1983). Geotechnical aspects of soil slips in alpine regions. Engineering Geology, 19:185–211.

MOSER, M. & SCHOGER, H. (1989). Die Analyse von Hangbewegungen in Mittleren Inntal anlässlich der Unwetterkatastrophe von 1985. Wildbach und Lawinenverbauung, (Jg. 53: 110):1–22.

NEAUPANE, K. & ACHET, S. (2004). Use of backpropagation neural network for landslide monitoring: a case study in the higher Himalaya. Engineering Geology, 74:213–226.

NILSEN, T.H. (1986). Relative slope-stability mapping and land-use planning in the San Francisco Bay region, California. In: ABRAHAMS (1986), 389–413.

PFISTER, C. (2003). Ein Blick auf die letzten 500 Jahre. In Extremereignisse und Klimaänderung, pages 22–24. OcCC, Bern.

PERUCCACCI, S., BRUNETTI, M.T., LUCIANI, S., VENNARI, C. & GUZZETTI, F. (2012). Lithological and seasonal control of rainfall thresholds for the possible initiation of landslides in central Italy. Geomorphology 139–140, 79–90.

PERUCCACCI, S., BRUNETTI, M.T., GARIANO, S.L., MELILLO, M., ROSSI, M. & GUZZETTI, F. (2017). Rainfall thresholds for possible landslide occurrence in Italy. Geomorphology 290 (2017) 39–57.

POLLONI, G., CERIANI, M., LAUZI, S., PADOVAN, N. & CROSTA, G. (1992). Rainfall and soil slipping in Valtellina. In Bell, D., editor, Proceedings of the 6th International Symposium on Landslides, Christchurch, volume 1 of Landslides, pages 183–186, Rotterdam. Balkema.

RAETZO, H. & LATELTIN, O. (2003). Massenbewegungen: Rutschungen, Fels- und Bergstürze. In Extremereignisse und Klimaänderung, pages 73–76. OcCC, Bern.

RIANNA, G., PAGANO, L. & URCIUOLI, G. (2014). Rainfall patterns triggering shallow flowslides in pyroclastic soils. Eng. Geol. 174:22–35.

RICE, M. & FOGGIN, G. (1971). Effect of High Intensity Storms on Soil Slippage on Mountainous watersheds in Southern California. Water Resources Research, 7(6):1486–1496.

RICE, M. et al. (1969). Soil slips related to vegetation, topography and soil in Southern California. Water Resources Research, vol. 5, 647–659, Washington.

RICKLI, C. (2001). Vegetationswirkungen und Rutschungen – Untersuchungen zum Einfluss der Vegetation auf oberflächennahe Rutschprozesse anhand der Unwetterereignisse in Sachseln OW am 15. August 1997. Technical report, Eidgenössische Forschungsanstalt WSL und Bundesamt für Umwelt, Wald und Landschaft, Bern.

RICKLI, C., ZÜRCHER, K., FREY, W. & LÜSCHER, P. (2002). Wirkungen des Waldes auf oberflächennahe Rutschprozesse. Schweiz. Z. Forstwes. 153 (2002) 11: 437–445.

RICKLI, C. & GRAF, F. (2009). Effects of forests on shallow landslides – case studies in Switzerland. For. Snow Landsc. Res. 82. 1:33–44 (2009).

RICKLI, C., MCARDELL, B., BADOUX, A. & LOUP, B. (2016). Database shallow landslides and hillslope debris flows. Hazard and risk assessment (analysis, evaluation), Interpraevent 2016.

ROHN, J. & RUFF, M. (2005). Hangrutschungen nach Starkniederschlägen im Schwarzwald. 15. Tag. Ingenieurgeol.: 297–302. Erlangen.

RÖTHLISBERGER, G. (1998). Unwetterschäden in der Schweiz im Jahre 1997. wasser, energie, luft, 1(90):17–24.

SCHAUER, TH. (1975). Die Blaikenbildung in den Alpen. Schriftenr. Bayer. Landesamt f. WW, H. 1, 30 S., München.

SCHOBER, W. & HOHENSINN, F. (1980). Bodenmechanische Analyse von Geländebrüchen bei Murenbildung in kristallinen Verwitterungsböden. Int. Symposion „Interpraevent 1980", 1 , 107–120, Bad Ischl.

SCHOGER, H. (1988). Analyse von Hangbewegungen anläßlich von Starkniederschlägen am Beispiel des Voldertales/Tirol. Dissertation, Universität Erlangen-Nürnberg, Erlangen.

SELBY, M.J. (1967). Aspects of the geomorphology of the greywacke ranges bordering the lower and middle Waikato Basins. Earth Sci. J., 1, 37–58.

SHARPE, C.F.S. (1938). Landslides and related phenomena. Columbia University press, 137 S. New York.

SHEPARD, D. (1968). A two-dimensional interpolation function for irregularly-spaced data. In Proceedings of the 1968 23rd ACM national conference, pages 517–524, New York. ACM Press.

SHRESTHA, D.P., SHRESTHA, J.A., ZINCK, J.A. & VAN RANST, E. (2004). Modelling land degradation in the Nepalese Himalaya. CATENA, 57:135–156.

SKEMPTON, A.W. (1953). Soil mechanics in relation to geology. Proc. York, Geol. Soc., 33–62, London.

STINY, J. (1910). Die Muren. Verlag der Wagner'schen Universitätsbuchhandlung, Innsbruck 1910.

STINY, J. (1931). Die geologischen Grundlagen der Verbauung der Geschiebeherde in Gewässern. 120 S., Springer, Wien.

STOFFEL, M., TIRANTI, D. & HUGGEL, C. (2014). Climate change impacts on mass movements – Case studies from the European Alps. Science of the Total Environment 493 (2014) 1255–1266.

STRITZL, J. (1975). Kausalanalyse der Muren und Lawinenkatastrophen im Frühjahr 1975 im österreichischen Südalpengebiet. Int. Symposion „Interpraevent 1975", 2 , 73–76, Innsbruck.

THURO, K., VALLEY, B., EBERHARDT, E. & RAETZO, H. (2004). Ursachen und Prozesse der Rutschung Hellbüchel, Lutzenberg AR, Schweiz. Bodenseetagung 2004, 41–47.

TIRANTI, D. & RABUFFETTI, D. (2010). Estimation of rainfall thresholds triggering shallow landslides for an operational warning system implementation. Landslides (2010) 7:471–81.

TRICART, J. & COLLABORATEURS (1961). Mechanismes normaux et phenomenes catastrophiques dans l'evolution des versants du basin du Guil (Hts.-Alpes, France). Z. Geomorph., N.F., 5, 277–301, Berlin.

VARNES, D.J. (1958). Landslidetypes and processes. Highway Res. Board, Spec. Rep., 29, 20–47, Washington D.C.

WAHBA, G. (1990). Spline Models for Observational Data. SIAM.